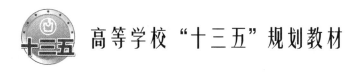

高等学校"十三五"规划教材

生 物 化 学

黄洪媛　毛中华　主编

刘洪凤　崔荣军　邵红军　刘程诚　白春艳　副主编

U0342487

北　京

冶金工业出版社

2022

内 容 提 要

本书共 14 章，分别对糖代谢、脂类代谢、蛋白质的结构与功能、核酸的结构与功能、酶、维生素、生物氧化、氨基酸代谢、核苷酸代谢、DNA 的生物合成、RNA 的生物合成、蛋白质的生物合成、微生物主要类群及其形态结构进行了系统的论述，每部分内容都包括学习目标、引导案例、科学典故、小结、思考题、拓展训练、技能训练等。

本书为应用型高等教育院校化学、生物、医学等专业的教材，也可供相关专业的工程技术人员和科研人员参考。

图书在版编目(CIP)数据

生物化学/黄洪媛，毛中华主编．—北京：冶金工业出版社，2018.10
(2022.6 重印)
高等学校"十三五"规划教材
ISBN 978-7-5024-7904-6

Ⅰ.①生… Ⅱ.①黄… ②毛… Ⅲ.①生物化学—高等学校—教材
Ⅳ.①Q5

中国版本图书馆 CIP 数据核字(2018)第 217037 号

生物化学

出版发行 冶金工业出版社		**电 话** (010)64027926	
地 址 北京市东城区嵩祝院北巷 39 号		**邮 编** 100009	
网 址 www.mip1953.com		**电子信箱** service@mip1953.com	

责任编辑 俞跃春 美术编辑 彭子赫 版式设计 禹 蕊
责任校对 王永欣 责任印制 李玉山
三河市双峰印刷装订有限公司印刷
2018 年 10 月第 1 版，2022 年 6 月第 4 次印刷
787mm×1092mm 1/16；16.75 印张；408 千字；256 页
定价 46.00 元

投稿电话 (010)64027932 投稿信箱 tougao@cnmip.com.cn
营销中心电话 (010)64044283
冶金工业出版社天猫旗舰店 yjgycbs.tmall.com
(本书如有印装质量问题，本社营销中心负责退换)

前　言

根据高等教育应用型教学的要求，为了适应当前我国高等教育改革与发展的需要，较好的体现本学科的进展与我国化学现代化的发展趋势，本教材重点阐述了生物化学的基础理论、基本知识和基本技能，并尽可能反映生命科学与化学相结合的现代研究模式的特点，突出了生物化学的基础理论与现代生物技术的进展及其在现代生命科学研究中的地位与作用。本教材还加强了生物大分子如糖、脂类、蛋白质、核酸、酶等在现代科学方面的研究与应用，充实了物质代谢、维生素、DNA 的生物合成、RNA 的生物合成及蛋白质的生物合成方面的内容；介绍了生物化学研究的发展前景和前瞻技术等。力求做到内容少而精，理论联系实际，反映生物化学的最新进展及其在现代高等化学教育中的地位与作用。

本教材主要特点如下：

（1）教材编写工作着力进行课程体系的优化改革和教材体系的建设创新——科学整合课程、淡化学科意识、实现整体优化、注重系统科学、保证点面结合。坚持"三基五性"的教材编写原则，以确保教材质量。

（2）为配合教学改革需要、减轻学生负担，本教材力求文字精练、压缩字数，注重提高内容质量。

（3）正文前增加导入案例，由具体案例导入本章内容；文中增加科学典故，提高趣味性、拓展知识面；文末配有小结，及时总结内容，便于提纲挈领；附有思考题和拓展训练，边学边练，促进知识理解和运用；还有技能训练，把相关理论知识及时应用到实践中。

本书由贵州轻工职业技术学院黄洪媛、毛中华担任主编，牡丹江医学院刘洪凤和崔荣军、陕西师范大学邵红军、黑龙江农业职业技术学院刘程诚、呼伦贝尔职业技术学院白春艳担任副主编。全书由黄洪媛、毛中华统编定稿，具体编写分工如下：第 1 章、第 6 章、第 8 章、第 13 章、第 14 章由黄洪媛编写；

第4章、第10章、第12章由毛中华编写；第2章、第5章由刘洪凤编写；第9章、第11章由崔荣军编写；第3章中的3.1节、3.2节由邵红军编写；第7章由刘程诚编写；第3章中的3.3节、3.4节由白春艳编写。

　　由于编者水平有限，书中不足之处，恳请读者批评指正。

编　者

2018 年 7 月

目　　录

1　绪　　论

生物化学（biochemistry）是研究生命化学的科学。它主要应用化学的理论和技术来研究生物体的化学组成及其化学变化，即生物体的分子结构与功能、物质代谢与调节及其在生命活动中的作用。其本质是从分子水平探讨生命的奥秘。

1.1　生物化学的研究内容

生物化学研究的范围广泛，主要内容可概括为以下几个方面：

（1）生物分子的结构与功能。生物体的基本化学组分是蛋白质、核酸、脂类、糖、水和无机盐。这些组分按照严格的方式构成能够体现多种功能的生物结构。蛋白质、核酸等是生物体内特有的大分子有机化合物，常被称为生物大分子，分子量一般大于 10^4。它们是由某些基本结构单位按一定顺序和方式形成的多聚体。例如：蛋白质是由 20 种 α-氨基酸按特定的排列顺序以肽键相连形成的多肽链；核酸是由 4 种核苷酸按特定的排列顺序通过磷酸二酯键相连形成的多核苷酸链。

研究生物大分子，首先要确定其一级结构，然后研究其空间结构及其与功能的关系。结构是功能的基础，功能则是结构的体现。生命大分子种类繁多，结构复杂，是体现生命现象最基本的物质，如繁殖、遗传、神经兴奋及肌肉收缩等无不依赖于生物大分子特有的结构与功能。

生物大分子具有信息功能，而分子结构、分子识别和分子间的相互作用是执行生物信息分子功能的基本要素。例如：蛋白质与蛋白质、蛋白质与核酸、核酸与核酸的相互作用在基因表达的调节中起着决定性作用。

（2）物质代谢及其调节物质代谢。它又称新陈代谢，是生命现象的最基本特征。生物体的物质代谢主要包括糖、脂类、氨基酸、核苷酸、水与无机盐等的代谢。机体不断从环境中摄取上述营养物质，进入组织细胞内的营养物质经过合成代谢和分解代谢以及伴随着能量的释放和利用、物质间的相互转化，构成了机体的代谢过程。通过物质代谢，实现生物体与外环境的物质交换、自我更新以及内环境的相对稳定。物质代谢的调节，包括酶的调节、激素的调节和神经-体液的调节使机体更适应于环境的变化。

（3）基因信息传递及其调控 DNA 是遗传信息的载体。它作为生物遗传信息复制的模板和基因转录的模板，是生命遗传繁殖的物质基础，也是个体生命活动的基础。基因就是DNA 分子的某一区段，经过复制可以遗传给后代，经过转录和翻译可以保证支持生命活动的各种蛋白质在细胞内有序合成。基因分子生物学研究 DNA 的复制、RNA 的转录、蛋白质的生物合成等基因信息的传递过程及基因表达的调控。另外，还要研究基因重组与基因工程、新基因克隆、基因剔除、人类基因组计划及功能基因组计划等。

基因信息的传递涉及遗传、变异、生长、分化等诸多生命过程，也与遗传病、恶性肿瘤、心血管病等多种疾病的发病机制有关。因此，基因信息的研究在生命科学中的作用非常重要。

1.2　生物化学发展简史

生物化学的研究自 18 世纪开始，到 20 世纪初期发展成为一门独立的学科。18 世纪中期至 20 世纪初是生物化学的初期阶段，主要研究生物体的化学组成。18 世纪中期，瑞典化学家 Scheele 研究了生物体（植物、动物）各种组织的化学组成。Lavoisier 于 1785 年证明，在呼吸过程中，吸进的氧气被消耗，呼出二氧化碳，同时放出能量。1828 年德国化学家 Wohler 在实验室里，用无机物氰酸铵合成了有机物尿素。德国著名化学家 Fischer 应用有机化学的方法对生物体内的糖类、脂类、蛋白质、氨基酸等化合物进行了比较详尽的研究，确定了蛋白质是由小分子的构件分子——氨基酸通过肽键连接起来的。后来，他又成功地用化学方法合成了由 18 个氨基酸残基组成的肽，在酶与底物的相互作用上提出了"锁钥"学说，证明了酶催化的高度特异性。此阶段还发现了核酸，在酵母发酵过程中发现了"可溶性催化剂"等。从 20 世纪初期开始，是生物化学蓬勃发展的阶段。在营养学方面，发现了人类必需氨基酸、必需脂肪酸及多种维生素；在物质代谢方面，应用化学分析及同位素示踪技术，基本确定了生物体内主要的物质代谢途径，如糖分解代谢的各条途径、脂肪酸 β 氧化、三羧酸循环等。同时发现了多种激素，并将其分离、合成。20 世纪后期是分子生物学迅速发展的阶段。细胞内两类重要的生物大分子蛋白质与核酸成为研究的核心。1953 年，核酸研究取得了历史性突破，James Watson 和 Francis Crick 提出了著名的 DNA 双螺旋（double helix）结构模型。这一模型的提出是生物学发展的里程碑，它揭示了生物遗传性状得以世代相传的分子奥秘。此后，对 DNA 的复制机制、RNA 的转录过程以及各种 RNA 在蛋白质合成过程中的作用进行了深入研究，提出了遗传信息传递的中心法则，破译了 mRNA 分子中的遗传密码等。20 世纪 70 年代，重组 DNA 技术的建立使人们主动改造生物体成为可能。1967 ~ 1970 年 Yuan R R 和 Smith H O 等发现的限制性核酸内切酶为基因工程提供了有力的工具。1970 年 Khorana H G 首次在试管内合成基因。转基因动植物和基因剔除动植物的成功是基因工程技术发展的结果。用转基因动物能获得治疗人类疾病的重要蛋白质，1996 年，转基因玉米、转基因大豆等相继投入生产。基因诊断与基因治疗是基因工程在医学领域发展的一个重要方面。1978 年 Kam Y W 等应用胎儿羊水细胞做出了胎儿镰刀形红细胞贫血症的出生前诊断。1978 年，Jeffreys A J 报道了首例 DNA 指纹，在法医学个体识别中产生了深远影响。20 世纪 80 年代，核酶（ribozyme）的发现补充了人们对生物催化剂本质的认识。聚合酶链反应（PCR）技术的发明，使人们有可能在体外高效率扩增 DNA。

目前，分子生物学的研究已发展到对生物体整个基因组结构与功能的研究。1990 年开始实施的人类基因组计划，全部基因组序列测定草图已于 2000 年提前完成，人类基因组由 23 条染色体、约 30 亿对核苷酸的 DNA 分子构成，估计可编码的基因数目为 10 万左右。在此基础上，后基因组计划将进一步深入研究各种基因的功能与调节。这些研究成果必将进一步加深人们对生命本质的认识，也会极大地推动医学的发展。

在蛋白质的研究方面，20 世纪 50 年代初期发现了蛋白质 α 螺旋的二级结构形式；完成了胰岛素的氨基酸全部序列分析；20 世纪 50 年代后期揭示了蛋白质生物合成过程。

我国对生物化学的发展做出了重大贡献。古代劳动人民在饮食、营养、医药等方面的创造和发明，在实践上为生物化学的诞生和发展做出了贡献。早在公元前 21 世纪夏禹时期，仪狄已能做酒，以曲为媒使五谷为酒，就是利用酒母作为媒介物，促进谷物中糖类转化为乙醇。公元前 12 世纪，已能利用发酵的原理，运用酶的作用，制造酱、醋等调味品。公元 7 世纪，唐代孙思邈首先用富含维生素 A 的猪肝治雀目，用富含维生素 B_1 的车前子、防风、杏仁、大豆等治疗脚气病。公元 10 世纪起，我国开始用动物的脏器治疗疾病，例如用紫河车（胎盘）作强壮剂、用蟾酥（蟾蜍皮肤疣的分泌物）治创伤、羚羊角治中风，可见古人对含内分泌物质的脏器在临床上的应用已有一定的感性认识。《黄帝内经素问》中记载"五谷为养，五果为助，五畜为益，五菜为充"，将食物分为四大类，并说明了其营养价值。综上所述，我国古代在生物化学的发展上做出了积极的贡献。在近代生物化学发展时期，我国生物化学家吴宪等在血液化学分析方面创立了血滤液的制备和血糖测定法；在蛋白质研究中提出蛋白质变性学说；对抗原抗体反应机制的研究有重要发现。1965 年，我国首先采用人工方法合成了具有生物学活性的胰岛素。1981 年，又成功地合成了酵母丙氨酰-tRNA。1994 年我国启动了人类基因组计划研究的相关研究项目，并取得了重要的成果。同时，基因诊断与基因治疗、基因工程、基因表达、基因表达调控等诸方面的研究都取得了世界瞩目的成果。

2 糖 代 谢

【学习目标】

☆ 掌握糖酵解概念及其反应过程、关键酶。

☆ 掌握有氧氧化的概念及其反应过程、关键酶、氧化生成的 ATP。

☆ 熟悉糖的生理功能、糖代谢概况。

☆ 熟悉糖酵解的调节、生理意义。

☆ 熟悉有氧氧化的调节及有氧氧化的生理意义。

☆ 熟悉糖原合成与分解的基本反应过程、部位、关键酶及生理意义。

☆ 熟悉糖异生的概念、反应过程、关键酶及生理意义。

☆ 了解磷酸戊糖途径的反应过程。

☆ 了解糖原合成与分解的调节。

【引导案例】

糖尿病是一组以高血糖为特征的代谢性疾病。高血糖则是由于胰岛素分泌缺陷或其生物作用受损，或两者兼有引起。患糖尿病后，长期存在的高血糖导致各种组织，特别是眼、肾、心脏、血管、神经的慢性损害、功能障碍。血糖相对恒定，涉及葡萄糖的分解、合成、储存的相对平衡。

糖是化学本质为多羟基醛或多羟基酮类的有机化合物。绝大多数生物体内均含有糖，其中以植物体内的含量最多，约占其干重的 85% ~ 90%。糖约占人体干重的 2%。人体从自然界摄取的物质中，除水以外，糖是摄取量最多的成分。在糖的代谢中，糖的运输、储存、分解供能与转变均以葡萄糖为中心。

2.1 概 述

2.1.1 糖的生理功能

提供能量是糖最主要的生理功能。除了供给能量以外，糖还是重要的碳源，糖代谢的许多中间产物可转变为氨基酸、核苷酸、脂肪酸等其他含碳化合物；糖还是动物机体组织结构的重要组成成分，如蛋白聚糖和糖蛋白参与构成结缔组织、软骨和骨的基质，糖蛋白和糖脂是细胞膜的重要组成成分，糖蛋白还可以参与细胞间的信息传导。除此之外，体内还有一些具有特殊生理功能的糖蛋白，如激素、酶、免疫球蛋白等。值得提出的是，糖在体内的磷酸衍生物如 NAD^+、FAD、DNA、RNA、ATP 等是重要的生物活性物质。

2.1.2 糖代谢概况

葡萄糖进入细胞后，在不同的细胞中，其代谢途径也不同，其分解代谢方式很大程度上受氧供应情况的影响。在氧供应充足时，葡萄糖进行有氧氧化，彻底氧化分解成二氧化碳和水；在缺氧情况下，葡萄糖则进行无氧分解生成乳酸。此外，葡萄糖也可进入磷酸戊糖或糖醛酸等途径代谢，发挥不同的生理功能，或转变为糖原，储存在肝脏或肌肉组织中。而体内的一些非糖物质如乳酸、丙氨酸等还可经过糖异生途径转变为葡萄糖或糖原，供机体利用。

2.2 糖的分解代谢

2.2.1 糖的无氧分解

在无氧或氧供不足的情况下，葡萄糖（或糖原）经一系列酶促反应生成丙酮酸，继而被还原为乳酸的过程称为糖的无氧分解，又称为糖酵解（glycolysis）。实验证明，糖酵解过程所需要的酶均存在于细胞的胞液中，因此糖酵解的全过程是在胞液中进行的。

2.2.1.1 糖酵解的反应过程

糖酵解的反应过程可分为两个阶段，第一阶段指葡萄糖分解为丙酮酸的过程，称为糖酵解途径（glycolytic pathway）；第二阶段指丙酮酸在缺氧的情况下被还原为乳酸的过程。

A 糖酵解途径

糖酵解途径包括 10 步化学反应，见式(2-1)~式(2-10)。

（1）6-磷酸葡萄糖的生成。葡萄糖在己糖激酶的催化下第 6 位碳原子磷酸化生成 6-磷酸葡萄糖，反应消耗 1 分子 ATP。

催化此反应的己糖激酶是糖酵解的关键酶，Mg^{2+} 是其激活剂，催化的反应不可逆。如从糖原开始，由糖原磷酸化酶催化糖原非还原端的葡萄糖单位磷酸化，生成 1-磷酸葡萄糖，此反应不消耗 ATP，接着 1-磷酸葡萄糖在磷酸葡萄糖变位酶的作用下生成 6-磷酸葡萄糖。

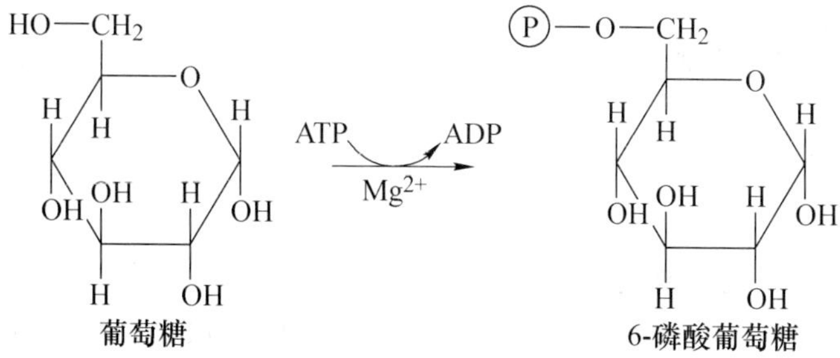

$$（2-1）$$

葡萄糖　　　　　　　6-磷酸葡萄糖

（2）6-磷酸葡萄糖转变为 6-磷酸果糖。这是由磷酸己糖异构酶催化的醛糖与酮糖间的异构反应，需要 Mg^{2+} 的参与。

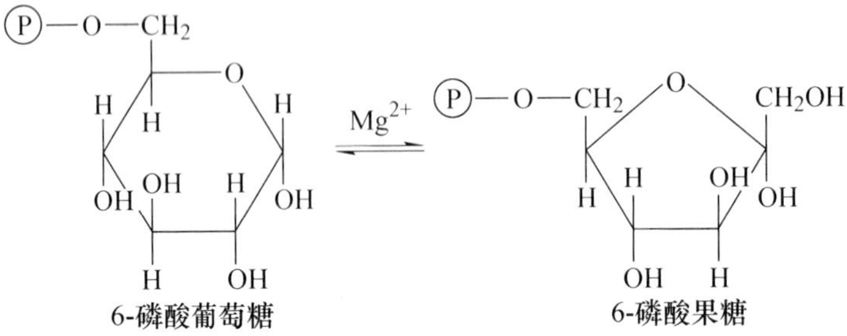

6-磷酸葡萄糖　　　　　　　　6-磷酸果糖

$$(2-2)$$

（3）6-磷酸果糖转变为 1,6-二磷酸果糖。这是由 6-磷酸果糖激酶-1 催化的第二次磷酸化反应，需 ATP 和 Mg^{2+} 的参与，反应不可逆。6-磷酸果糖激酶-1 是糖酵解过程中最重要的关键酶，其活性的强弱直接影响糖酵解的速度。

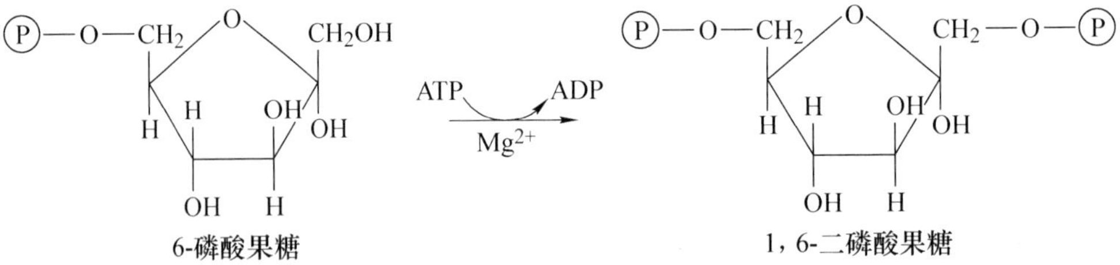

6-磷酸果糖　　　　　　　　1,6-二磷酸果糖

$$(2-3)$$

通过两次磷酸化反应，消耗 2 分子 ATP，葡萄糖转变为 1,6-二磷酸果糖。

（4）磷酸丙糖的生成。此步反应由醛缩酶催化，1 分子 1,6-二磷酸果糖裂解为 2 分子磷酸丙糖，即 3-磷酸甘油醛和磷酸二羟丙酮。

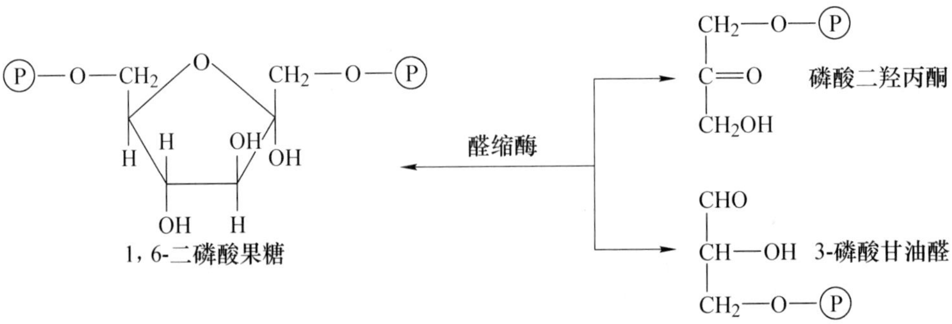

1,6-二磷酸果糖

$$(2-4)$$

（5）磷酸丙糖的同分异构化。在磷酸丙糖异构酶作用下，这两种磷酸丙糖可以互变。当 3-磷酸甘油醛在下一步反应中被移去后，磷酸二羟丙酮很容易经异构反应转变为 3-磷酸甘油醛继续代谢。因此，1 分子 1,6-二磷酸果糖分解生成的 2 分子磷酸丙糖都能继续进行酵解。

$$\begin{array}{ccc}
\text{CH}_2\text{—O—}\textcircled{P} & & \text{CHO} \\
| & \xrightleftharpoons{\text{磷酸丙糖异构酶}} & | \\
\text{C}=\text{O} & & \text{CH—OH} \\
| & & | \\
\text{CH}_2\text{OH} & & \text{CH}_2\text{—O—}\textcircled{P} \\
\text{磷酸二羟丙酮} & & \text{3-磷酸甘油醛}
\end{array} \qquad (2\text{-}5)$$

（6）3-磷酸甘油醛氧化为1,3-二磷酸甘油酸。3-磷酸甘油醛在3-磷酸甘油醛脱氢酶的作用下脱氢氧化，脱下的 2H 为 NAD^+ 接受，生成 $NADH + H^+$。3-磷酸甘油醛在脱氢时由于分子内部能量变化并与无机磷酸结合，生成含有高能磷酸键的1,3-二磷酸甘油酸。

$$\begin{array}{ccc}
\text{CHO} & \text{NAD}^+ \quad \text{NADH+H}^+ & \text{O}=\text{C—O}\sim\textcircled{P} \\
| & & | \\
\text{CH—OH} & \rightleftharpoons & \text{CH—OH} \\
| & \text{Pi} & | \\
\text{CH}_2\text{—O—}\textcircled{P} & & \text{CH}_2\text{—O—}\textcircled{P} \\
\text{3-磷酸甘油醛} & & \text{1, 3-二磷酸甘油酸}
\end{array} \qquad (2\text{-}6)$$

（7）1,3-二磷酸甘油酸转变成3-磷酸甘油酸。在磷酸甘油酸激酶的催化下，将1,3-二磷酸甘油酸中的高能磷酸键转移给 ADP，生成 ATP，其本身转变为3-磷酸甘油酸。这种底物脱氢过程中产生的能量将 ADP 磷酸化生成 ATP 的过程，称为底物水平磷酸化。

$$\begin{array}{ccc}
\text{O}=\text{C—O}\sim\textcircled{P} & \text{ADP} \quad \text{ATP} & \text{COO}^- \\
| & & | \\
\text{CH—OH} & \rightleftharpoons & \text{CH—OH} \\
| & & | \\
\text{CH}_2\text{—O—}\textcircled{P} & & \text{CH}_2\text{—O—}\textcircled{P} \\
\text{1, 3-二磷酸甘油酸} & & \text{3-磷酸甘油酸}
\end{array} \qquad (2\text{-}7)$$

（8）3-磷酸甘油酸转变为2-磷酸甘油酸。在磷酸甘油酸变位酶的作用下，3-磷酸甘油酸 C_3 位上的磷酸基转移到 C_2 位上，生成2-磷酸甘油酸。

$$\begin{array}{ccc}
\text{COO}^- & & \text{COO}^- \\
| & & | \\
\text{CH—OH} & \rightleftharpoons & \text{CH—O—}\textcircled{P} \\
| & & | \\
\text{CH}_2\text{—O—}\textcircled{P} & & \text{CH}_2\text{—OH} \\
\text{3-磷酸甘油酸} & & \text{2-磷酸甘油酸}
\end{array} \qquad (2\text{-}8)$$

（9）磷酸烯醇式丙酮酸的生成。2-磷酸甘油酸在烯醇化酶的作用下进行脱水反应，同时引起分子内部能量的重新分布，生成含有一个高能磷酸键的磷酸烯醇式丙酮酸。

$$\begin{array}{ccc}
\text{COO}^- & & \text{COO}^- \\
| & & | \\
\text{CH—O—}\textcircled{P} & \rightleftharpoons & \text{C—O}\sim\textcircled{P} \\
| & & \| \\
\text{CH}_2\text{—OH} & & \text{CH}_2 \\
\text{2-磷酸甘油酸} & & \text{磷酸烯醇式丙酮酸}
\end{array} \qquad (2\text{-}9)$$

（10）丙酮酸的生成。丙酮酸激酶将磷酸烯醇式丙酮酸中的高能磷酸基团转移给 ADP 生成 ATP，同时生成丙酮酸，丙酮酸激酶是糖酵解反应中的关键酶，此反应不可逆。这是糖酵解反应中第二次底物水平磷酸化反应。

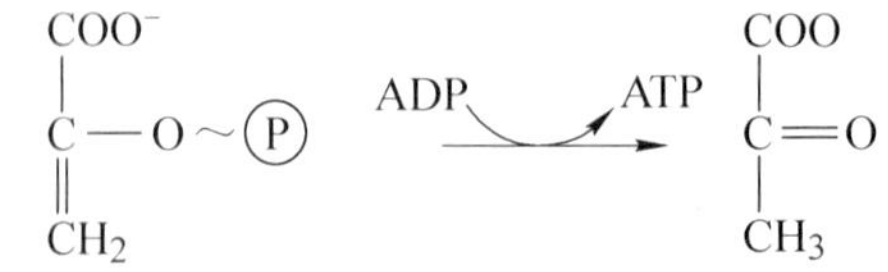

$$
\begin{array}{c}
\text{COO}^- \\
| \\
\text{C} \!-\! \text{O} \sim \text{P} \\
| \\
\text{CH}_2 \\
\textbf{磷酸烯醇式丙酮酸}
\end{array}
\quad
\xrightarrow[\quad]{\text{ADP} \quad \text{ATP}}
\quad
\begin{array}{c}
\text{COO} \\
| \\
\text{C} \!=\! \text{O} \\
| \\
\text{CH}_3 \\
\textbf{丙酮酸}
\end{array}
\qquad (2\text{-}10)
$$

在第一阶段糖酵解途径过程中，一分子的葡萄糖可氧化分解产生 2 分子的丙酮酸，生理条件下有三步是不可逆反应，催化这三步反应的酶活性较低，是糖酵解的关键酶，在此阶段经底物水平磷酸化产生 4 分子 ATP，由于葡萄糖活化时消耗 2 分子 ATP，故净生成 2 分子 ATP。若从糖原开始酵解，只消耗 1 分子 ATP，故净生成 3 分子 ATP。

B　丙酮酸转变为乳酸

在缺氧情况下丙酮酸不能继续氧化，而是在乳酸脱氢酶的作用下，加氢还原生成乳酸。

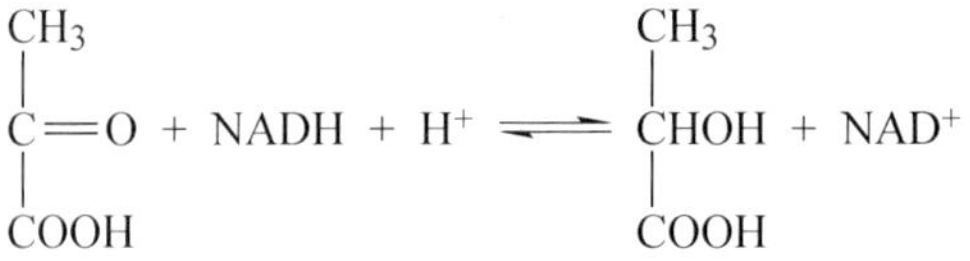

$$
\begin{array}{c}
\text{CH}_3 \\
| \\
\text{C} \!=\! \text{O} \\
| \\
\text{COOH} \\
\textbf{丙酮酸}
\end{array}
+ \text{NADH} + \text{H}^+
\rightleftharpoons
\begin{array}{c}
\text{CH}_3 \\
| \\
\text{CHOH} \\
| \\
\text{COOH} \\
\textbf{乳酸}
\end{array}
+ \text{NAD}^+
\qquad (2\text{-}11)
$$

上述反应中 3-磷酸甘油醛脱氢反应生成的 NADH + H$^+$，在机体缺氧时不能经呼吸链被氧化，而是将丙酮酸还原生成乳酸，NADH + H$^+$ 脱氢转变成 NAD$^+$，糖酵解才能继续进行。糖酵解过程如图 2-1 所示。

2.2.1.2　糖酵解的调节

在糖酵解途径中，己糖激酶（葡萄糖激酶）、6-磷酸果糖激酶-1 和丙酮酸激酶分别催化 3 步不可逆反应，这 3 种酶是糖酵解的关键酶，其活性主要受变构效应剂的变构调节和激素的调节。

（1）6-磷酸果糖激酶-1。6-磷酸果糖激酶-1 是调节糖酵解途径流量最重要的关键酶，它是由 4 个亚基组成的变构酶，受多种变构效应剂的影响。高浓度 ATP、柠檬酸是此酶的变构抑制剂。而 ADP、AMP、1,6-二磷酸果糖、2,6-二磷酸果糖是此酶的变构激活剂。1,6-二磷酸果糖是 6-磷酸果糖激酶-1 的反应产物，这种产物的正反馈作用有利于糖的分解代谢。

2,6-二磷酸果糖是 6-磷酸果糖激酶-1 最强的变构激活剂，2,6-二磷酸果糖的生成是以 6-磷酸果糖为底物在 6-磷酸果糖激酶-2 催化下 C$_2$ 磷酸化产生的。6-磷酸果糖激酶-2 是双功能酶，具有 6-磷酸果糖激酶-2 和果糖双磷酸酶-2 的活性。

催化 2,6-二磷酸果糖生成的 6-磷酸果糖激酶-2 的活性也受变构调节和激素的调节。6-

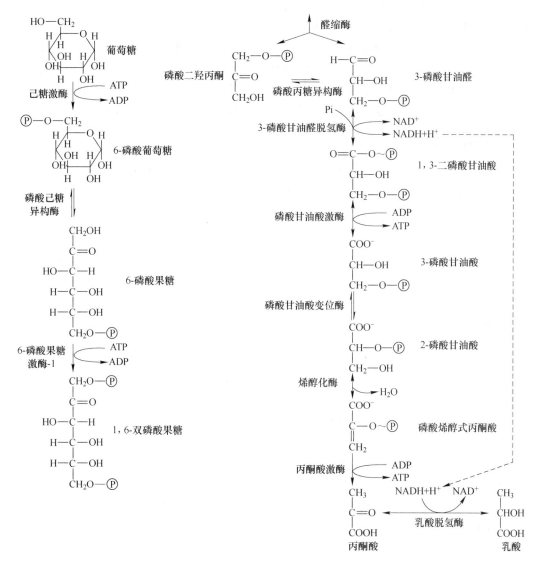

图 2-1 糖酵解过程

磷酸果糖和 AMP 是 6-磷酸果糖激酶-2 的变构激活剂，柠檬酸是其变构抑制剂。6-磷酸果糖激酶-2/果糖双磷酸酶-2 在激素作用下，进行共价修饰调节，胰高血糖素通过依赖 cAMP 的蛋白激酶使其磷酸化，磷酸化后其激酶活性减弱而磷酸酶活性升高，抑制 2,6-二磷酸果糖的生成，抑制糖的分解代谢。

（2）己糖激酶。己糖激酶是一种变构酶，其活性受到自身反应产物 6-磷酸葡萄糖的反馈抑制。葡萄糖激酶也是变构酶，但其分子内不存在 6-磷酸葡萄糖的变构部位，故不受 6-磷酸葡萄糖的影响，而受到 6-磷酸果糖的抑制。胰岛素可诱导葡萄糖激酶基因的转录，促进酶的合成。

（3）丙酮酸激酶。丙酮酸激酶是糖酵解过程的另一个重要调节点，1,6-二磷酸果糖是此酶的变构激活剂，而 ATP、乙酰辅酶 A 及游离长链脂肪酸是该酶的变构抑制剂。丙酮酸激酶还受激素的共价修饰调节，体内的蛋白激酶可使其磷酸化而失活，胰高血糖素可通过依赖 cAMP 的蛋白激酶抑制丙酮酸激酶活性。

糖酵解是体内葡萄糖分解供能的一条重要途径。机体可根据能量需求调节糖的分解速度，当机体消耗能量较多，细胞内 ATP/AMP 比值降低时，6-磷酸果糖激酶-1 和丙酮酸激酶均被激活，葡萄糖的分解加速。相反，细胞内 ATP 的储备丰富时，6-磷酸果糖激酶-1 和丙酮酸激酶被抑制，糖分解速度就减慢，减少 ATP 的生成量，避免能量的浪费。

2.2.2 糖的有氧氧化

葡萄糖在有氧条件下，彻底氧化为二氧化碳和水的反应过程称为糖的有氧氧化。这是糖在体内氧化的主要方式，大多数组织都通过糖的有氧氧化获得能量。糖的有氧氧化过程可概括如图 2-2 所示。

图 2-2　葡萄糖有氧氧化概况

2.2.2.1　糖有氧氧化的反应过程

糖的有氧氧化可分为三个阶段：第一阶段是指葡萄糖循糖酵解途径氧化成丙酮酸；第二阶段是丙酮酸进入线粒体氧化脱羧生成乙酰 CoA；第三阶段是乙酰辅酶 A 进入三羧酸循环和氧化磷酸化彻底氧化生成 H_2O 和 CO_2。

（1）葡萄糖氧化为丙酮酸。这一过程与糖酵解反应基本相同，不同点是在有氧情况下，所生成的 $NADH + H^+$ 不被丙酮酸还原为乳酸所用，而是通过线粒体内呼吸链被氧化为 H_2O。

（2）丙酮酸氧化脱羧生成乙酰 CoA。丙酮酸进入线粒体，在丙酮酸脱氢酶复合体的催化下氧化脱羧生成乙酰辅酶 A。

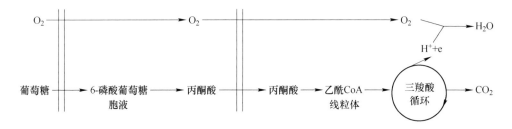

$$(2-12)$$

丙酮酸脱氢酶复合体，由 3 种酶蛋白和 5 种辅助因子组成，见表 2-1。三种酶蛋白以一定比例组合成多酶复合体，包括丙酮酸脱氢酶（E_1）、二氢硫辛酰胺转乙酰酶（E_2）和二氢硫辛酰胺脱氢酶（E_3），参与反应的辅酶有硫胺素焦磷酸酯（TPP）、硫辛酸、CoA、FAD 及 NAD^+。

表 2-1 丙酮酸脱氢酶复合体的组成

酶	辅　酶	所含维生素
丙酮酸脱氢酶	TPP	维生素 B_1
二氢硫辛酰胺转乙酰酶	二氢硫辛酸，辅酶 A	硫辛酸，泛酸
二氢硫辛酰胺脱氢酶	FAD，NAD^+	维生素 B_2，维生素 PP

丙酮酸脱氢酶复合体催化的详细反应过程如图 2-3 所示。

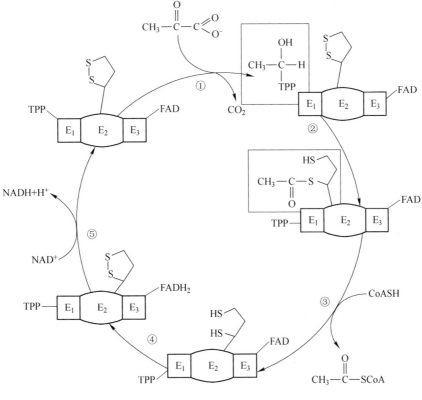

图 2-3 丙酮酸氧化脱羧过程

（3）乙酰 CoA 进入三羧酸循环和氧化磷酸化。三羧酸循环的详细内容如下陈述。经过一轮三羧酸循环氧化了相当于 1 分子的乙酰 CoA，生成 2 分子 CO_2、3 分子 $NADH + H^+$、1 分子 $FADH_2$ 和 1 分子 ATP。生成的 NADH 和 $FADH_2$ 上的氢通过呼吸链氧化成水，同时放出能量使 ADP 磷酸化生成 ATP。

2.2.2.2 三羧酸循环

从乙酰 CoA 和草酰乙酸缩合生成含有 3 个羧基的柠檬酸开始，经过一系列酶促反应，重新生成草酰乙酸的循环反应，称为三羧酸循环（tricarboxylic acid cycle，TAC）或柠檬酸循环。由于 Krebs 正式提出了三羧酸循环的学说，故此循环又被称为 Krebs 循环。三羧酸循环的反应在线粒体中进行。

A 三羧酸循环的主要过程

（1）柠檬酸的形成。乙酰 CoA 与草酰乙酸在柠檬酸合酶催化下缩合生成柠檬酸，柠檬酸合酶为三羧酸循环的第一个关键酶，此反应不可逆。

$$
\begin{array}{l}
\text{O=C—COOH} \\
\quad| \\
\text{CH}_2 \\
\quad| \\
\text{COOH}
\end{array}
\ +\
\begin{array}{l}
\text{O} \\
\quad\| \\
\text{C—CH}_3 + \text{H}_2\text{O} \\
\quad| \\
\text{SCoA}
\end{array}
\ \longrightarrow\
\begin{array}{l}
\text{CH}_2\text{COOH} \\
\quad| \\
\text{HO—C—COO}^- \\
\quad| \\
\text{CH}_2\text{COOH}
\end{array}
\ +\ \text{HSCoA} + \text{H}^+ \qquad (2\text{-}13)
$$

草酰乙酸　　　　乙酰CoA　　　　　　　　柠檬酸　　　　　辅酶A

（2）异柠檬酸的形成。在顺乌头酸酶作用下，柠檬酸脱水生成顺乌头酸，再加水生成异柠檬酸。

$$
\begin{array}{l}
\text{COO}^- \\
\quad| \\
\text{CH}_2 \\
\quad| \\
\text{}^-\text{OOC—C—OH} \\
\quad| \\
\text{CH}_2 \\
\quad| \\
\text{COO}^-
\end{array}
\ \xrightarrow{\text{H}_2\text{O}}\
\left[
\begin{array}{l}
\text{COO}^- \\
\quad| \\
\text{CH} \\
\quad\| \\
\text{}^-\text{OOC—C} \\
\quad| \\
\text{CH}_2 \\
\quad| \\
\text{COO}^-
\end{array}
\right]
\ \xrightarrow{\text{H}_2\text{O}}\
\begin{array}{l}
\text{COO}^- \\
\quad| \\
\text{H—C—OH} \\
\quad| \\
\text{}^-\text{OOC—C—H} \\
\quad| \\
\text{CH}_2 \\
\quad| \\
\text{COO}^-
\end{array}
\qquad (2\text{-}14)
$$

柠檬酸　　　　　　[酶-顺乌头酸]复合物　　　　　异柠檬酸

（3）异柠檬酸氧化脱羧。在异柠檬酸脱氢酶作用下，异柠檬酸脱氢脱羧生成 α-酮戊二酸。脱下的 2H 由 NAD$^+$ 接受，生成 NADH + H$^+$。此反应是不可逆的，异柠檬酸脱氢酶是三羧酸循环中的第二个关键酶，此反应是三羧酸循环过程中第一次氧化脱羧反应。

$$
\begin{array}{l}
\text{COO}^- \\
\quad| \\
\text{H—C—OH} \\
\quad| \\
\text{}^-\text{OOC—C—H} \\
\quad| \\
\text{CH}_2 \\
\quad| \\
\text{COO}^-
\end{array}
\ \xrightarrow[\text{Mg}^{2+}\quad \text{CO}_2]{\text{NAD}^+\quad \text{NADH+H}^+}\
\begin{array}{l}
\text{COO}^- \\
\quad| \\
\text{C=O} \\
\quad| \\
\text{CH}_2 \\
\quad| \\
\text{CH}_2 \\
\quad| \\
\text{COO}^-
\end{array}
\qquad (2\text{-}15)
$$

异柠檬酸　　　　　　　　　　　　　α-酮戊二酸

（4）α-酮戊二酸氧化脱羧。α-酮戊二酸在 α-酮戊二酸脱氢酶复合体作用下氧化脱羧生成琥珀酰 CoA、NADH + H$^+$ 和 CO$_2$。催化该反应的 α-酮戊二酸脱氢酶复合体是三羧酸循环的第三个关键酶，其组成和催化反应过程与前述的丙酮酸脱氢酶复合体类似，反应不可逆，生成的琥珀酰 CoA 内含有高能硫酯键。

$$
\begin{array}{l}
\text{COO}^- \\
\quad| \\
\text{C=O} \\
\quad| \\
\text{CH}_2 \\
\quad| \\
\text{CH}_2 \\
\quad| \\
\text{COO}^-
\end{array}
\ + \text{NAD}^+ + \text{HSCoA} \longrightarrow\
\begin{array}{l}
\text{O=C}\sim\text{SCoA} \\
\quad| \\
\text{CH}_2 \\
\quad| \\
\text{CH}_2 \\
\quad| \\
\text{COO}^-
\end{array}
\ + \text{NADH} + \text{H}^+ + \text{CO}_2 \qquad (2\text{-}16)
$$

α-酮戊二酸　　　　　　　　　　琥珀酰CoA

（5）底物水平磷酸化生成琥珀酸。在二磷酸鸟苷（GDP）和无机磷酸存在下，琥珀酰辅酶 A 合成酶催化琥珀酰辅酶 A 中的高能硫酯键水解释放的能量与 GDP 的磷酸化反应相偶联生成 GTP 和琥珀酸。生成的 GTP 将末端高能磷酸键交给 ADP 生成 ATP。此反应是三羧酸循环中唯一的底物水平磷酸化反应。

$$
\begin{array}{c}
O=C\sim SCoA \\
| \\
CH_2 \\
| \\
CH_2 \\
| \\
COO^-
\end{array}
\quad
\underset{}{\xrightarrow{\text{GDP+Pi} \quad \text{GTP}}}
\quad
\begin{array}{c}
COO^- \\
| \\
CH_2 \\
| \\
CH_2 \\
| \\
COO^-
\end{array}
\quad +HSCoA
\qquad (2\text{-}17)
$$

琥珀酰CoA　　　　　　　　　　琥珀酸

（6）琥珀酸脱氢生成延胡索酸。琥珀酸在琥珀酸脱氢酶的催化下脱氢生成延胡索酸，脱下的 2H 由 FAD 接受，生成 $FADH_2$。此反应是三羧酸循环过程中的第三次脱氢反应。

$$
\begin{array}{c}
COO^- \\
| \\
CH_2 \\
| \\
CH_2 \\
| \\
COO^-
\end{array}
\quad
\xrightarrow{\text{FAD} \quad \text{FADH}_2}
\quad
\begin{array}{c}
COO^- \\
| \\
C-H \\
\| \\
H-C \\
| \\
COO^-
\end{array}
\qquad (2\text{-}18)
$$

琥珀酸　　　　　　　　　　延胡索酸

（7）延胡索酸加水生成苹果酸。延胡索酸酶催化此反应。

$$
\begin{array}{c}
COO^- \\
| \\
C-H \\
\| \\
H-C \\
| \\
COO^-
\end{array}
\quad + H_2O
\quad\rightleftharpoons\quad
\begin{array}{c}
COO^- \\
| \\
HO-C-H \\
| \\
H-C-H \\
| \\
COO^-
\end{array}
\qquad (2\text{-}19)
$$

延胡索酸　　　　　　　　　　苹果酸

（8）苹果酸脱氢生成草酰乙酸。苹果酸在苹果酸脱氢酶作用下脱氢生成草酰乙酸，脱下的 2H 由 NAD^+ 接受，生成 $NADH + H^+$，这是三羧酸循环过程中的第四次脱氢反应。

$$
\begin{array}{c}
COO^- \\
| \\
HO-C-H \\
| \\
H-C-H \\
| \\
COO^-
\end{array}
\quad
\xrightarrow{\text{NAD}^+ \quad \text{NADH+H}^+}
\quad
\begin{array}{c}
COO^- \\
| \\
C=O \\
| \\
CH_2 \\
| \\
COO^-
\end{array}
\qquad (2\text{-}20)
$$

苹果酸　　　　　　　　　　草酰乙酸

三羧酸循环过程总结如图2-4所示。

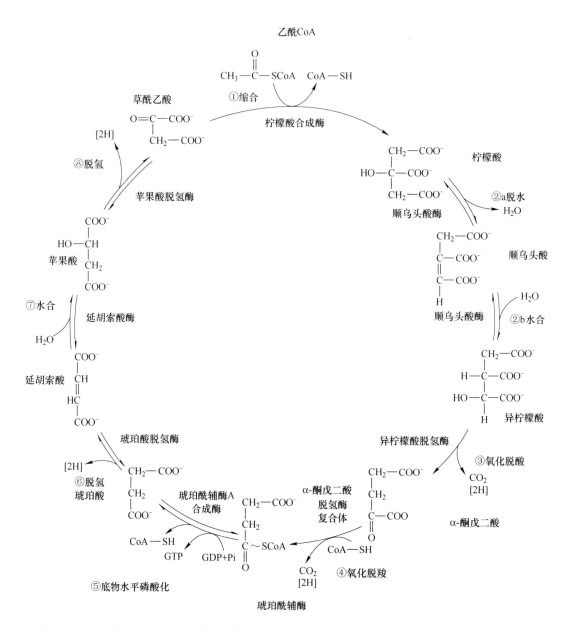

图 2-4　三羧酸循环

在 TAC 反应的过程中，从乙酰 CoA 和草酰乙酸缩合生成柠檬酸开始，反复地脱氢氧化。乙酰 CoA 进入 TAC 后，有两次脱羧反应，生成 2 分子 CO_2，这是体内 CO_2 的主要来源。脱氢反应共有 4 次，其中 3 次脱氢由 NAD^+ 接受，1 次由 FAD 接受。这些递氢体将氢传递给氧时生成 ATP。TAC 本身每循环一次只能以底物水平磷酸化生成 1 个 GTP。另外，TAC 中的中间产物包括草酰乙酸在内起着催化剂的作用，本身并无量的变化。

 **科学典故**

三羧酸循环的提出

H. A. Krebs（1900～1981年），生于德国的犹太家庭，内科医生、生物化学家，1933年前曾经做过 Kaiser Wilhelm 生物研究所 O. H. Warburg 教授的助手，1934年因纳粹统治被迫逃亡英国，先后在剑桥大学、谢菲尔德大学从事生物化学研究。Krebs 在代谢研究方面的重大发现——三羧酸循环又称柠檬酸循环，是能量代谢和物质转变的枢纽，被称为 Krebs 循环。1937年，Krebs 利用鸽子胸肌的组织悬液，测定了在不同有机酸作用下丙酮酸氧化过程的耗氧率，从而推理得出结论：一系列有机三羧酸和二羧酸以循环方式存在，可能是肌组织中碳水化合物氧化的主要途径。Krebs 将这一发现投稿至《自然》编辑部，遗憾的是被拒稿。接着 Krebs 改投荷兰的杂志《Enzymologia》，2个月内论文就得以发表。1953年，Krebs 获得诺贝尔生理学/医学奖。此后，他经常用这段拒稿经历鼓励青年学者专注于自己的研究兴趣，坚持自己的学术观点。1988年，在 Krebs 逝世7年后，《自然》杂志公开表示，拒绝 Krebs 的文章是有史以来所犯的最大错误。

B　三羧酸循环的生理意义

（1）TAC 是糖、脂肪和蛋白质三大营养物质代谢的共同通路。糖、脂肪和氨基酸在体内进行生物氧化都将生成乙酰 CoA，然后进入 TAC 彻底氧化。TAC 中只有一次底物水平磷酸化反应生成 GTP。循环本身并不是能量释放、生成的主要环节，但其4次脱氢反应为氧化磷酸化反应生成 ATP 提供 $NADH + H^+$ 和 $FADH_2$。

（2）三羧酸循环是糖、脂肪和蛋白质三大营养物质代谢联系的枢纽。例如糖和脂肪动员的甘油在体内可转变为丙酮酸，进一步生成 α-酮戊二酸及草酰乙酸等三羧酸循环的中间产物，这些中间产物可以转变成为某些非必需氨基酸（如谷氨酸、天冬氨酸）；而许多氨基酸的碳骨架是三羧酸循环的中间产物，通过草酰乙酸可转变为葡萄糖。

（3）三羧酸循环的中间产物如琥珀酰 CoA、乙酰 CoA 可用于合成血红素、胆固醇和脂肪酸，因此三羧酸循环可以为某些物质的合成提供小分子前体。

2.2.2.3　糖有氧氧化的调节

生物体可根据能量需求调节有氧氧化的速度。在糖有氧氧化的三个阶段中，糖酵解途径的调节已如前述，这里主要讨论后两个阶段丙酮酸脱氢酶复合体和三羧酸循环的调节。

（1）丙酮酸脱氢酶复合体的调节。丙酮酸脱氢酶复合体主要通过变构调节和共价修饰两种方式进行调节。变构调节的抑制剂有乙酰 CoA、ATP、脂肪酸及 NADH 等。CoA、ADP 及 NAD^+ 等为丙酮酸脱氢酶复合体的变构激活剂。当 [ATP]/[ADP]、[NADH]/[NAD^+] 和 [乙酰 CoA]/[CoA] 比例升高时，丙酮酸脱氢酶复合体酶活性被抑制。

在共价修饰调节中，丙酮酸脱氢酶激酶可将丙酮酸脱氢酶中的丝氨酸残基磷酸化而使丙酮酸脱氢酶失活；丙酮酸脱氢酶磷酸酶则使其去磷酸而恢复活性。

（2）三羧酸循环的调节。三羧酸循环中有 3 步不可逆反应，即柠檬酸合酶、异柠檬酸脱氢酶和 α-酮戊二酸脱氢酶复合体催化的反应。对三羧酸循环关键酶的调节，主要通过产物的反馈抑制来实现。当 NADH/NAD$^+$、ATP/ADP 比值高时，柠檬酸合酶、异柠檬酸脱氢酶和 α-酮戊二酸脱氢酶复合体的活性被抑制，ADP 还是异柠檬酸脱氢酶的变构激活剂。

另外，高浓度的 Ca^{2+} 可激活异柠檬酸脱氢酶、α-酮戊二酸脱氢酶复合体和丙酮酸脱氢酶复合体，从而推动有氧氧化的进行，如图 2-5 所示。

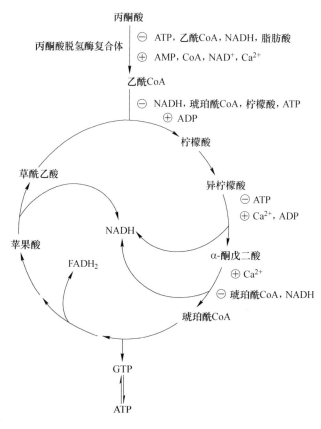

图 2-5　三羧酸循环的调控

除此之外，氧化磷酸化的速率对三羧酸循环的速度也起着非常重要的作用。三羧酸循环中脱氢反应脱下的氢分别被 NAD$^+$ 及 FAD 接受，生成 NADH + H$^+$ 及 FADH$_2$，然后通过呼吸链进行氧化磷酸化。如氧化磷酸化的速率减慢，NADH + H$^+$ 和 FADH$_2$ 不能及时脱氢转变成 NAD$^+$ 和 FAD，影响三羧酸循环的速度。

2.2.2.4　糖有氧氧化的生理意义

糖的有氧氧化是机体获取能量的主要方式。其中三羧酸循环中 4 次脱氢反应产生的 3 分子 NADH + H$^+$ 和 1 分子 FADH$_2$ 可经不同的呼吸链传递，分别生成 2.5 个和 1.5 个 ATP，加上底物水平磷酸化生成的 1 个 ATP，一次三羧酸循环共生成 10 个 ATP；丙酮酸脱氢产生的 NADH + H$^+$ 进入电子传递链生成 2.5 个 ATP；另外酵解途径中 3-磷酸甘油醛脱氢产

生的 $NADH + H^+$，在氧供应充足时进入电子传递链生成 2.5 个或 1.5 个 ATP（穿梭机制不同，生成 ATP 不同）；加上糖酵解途径中的 2 次底物水平磷酸化反应，1 分子的葡萄糖彻底氧化生成 CO_2 和 H_2O，可净生成 30 或 32 分子 ATP（见表2-2）。1 分子葡萄糖经无氧酵解，只净生成 2 分子 ATP。

糖的有氧氧化不仅产能效率高，而且由于产生的能量逐步分次释放，相当一部分形成 ATP，所以能量的利用率也高。

表 2-2 葡萄糖有氧氧化生成的 ATP

阶段	反 应	辅酶	ATP
第一阶段	葡萄糖→6-磷酸葡萄糖		−1
	6-磷酸果糖→1,6 双磷酸果糖		−1
	2×3-磷酸甘油醛→2×1,3-二磷酸甘油酸	NAD^+	2×2.5 或 2×1.5[①]
	2×1,3-二磷酸甘油酸→2×3-磷酸甘油酸		2×1
第二阶段	2×磷酸烯醇式丙酮酸→2×丙酮酸		2×1
	2×丙酮酸→2×乙酰 CoA	NAD^+	2×2.5
第三阶段	2×异柠檬酸→2×α-酮戊二酸	NAD^+	2×2.5
	2×α-酮戊二酸→2×琥珀酰 CoA	NAD^+	2×2.5
	2×琥珀酰 CoA→2×琥珀酸		2×1
	2×琥珀酸→2×延胡索酸	FAD	2×1.5
	2×苹果酸→2×草酰乙酸	NAD^+	2×2.5
净生成			30 或 32

① 获得 ATP 的数量取决于还原当量进入线粒体的机制。

2.2.3 磷酸戊糖途径

糖分解代谢尚存在磷酸戊糖途径（pentose phosphate pathway）。经此途径可以生成具有重要生理功能的 5-磷酸核糖和 NADPH。

2.2.3.1 磷酸戊糖途径的反应过程

磷酸戊糖途径在胞液中进行，反应可分为两个阶段：第一阶段是氧化反应，生成磷酸戊糖、$NADPH + H^+$ 和 CO_2。第二阶段为非氧化反应，包括一系列基团转移反应，生成 6-磷酸果糖和 3-磷酸甘油醛。

（1）氧化反应阶段。6-磷酸葡萄糖在 6-磷酸葡萄糖脱氢酶和 6-磷酸葡萄糖酸脱氢酶的催化下，2 次脱氢，1 次脱羧，生成 2 分子 $NADPH + H^+$、1 分子 CO_2 和 1 分子 5-磷酸核酮糖，5-磷酸核酮糖在异构酶的作用下转变为 5-磷酸核糖，在差向异构酶的催化下转变为 5-磷酸木酮糖。此阶段的 6-磷酸葡萄糖脱氢酶是关键酶，催化的反应不可逆。

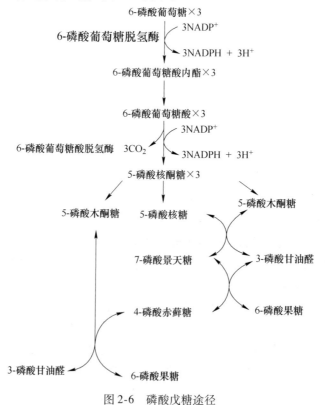

$$H_2C-OH \quad ... \quad (2\text{-}21)$$

6-磷酸葡萄糖　　　　　　　　6-磷酸葡萄糖酸内酯　　　　　　　6-磷酸葡萄糖酸

5-磷酸核酮糖　　　　　　　　5-磷酸核糖

（2）基团转移阶段。在第一阶段生成的磷酸戊糖在转酮醇酶、转醛醇酶等一系列酶作用下，进行基团转移，中间经过三碳、七碳、四碳和六碳单糖的转变，最终生成6-磷酸果糖和3-磷酸甘油醛，二者进入糖酵解途径进行代谢。

磷酸戊糖途径的反应可归纳如图2-6所示。

6-磷酸葡萄糖×3

6-磷酸葡萄糖脱氢酶　　3NADP$^+$

3NADPH ＋ 3H$^+$

6-磷酸葡萄糖酸内酯×3

6-磷酸葡萄糖酸×3

3NADP$^+$

6-磷酸葡萄糖酸脱氢酶　　3CO$_2$　　3NADPH ＋ 3H$^+$

5-磷酸核酮糖×3

5-磷酸木酮糖　　5-磷酸核糖　　5-磷酸木酮糖

7-磷酸景天糖　　3-磷酸甘油醛

4-磷酸赤藓糖　　6-磷酸果糖

3-磷酸甘油醛　　6-磷酸果糖

图2-6　磷酸戊糖途径

磷酸戊糖途径总的反应为：

$3 \times 6\text{-磷酸葡萄糖} + 6\text{NADP}^+ \rightarrow 2 \times 6\text{-磷酸果糖} + 3\text{-磷酸甘油醛} + 6\text{NADPH} + 6\text{H}^+ + 3\text{CO}_2$

2.2.3.2　磷酸戊糖途径的调节

6-磷酸葡萄糖脱氢酶是磷酸戊糖途径的关键酶，其活性的高低决定 6-磷酸葡萄糖进入此途径的流量。此酶活性受 NADPH/NADP$^+$ 浓度的影响，其比值升高时抑制酶的活性。NADPH 对该酶有强烈的抑制作用。

2.2.3.3　磷酸戊糖途径生理意义

磷酸戊糖途径的主要生理意义是为机体提供了 5-磷酸核糖和 NADPH。

（1）为核酸的生物合成提供核糖。体内的核糖主要是通过磷酸戊糖途径生成，5-磷酸核糖既可经 6-磷酸葡萄糖脱氢、脱羧的氧化反应生成，也可通过糖酵解的中间产物 3-磷酸甘油醛和 6-磷酸果糖经非氧化反应生成，但在人体内主要通过氧化反应生成。

（2）提供 NADPH 作为供氢体，参与多种代谢反应。NADPH 与 NADH 不同，它所携带的氢不是通过呼吸链氧化释放能量，而是参与许多代谢反应，发挥不同的作用。

1）NADPH 是体内多种物质（如脂肪酸、胆固醇和类固醇激素）合成的供氢体：在脂肪和固醇类化合物合成旺盛的组织如肝、肾上腺、性腺中，磷酸戊糖途径比较活跃。

2）NADPH 是谷胱甘肽还原酶的辅酶，对维持细胞中还原型谷胱甘肽（GSH）的正常含量起着重要作用。GSH 可以保护细胞膜上含巯基的蛋白质和酶，以维持膜的完整性和酶的活性。6-磷酸葡萄糖脱氢酶遗传性缺陷的患者，磷酸戊糖途径不能正常进行，NADPH 生成减少，GSH 含量减少，其红细胞膜易于破坏而发生溶血性贫血。

3）NADPH 作为供氢体，是肝细胞加单氧酶体系的组成成分，参与激素、药物、毒物的生物转化过程。

 **科学典故**

肿瘤细胞的糖代谢

肿瘤细胞具有独特的代谢规律。以糖代谢为例，肿瘤细胞消耗的葡萄糖远远多于正常细胞，更重要的是，即使在有氧时，肿瘤细胞中葡萄糖也不彻底氧化而是被分解生成乳酸，这种现象由德国生物化学家 O. H. Warburg 所发现，故称 Warburg 效应（Warburg effect）。肿瘤细胞为何偏爱这种低产能的代谢方式成为近年来的研究热点。Warburg 效应使肿瘤细胞获得生存优势，至少体现在两方面：一是提供大量碳源，用以合成蛋白质、脂类、核酸，满足肿瘤快速生长的需要；二是关闭有氧氧化通路，避免产生自由基，从而逃避细胞凋亡。肿瘤选择 Warburg 效应的根本机制在于对关键酶的调节。例如，肿瘤组织中往往过量表达 M2 型丙酮酸激酶（PKM2），并且其二聚体形式占主体，能够诱发 Warburg 效应。异柠檬酸脱氢酶 1/2（IDH1/2）在神经胶质瘤中常发生基因突变，突变后促进体内产生 2-羟戊二酸（2-HG），该产物积累与肿瘤发生发展密切相关。

此外，肿瘤组织中磷酸戊糖途径比正常组织更为活跃，有利于进行生物合成代谢，目前认为一部分原因是肿瘤抑制基因 TP53 发生突变，从而失去了对葡萄糖-6-磷酸脱氢酶的抑制作用。这些肿瘤代谢特征已成为疾病诊治的依据和突破点。

2.3 糖原合成与分解

糖原是动物体内糖的储存形式，糖原主要贮存在肌肉和肝脏中，但肝糖原和肌糖原的生理意义不同。肌糖原分解为肌肉自身收缩提供能量，肝糖原分解主要维持血糖浓度。这对于如脑、红细胞等依赖葡萄糖作为能量来源的组织来说尤为重要。

2.3.1 糖原的合成

糖原的合成是以葡萄糖为原料，消耗能量的过程，每增加一个葡萄糖基消耗 2 分子ATP，糖原合酶是糖原合成的关键酶，糖原合成的基本反应过程如下。

（1）葡萄糖转变为 6-磷酸葡萄糖。葡萄糖在葡萄糖激酶作用下，由 ATP 提供能量，转变为 6-磷酸葡萄糖，此反应不可逆。

$$(2\text{-}22)$$

（2）1-磷酸葡萄糖的生成。在磷酸葡萄糖变位酶作用下，6-磷酸葡萄糖转变为 1-磷酸葡萄糖。

$$(2\text{-}23)$$

（3）尿苷二磷酸葡萄糖的生成。在尿苷二磷酸葡萄糖焦磷酸化酶作用下，1-磷酸葡萄糖与尿苷三磷酸（UTP）反应，生成尿苷二磷酸葡萄糖（UDPG），释放出焦磷酸。UDPG可看作"活性葡萄糖"，在体内充当葡萄糖供体。

$$(2\text{-}24)$$

（4）糖原的合成。UDPG 中的葡萄糖基在糖原合酶作用下，转移到糖原引物上，以 α-1,4-糖苷键在其非还原端连接。所谓糖原引物是指细胞内原有的较小的糖原分子，每反应一次，糖原引物上即增加一个葡萄糖单位，上述反应反复进行，可使糖链不断延长。糖原合酶是糖原合成的关键酶，催化不可逆反应。

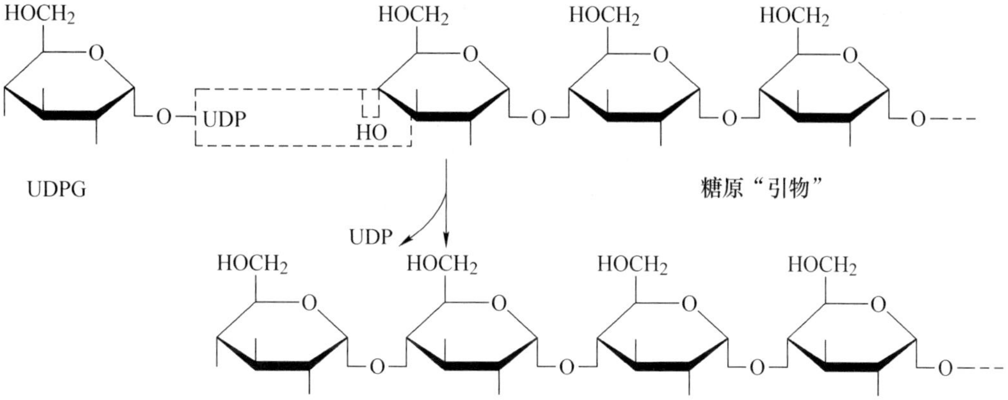

UDPG　　　　　　　　　　　　　　　　　　　糖原"引物"

UDP

$$(2-25)$$

糖原合酶只能催化 α-1,4-糖苷键的生成，因此糖原合酶只能延长糖链，不能形成分支。当直链长度达到 12~18 个葡萄糖基时，分支酶可将末端 6~7 个葡萄糖单位的一段糖链转移到邻近的糖链上，以 α-1,6-糖苷键相连，从而形成分支（见图 2-7）。分支的形成不仅可增加糖原的水溶性，以利于其储存，而且还增加了非还原末端的数目，在糖原分解时有利于提高反应速度。

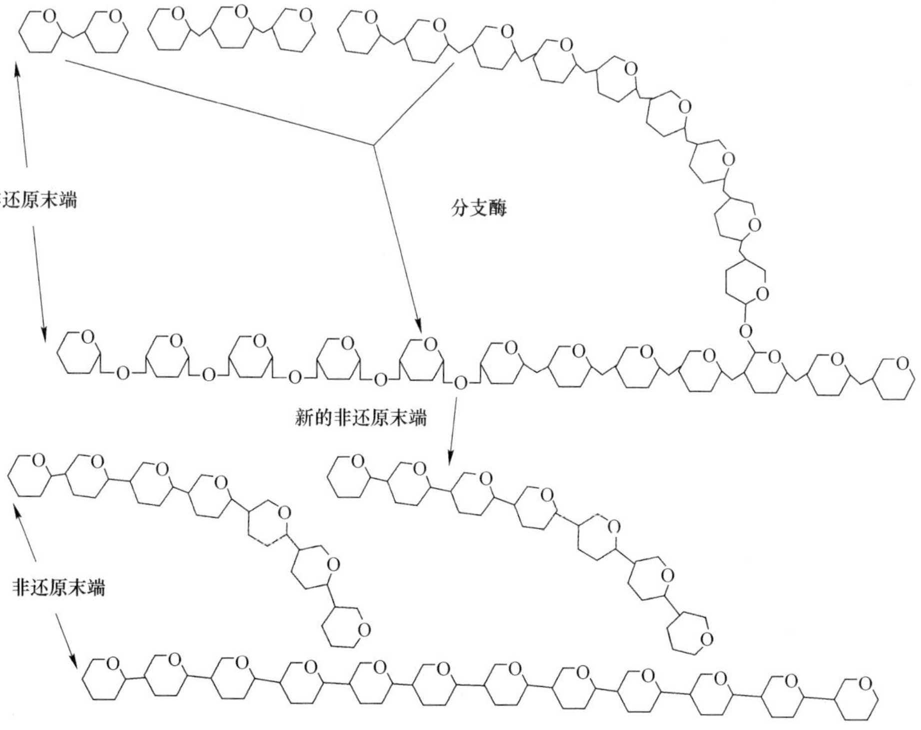

非还原末端　　　　　　　　　　　　　　　分支酶

新的非还原末端

非还原末端

图 2-7　分支酶的作用

2.3.2 糖原的分解

糖原分解习惯上指肝糖原分解生成葡萄糖的过程。包括下列几个反应步骤：

（1）糖原分解为1-磷酸葡萄糖。从糖原分子的非还原端开始，在糖原磷酸化酶的作用下，逐个磷酸解以 α-1,4-糖苷键连接的葡萄糖残基，生成1-磷酸葡萄糖。糖原磷酸化酶是糖原分解的关键酶，催化反应不可逆。

糖原(葡萄糖)n

$$
\downarrow\ Pi \quad \text{糖原磷酸化酶}
$$
(2-26)

1-磷酸葡萄糖　＋　糖原(葡萄糖)$n-1$

糖原磷酸化酶只能分解糖原上的 α-1,4-糖苷键，而对 α-1,6-糖苷键不起作用。当糖链上的葡萄糖基逐个磷酸解到距分支点约4个葡萄糖残基时，磷酸化酶不再发挥作用。此时脱支酶发挥作用，脱支酶是一种双功能酶，具有葡聚糖转移酶和 α-1,6-葡萄糖苷酶两种活性（见图2-8）。葡聚糖转移酶将距分支点的3个葡萄糖基转移到邻近糖链末端，并

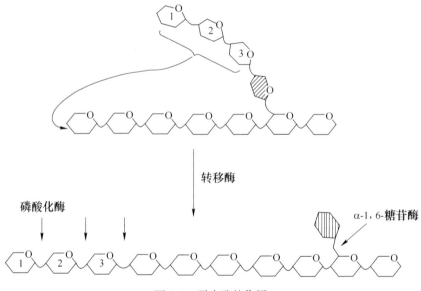

图2-8　脱支酶的作用

以 α-1,4-糖苷键连接。残留的最后 1 个以 α-1,6-糖苷键连接在分支处的葡萄糖基被 α-1,6-葡萄糖苷酶水解成游离葡萄糖。分支去除后，磷酸化酶即可继续发挥作用。在磷酸化酶和脱支酶的配合作用下，糖原可以完全分解为葡萄糖。

（2）1-磷酸葡萄糖转变为 6-磷酸葡萄糖。在磷酸葡萄糖变位酶作用下，1-磷酸葡萄糖转变为 6-磷酸葡萄糖。

$$\text{1-磷酸葡萄糖} \rightleftharpoons \text{6-磷酸葡萄糖} \tag{2-27}$$

（3）6-磷酸葡萄糖水解为葡萄糖。在葡萄糖-6-磷酸酶的作用下，6-磷酸葡萄糖水解生成葡萄糖。

$$\text{6-磷酸葡萄糖} + H_2O \longrightarrow \text{葡萄糖} + Pi \tag{2-28}$$

葡萄糖-6-磷酸酶在肝及肾皮质中活性较强，肌肉中无此酶，所以肝、肾糖原可以补充血糖，而肌糖原不能分解成葡萄糖，只能进行糖酵解或有氧氧化。

2.3.3 糖原合成与分解的调节

糖原合酶与糖原磷酸化酶分别是糖原合成和糖原分解的关键酶，其活性的大小决定糖原代谢的方向，它们主要通过变构调节和共价修饰两种方式进行调节。

（1）糖原磷酸化酶。肝糖原磷酸化酶有磷酸化的活性强的磷酸化酶 a 和去磷酸化的活性较低的磷酸化酶 b 两种形式，当磷酸化酶 b 在磷酸化酶 b 激酶的作用下其被磷酸化后，磷酸化酶 b 就转变为磷酸化酶 a，而磷酸化酶 a 可经磷蛋白磷酸酶作用脱去磷酸，成为磷酸化酶 b。催化磷酸化酶 b 磷酸化的磷酸化酶 b 激酶也有两种形式，去磷酸的磷酸化酶 b 激酶没有活性，无活性的磷酸化酶 b 激酶在依赖 cAMP 的蛋白激酶作用下磷酸化转变有活性的磷酸化酶 b 激酶。依赖 cAMP 的蛋白激酶其活性受 cAMP 的调节，cAMP 是 ATP 在腺苷酸环化酶作用下生成的，而腺苷酸环化酶的活性受激素调节。在肌肉组织中，受肾上腺素的调节；在肝中受胰高血糖素的调节。

此外，磷酸化酶还受其变构效应剂葡萄糖的变构调节，葡萄糖与磷酸化酶 a 的变构部位结合后引起构象变化，暴露出已磷酸化的 14 位丝氨酸，然后在磷蛋白磷酸酶的作用下脱去磷酸基团成为无活性的磷酸化酶 b，故当血糖浓度升高时可抑制糖原的分解。

（2）糖原合酶。糖原合酶也有去磷酸化的有催化活性的糖原合酶 a 和磷酸化的无活性的糖原合酶 b 两种形式。在蛋白激酶的作用下糖原合酶 a 磷酸化后转变为糖原合酶 b。糖原合酶 b 可通过磷蛋白磷酸酶的作用脱去磷酸基而转变为有活性的糖原合酶 a。

在糖原代谢的调节中，磷酸化酶和糖原合酶的活性都受磷酸化和去磷酸化的共价修饰调节。磷酸化和去磷酸化的方式相似，但结果正好相反，糖原磷酸化酶磷酸化后活性升高，而糖原合酶磷酸化后活性降低，如图 2-9 所示。这种调节方式，避免了分解、合成两个途径同时进行所造成 ATP 的浪费，有利于机体针对不同生理情况做出反应。

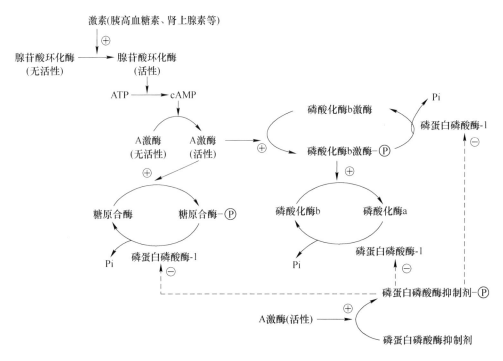

图 2-9　糖原合成与分解的共价修饰调节

2.3.4　糖原合成与分解的生理意义

糖原合成与分解的主要生理意义在于贮存能量和调节血糖浓度。

糖原是动物体内葡萄糖的贮存形式，进食后过多的糖可在肝和肌肉等组织中合成糖原储存起来，当机体需要时可以迅速被动用以供急需。进食后过多的糖以糖原形式储存起来可以防止血糖浓度过高。当机体血糖水平较低时，肝糖原可以分解为葡萄糖进入血液以补充血糖。由于肌肉组织缺乏葡萄糖-6-磷酸酶，所以肌糖原不能分解为葡萄糖，但肌糖原的分解产物 6-磷酸葡萄糖可经糖酵解途径转变为乳酸，乳酸经血液循环至肝，再通过糖异生途径转变成葡萄糖或肝糖原（见 2.4 节糖异生）。因此糖原的合成和分解可以起到调节血糖浓度恒定的重要作用。

2.4 糖 异 生

糖异生指的是非糖物质转变为葡萄糖或糖原的过程。能转变为糖的非糖物质主要有生糖氨基酸、乳酸及甘油等。

2.4.1 糖异生途径

糖异生途径基本上是糖酵解途径的逆过程。糖酵解途径中大多数的酶促反应是可逆的，但己糖激酶（包括葡萄糖激酶）、6-磷酸果糖激酶-1 及丙酮酸激酶催化的三步反应的逆过程，在糖异生途径中必须由另外的糖异生途径的关键酶催化完成。

2.4.1.1 丙酮酸转变为磷酸烯醇式丙酮酸

糖酵解途径中丙酮酸激酶催化磷酸烯醇式丙酮酸生成丙酮酸。在糖异生途径中丙酮酸要经两种酶催化的两步反应生成磷酸烯醇式丙酮酸。

$$
\begin{array}{ccc}
\underset{\text{丙酮酸}}{\begin{array}{c}\text{COO}^- \\ | \\ \text{C}=\text{O} \\ | \\ \text{CH}_3\end{array}} & \xrightarrow[\text{ATP} \quad \text{ADP+Pi}]{\text{CO}_2} & \underset{\text{草酰乙酸}}{\begin{array}{c}\text{COO}^- \\ | \\ \text{C}=\text{O} \\ | \\ \text{CH}_2 \\ | \\ \text{COOH}\end{array}} \xrightarrow[\text{GTP} \quad \text{GDP}]{\text{CO}_2} \underset{\text{磷酸烯醇式丙酮酸}}{\begin{array}{c}\text{COO}^- \quad \text{O} \\ | \quad \| \\ \text{C}-\text{O}-\text{P}-\text{O}^- \\ \| \quad | \\ \text{CH}_2 \quad \text{O}^-\end{array}}
\end{array}
\tag{2-29}
$$

（1）丙酮酸羧化生成草酰乙酸。此反应由位于线粒体中的丙酮酸羧化酶催化，辅酶是生物素，消耗 1 分子 ATP。

（2）草酰乙酸生成磷酸烯醇式丙酮酸（PEP）。在线粒体和胞液中，由磷酸烯醇式丙酮酸羧激酶催化草酰乙酸转变成磷酸烯醇式丙酮酸，消耗 1 分子 GTP，同时脱羧。

上述反应的丙酮酸羧化酶存在于线粒体内，而磷酸烯醇式丙酮酸羧激酶在线粒体和胞液中都存在，因此丙酮酸羧化生成的草酰乙酸可以在线粒体中转变为磷酸烯醇式丙酮酸，也可在胞液中转变为磷酸烯醇式丙酮酸，继而进行糖异生随后的反应。

由于草酰乙酸不能通过线粒体膜，其进入胞液可通过以下两种方式转运。当以乳酸为原料进行糖异生时，由于其脱氢生成丙酮酸时在胞液中产生的 $NADH + H^+$ 可供糖异生途径反应中 1,3-二磷酸甘油酸还原为 3-磷酸甘油醛所用，因此线粒体内的草酰乙酸可经谷草转氨酶的作用，生成天冬氨酸出线粒体，进入胞液中的天冬氨酸再在胞液中谷草转氨酶的催化下重新生成草酰乙酸。而当以丙酮酸或生糖氨基酸为原料进行糖异生时，1,3-二磷酸甘油酸还原成 3-磷酸甘油醛所需要的 $NADH + H^+$ 必须由线粒体内脂酸的 β-氧化或三羧酸循环过程来提供，此时草酰乙酸可经苹果酸脱氢酶作用，将其加氢还原成苹果酸，进入胞液中的苹果酸再在胞液中苹果酸脱氢酶的作用下将苹果酸脱氢氧化为草酰乙酸。

2.4.1.2 1,6-二磷酸果糖转变为 6-磷酸果糖

此反应由果糖双磷酸酶-1 催化。

$$
\text{6-磷酸果糖} \underset{\underset{\text{Pi \ 果糖双磷酸酶-1 \ H}_2\text{O}}{}}{\overset{\overset{\text{ATP \ 磷酸果糖激酶-1 \ ADP}}{}}{\rightleftharpoons}} \text{1,6-二磷酸果糖}
\tag{2-30}
$$

2.4.1.3 6-磷酸葡萄糖转变为葡萄糖

反应由葡萄糖-6-磷酸酶催化，见式（2-31）。

$$葡萄糖 \underset{\substack{\text{葡萄糖-} \\ \text{6-磷酸酶}}}{\overset{\text{己糖激酶}}{\rightleftharpoons}} 6\text{-磷酸葡萄糖} \tag{2-31}$$

在以上三步反应过程中，由不同的酶催化单向反应，使两个作用物互变的循环称为底物循环。当两种酶活性相等时，反应不能进行，而当两种酶活性不完全相等时，反应向一个方向进行。糖异生途径可归纳如图 2-10 所示。

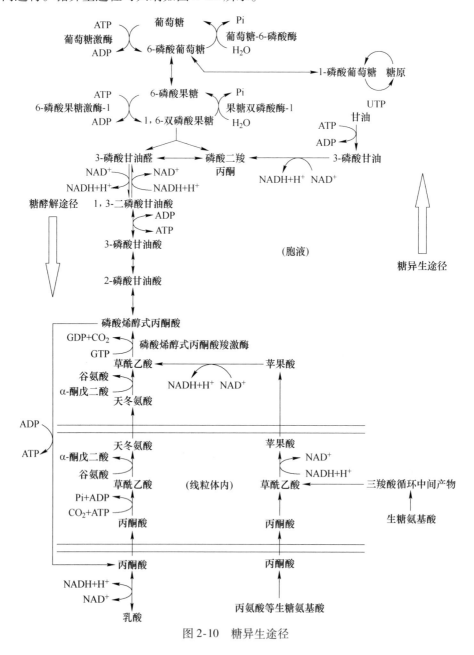

图 2-10 糖异生途径

2.4.2　糖异生的调节

糖异生与糖酵解是方向相反的两条代谢途径，因此机体必须对两条代谢途径中的关键酶进行协调调节。如以丙酮酸为原料进行糖异生时，就必须抑制酵解途径的关键酶，以防止葡萄糖又重新分解成丙酮酸。机体主要可通过共价修饰和变构调节方式来调节这两条途径中关键酶的活性。

2.4.2.1　共价修饰调节

当血糖水平较低时，胰高血糖素可以通过依赖 cAMP 的蛋白激酶途径，使6-磷酸果糖激酶-2 磷酸化而失活，降低细胞内 2,6-二磷酸果糖的水平；同时使丙酮酸激酶磷酸化失去活性，起到抑制糖酵解促进糖异生的作用。胰岛素则有相反的作用。

2.4.2.2　变构调节

乙酰 CoA 作为变构剂可以激活丙酮酸羧化酶，促进糖异生作用。2,6-二磷酸果糖和 AMP 是糖酵解中6-磷酸果糖激酶-1 的变构激活剂，同时也是糖异生中果糖双磷酸酶-1 的别构抑制剂，可以促进糖酵解抑制糖异生。

目前认为 2,6-二磷酸果糖的水平是肝内调节糖酵解或糖异生反应方向的主要信号。糖供应充分时，胰高血糖素/胰岛素比例降低，2,6-二磷酸果糖水平升高，抑制糖异生，促进糖酵解。糖供应缺乏时，2,6-二磷酸果糖水平降低，糖异生增加。

另外，胰高血糖素还可通过 cAMP 诱导磷酸烯醇式丙酮酸羧激酶基因的表达，增加该酶的合成。胰岛素则具有相反的作用。

【小　结】

糖是生物体重要的组成成分、能源和碳源。糖酵解是在缺氧情况下，葡萄糖分解生成乳酸的过程。糖酵解在胞浆中进行，反应过程中有己糖激酶、6-磷酸果糖激酶-1、丙酮酸激酶催化的3步不可逆反应。糖酵解的生理意义在于迅速提供能量，1分子葡萄糖经糖酵解可净生成2分子 ATP。

糖的有氧氧化是指葡萄糖在有氧条件下彻底氧化生成水和二氧化碳的过程。反应过程分为三个阶段进行。第一阶段即糖酵解途径；第二阶段为丙酮酸在丙酮酸脱氢酶复合体催化下氧化脱羧生成乙酰 CoA、$NADH + H^+$ 和 CO_2，反应在线粒体内进行，不可逆；第三阶段为三羧酸循环和氧化磷酸化。三羧酸循环每循环一次，氧化了相当于 1 分子的乙酰 CoA，生成 2 分子 CO_2、3 分子 $NADH + H^+$、1 分子 $FADH_2$ 和 1 分子 ATP。三羧酸循环不可逆，是因为三个关键酶（异柠檬酸脱氢酶、α-酮戊二酸脱氢酶复合体和柠檬酸合酶）催化的反应不可逆。三羧酸循环是三大营养物质分解的最终代谢通路和相互转变的枢纽。三羧酸循环脱下的氢经电子传递链传递生成 H_2O 及 ATP。糖的有氧氧化是机体获取能量的主要方式，1mol 葡萄糖经有氧氧化可净生成 30mol 或 32mol ATP。

磷酸戊糖途径在胞浆中进行，其关键酶是 6-磷酸葡萄糖脱氢酶。该途径的意义在于可产生 5-磷酸核糖和 NADPH。

糖原是动物体内葡萄糖的储存形式，肝和肌肉是储存糖原的主要器官，糖原合成的关键酶是糖原合酶。肝糖原可以分解为葡萄糖，糖原分解的关键酶是糖原磷酸化酶。糖原合成与分解的主要生理意义在于贮存能量和调节血糖浓度。

　　糖异生是指非糖物质转变为葡萄糖或糖原的过程。该途径与糖酵解途径的多数反应是共有的，但糖酵解途径中 3 个关键酶所催化的不可逆反应，在糖异生途径中必须由另外的酶（丙酮酸羧化酶、磷酸烯醇式丙酮酸羧激酶、果糖双磷酸酶-1、葡萄糖-6-磷酸酶）代替。糖异生途径的主要生理意义在于维持血糖水平的恒定；同时也是肝补充或恢复糖原储备的重要途径；长期饥饿时肾脏糖异生增强，有利于维持酸碱平衡。

【思考题】

2-1　列表比较糖酵解与糖有氧氧化的部位、反应条件、关键酶、产物、能量生成及生理意义。

2-2　三羧酸循环有什么生理意义？

2-3　磷酸戊糖途径的关键酶和生理意义是什么？

2-4　为什么肝糖原能直接补充血糖，而肌糖原不能？

2-5　什么是糖异生？简述糖异生的关键酶和生理意义。

【拓展训练】

单项选择题

（1）淀粉经 α-淀粉酶作用后的主要产物是（　　　）。

　　A. 麦芽糖及异麦芽糖　　　　　　　　B. 麦芽糖及临界糊精

　　C. 葡萄糖　　　　　　　　　　　　　D. 葡萄糖及麦芽糖

　　E. 异麦芽糖及临界糊精

（2）下列物质中，（　　　）是人体不能消化的。

　　A. 果糖　　　　B. 蔗糖　　　　　　C. 乳糖　　　　　D. 纤维素

　　E. 淀粉

（3）进食后被吸收入血的单糖，最主要的去路是（　　　）。

　　A. 在组织器官中氧化供能　　　　　　B. 在肝脏、肌肉等组织中合成糖原

　　C. 在体内转变为脂肪　　　　　　　　D. 在体内转变为部分氨基酸

　　E. 经肾随尿排出

（4）糖酵解途径中，第一个产能反应是（　　　）。

　　A. 葡萄糖→G-6-P　　　　　　　　　B. G-6-P→F-6-P

　　C. 1,3-二磷酸甘油酸→3-磷酸甘油酸　　D. 3-磷酸甘油醛→1,3-二磷酸甘油酸

　　E. 3-磷酸甘油酸→2-磷酸甘油酸

（5）（　　　）代谢物之间的反应能提供高能磷酸键使 ADP 生成 ATP。

　　A. 3-磷酸甘油醛→6-磷酸果糖

　　B. 1,3-二磷酸甘油酸→磷酸烯醇式丙酮酸

　　C. 3-磷酸甘油酸→6-磷酸葡萄糖

　　D. 1-磷酸葡萄糖→磷酸烯醇式丙酮酸

　　E. 1,6-双磷酸果糖→1,3-二磷酸甘油酸

（6）有关葡萄糖磷酸化的叙述中，错误的是（　　　）。

　　A. 己糖激酶有 4 种同工酶　　　　　　B. 己糖激酶催化葡萄糖转变成 G-6-P

　　C. 磷酸化反应受到激素的调节　　　　D. 磷酸化后的葡萄糖能自由通过细胞膜

E. 葡萄糖激酶只存在于肝脏和胰腺 β 细胞

（7）（　　）直接参与底物水平磷酸化。

    A. 3-磷酸甘油醛脱氢酶　　　　　　B. α-酮戊二酸脱氢酶

    C. 琥珀酸脱氢酶　　　　　　　　　D. 丙酮酸激酶

    E. 6-磷酸葡萄糖脱氢酶

（8）1 分子葡萄糖酵解时可净生成（　　）分子 ATP。

    A. 1　　　　　　B. 2　　　　　　C. 3　　　　　　D. 4

    E. 5

（9）糖酵解时丙酮酸不会堆积的原因是（　　）。

    A. NADH/NAD$^+$ 比例太低　　　　　B. LDH 对丙酮酸的 K_m 值很高

    C. 乳酸脱氢酶活性很强　　　　　　D. 丙酮酸可氧化脱羧成乙酰 CoA

    E. 丙酮酸作为 3-磷酸甘油醛脱氢反应中生成的 NADH 的受氢体

（10）在无氧条件下，丙酮酸还原为乳酸的生理意义是（　　）。

    A. 防止丙酮酸的堆积　　　　　　　B. 产生的乳酸通过 TCA 循环彻底氧化

    C. 为糖异生提供原料　　　　　　　D. 可产生较多的 ATP

    E. 生成 NAD$^+$ 以利于 3-磷酸甘油醛脱氢酶所催化的反应持续进行

【技能训练】

有机酸的有氧氧化

〔实验目的〕

    了解有机酸有氧氧化过程及其产物，学习一种研究代谢的方法。

〔实验原理〕

    在有氧情况下，柠檬酸能受肌肉中酶系的作用，生成各种酮酸，可与 2,4-二硝基苯肼作用，生成苯腙，苯腙在碱性溶液中呈现红棕色。

〔实验用品〕

（1）器材。

    称量天平 1 架、研钵 1 个、剪刀、镊子各 1 把、试管 8 支、小漏斗 1 个、恒温水浴 1 台、滴管 2 支、吸管 0.5mL 1 支、1mL 2 支、2mL 3 支、家兔肝脏。

（2）试剂。

    1）1mol/L 柠檬酸钠溶液、三氯乙酸（100g/L）、NaOH（100g/L）、液体石蜡、0.25mol/L 蔗糖液。

    2）乐氏液（LOCK 液）。NaCl 0.9g，KCl 0.042g，$CaCl_2$ 0.024g，$NaHCO_3$ 0.02g，葡萄糖 0.1g，溶于蒸馏水中，并稀释成 100mL。

    3）2,4-二硝基苯肼液。溶解 2,4-二硝基苯肼 19.8mg 于 100mL 的 1mol/L 盐酸中。

〔实验步骤〕

（1）组织糜的制备。

    兔肝或鼠肝按 1:1（质量/体积）用 0.25mol/L 蔗糖液研磨成组织糜，用前准备。

（2）取试管4支，做好标记，按表2-3操作。

表2-3 试剂

试 剂	试管1	试管2	试管3	试管4
乐氏液/mL	2.0	2.0	2.0	2.0
V(1mol/L 柠檬酸钠)/mL	—	1.0	1.0	1.0
V(蒸馏水)/mL	1.0	—	—	—
V(100g/L 三氯乙酸)/mL	—	2.0	—	—
V(组织糜)/滴	15	15	15	15
V(液体石蜡)/滴	—	—	—	10
37℃保温30min，每5min振荡1次，但第4管切勿振荡				
V(100g/L 三氯乙酸)/mL	2.0	—	2.0	2.0

（3）混匀后过滤，各取滤液1mL，加2,4-二硝基苯肼0.5mL，继续保温10min取出。

〔结果观察〕

向各管加100g/L NaOH 2mL，比较各管颜色有何不同，并解释。

〔注意事项〕

4号试管不要晃动，以免进入空气。

3 脂 类 代 谢

【学习目标】

☆ 掌握脂肪动员及其调节。

☆ 掌握甘油的氧化分解、糖异生以及合成脂类的过程、特点和意义。

☆ 掌握脂肪酸 β-氧化的过程和意义。

☆ 掌握酮体的概念、代谢、生理意义、合成部位、原料、关键酶。

☆ 掌握必需脂肪酸的概念。

☆ 掌握磷脂的概念、分类和结构。

☆ 掌握胆固醇合成原料、部位、辅助因子、关键酶。

☆ 掌握载脂蛋白的功能，通过代谢过程掌握血浆脂蛋白的生理功能及其正常或异常代谢的意义。

☆ 熟悉甘油磷脂分解代谢有关的酶及其作用。

☆ 熟悉胆固醇合成的基本过程及调节机制、主要转化途径与排泄。

☆ 了解脂类的主要生理功能。

☆ 了解脂肪酸的其他氧化方式。

☆ 了解软脂酸合成途径，了解脂肪酸合成的基本过程及调节。

☆ 了解多不饱和脂肪酸重要衍生物及功能。

☆ 了解甘油磷脂合成原料、部位、过程及 CTP 在其中的作用。

☆ 了解胆固醇脂酰基转移酶（LCAT）的功能。

【引导案例】

脂质分子不由基因编码，独立于从基因到蛋白质的遗传信息系统之外，决定了其在生命活动或疾病发生发展中的特殊重要性。脂代谢异常在心脑血管病发生中作用的证实和脂质作为细胞信号传递分子的发现，表明脂质与正常生命活动、健康、疾病发生的关系十分密切。脂质研究正在再次成为生命科学和医药学最活跃的领域，与疾病关系的研究正从异常脂血症、心脑血管病扩展到代谢性疾病、退行性疾病、免疫系统疾病、感染性疾病、神经精神疾病和肿瘤等。

脂类（lipids）是一类难溶于水而易溶于有机溶剂，并能为机体利用的有机化合物，是脂肪（fat）和类脂（lipoid）的总称。脂肪又称为三脂酰甘油（triacylglycerol）或甘油三酯（triglyceride），类脂主要包括胆固醇（sterol）及其酯（ester）、磷脂（phospholipid）和糖脂（glycolipid）等。

3.1 脂类的生理功能

不同的脂类有不同的生理功能。脂肪的主要功能是储能和氧化供能；类脂则是构成生物膜的主要成分。

3.1.1 储能与供能

脂肪主要分布在皮下、肠系膜、大网膜及脏器周围的脂肪组织（脂库）内，是体内主要的储能形式。成年男性的脂肪含量约占体重的 10% ~ 20%，女性略高于男性。脂肪的含量随营养状况和机体活动的影响而改变，故又称为可变脂。脂肪是疏水性物质，在体内储存时几乎不结合水，储存 1g 脂肪只占 1.2mL 的体积，是储存 1g 糖原的 1/4 体积。1g脂肪在体内氧化分解可产生 38kJ 能量，而 1g 糖原或蛋白质氧化只能产生 17kJ 能量。脂肪是体内重要的能量来源，正常生理活动所需能量的 20% ~ 30% 来自脂肪氧化，空腹时50% 以上的能量来自脂肪氧化，如禁食 1 ~ 3 天，体内所需能量的 85% 来自脂肪氧化，因此脂肪是空腹或禁食时体内能量的主要来源。

3.1.2 维持正常生物膜的结构与功能

类脂的主要生理功能是构成生物膜（细胞膜、核膜、内质网膜、线粒体膜和神经髓鞘膜等），磷脂和胆固醇是生物膜的基本组成成分。磷脂分子中含有亲水性的极性头部和疏水性的非极性尾部，使其具有两性性质，在维持生物膜的脂质双层结构和功能中起重要作用。类脂约占体重的 5%，膳食、运动等因素对它的影响较小，故称为基本脂或固定脂。不同的组织中类脂的含量不同，以神经组织中较多，其他组织中则较少。

3.1.3 保护内脏和防止体温散失

脂肪不易导热，皮下脂肪组织可防止热量散失，保持体温；内脏周围的脂肪组织有软垫作用，可缓冲外界的机械撞击，保护内脏。

3.1.4 转变成多种重要的生理活性物质

在脂类中含有多不饱和脂肪酸。多数多不饱和脂肪酸在体内能够合成，但亚油酸、亚麻酸和花生四烯酸机体需要而不能合成，必须从食物中摄取，故称为必需脂肪酸。必需脂肪酸是合成前列腺素、血栓素和白三烯等生理活性物质的前体。另外，胆固醇在体内可转化为胆汁酸、维生素 D_3、性激素和肾上腺皮质激素等。

3.1.5 磷脂作为第二信使参与代谢调节

细胞膜上的磷脂酰肌醇-4,5-二磷酸被磷脂酶水解生成三磷酸肌醇（IP_3）和甘油二酯（DAG），两者均为激素作用的第二信使，在细胞信息传递中发挥重要作用。

 **科学典故**

血 脂 异 常

血脂异常是一类较常见的疾病，是人体内脂蛋白的代谢异常，主要包括总胆固醇和低密度脂蛋白胆固醇、甘油三酯升高和/或高密度脂蛋白胆固醇降低等。血脂异常是导致动脉粥样硬化的重要因素之一，是冠心病和缺血性脑卒中的独立危险因素。在我国血脂异常的发生率高，还有逐渐上升的趋势，这与我国人民的生活水平明显提高、饮食习惯发生改变等原因有密切关系。

3.2　甘油三酯代谢

3.2.1　甘油三酯的分解代谢

脂肪供给机体能量是通过它在体内的氧化分解来实现的，包括以下几个主要过程。

3.2.1.1　脂肪的动员

脂肪组织中储存的甘油三酯被脂肪酶逐步水解为游离脂肪酸（free fatty acid，FFA）及甘油并释放入血，通过血液运输至其他组织氧化利用，这一过程称为脂肪动员。脂肪组织中含有三脂酰甘油脂肪酶、二脂酰甘油脂肪酶和一脂酰甘油脂肪酶，分别催化相应的底物水解，转变为脂肪酸和甘油。

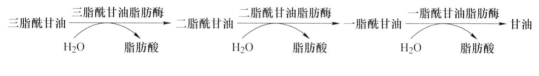

$$(3-1)$$

催化上述反应的脂肪酶中，三脂酰甘油脂肪酶活性最小，是脂肪动员的关键酶。此酶活性受多种激素的影响，故又称激素敏感脂肪酶（hormone sensitive triglyceride lipase，HSL）。

肾上腺素、去甲肾上腺素、胰高血糖素和甲状腺素等激素可激活脂肪组织中三脂酰甘油脂肪酶，促进脂肪动员，使脂肪分解加速，所以这类激素称为脂解激素；而胰岛素与上述激素作用相反，使甘油三酯脂肪酶活性降低，抑制脂肪分解，故称为抗脂解激素。

HSL 的活性大小直接影响脂肪动员的速度，机体对甘油三酯动员的调节主要是通过激素对此酶调控而实现的。当禁食、饥饿或交感神经兴奋时，肾上腺素、去甲肾上腺素、胰高血糖素等分泌增加，脂解作用增强；餐后胰岛素分泌增加，脂解作用降低。

3.2.1.2　脂肪酸的氧化

脂肪酸是人及哺乳动物的主要能源物质，在 O_2 供给充足的条件下，脂肪酸可在体内分解成 CO_2 和 H_2O，释放出大量能量，以 ATP 形式供机体利用。除脑组织外，大多数组织都能氧化脂肪酸，其中以肝和肌肉最为活跃，线粒体是脂肪酸氧化的主要细胞器。

A　脂肪酸活化成脂酰 CoA

脂肪酸的活化在胞液中进行，由脂酰 CoA 合成酶（又称脂肪酸硫激酶）催化，并需 ATP、Mg^{2+} 和 HSCoA 参与，使脂肪酸转变成活泼的脂酰 CoA。

脂酰 CoA 分子中含高能硫酯键，而且水溶性增加，提高了脂肪酸的代谢活性。反应过程中消耗一个 ATP 生成的焦磷酸（PPi），立即被胞内的焦磷酸酶水解，阻止了逆向反应的进行。活化 1 分子脂肪酸，实际上消耗了 2 个高能磷酸键。

B　脂酰 CoA 进入线粒体

脂酰 CoA 在胞液中生成，而催化其进一步氧化的酶系存在于线粒体的基质中，因此，脂酰 CoA 必须跨膜进入线粒体内才能继续氧化。长链脂酰 CoA 不能直接透过线粒体内膜，必须通过肉碱（L-β-羟-γ-三甲氨基丁酸）的转运才能进入线粒体基质。

线粒体内膜的两侧存在着肉碱脂酰转移酶Ⅰ和Ⅱ，它们为同工酶。在位于线粒体内膜外侧面的酶Ⅰ催化下，胞液的脂酰 CoA 转变为脂酰肉碱，脂酰肉碱通过膜上载体（肉碱-脂酰肉碱转位酶）的作用转运入膜内侧，在酶Ⅱ的催化下，重新生成脂酰 CoA，并释放肉碱（见图 3-1）。脂酰 CoA 进入线粒体是脂肪酸氧化的主要限速步骤，肉碱脂酰转移酶Ⅰ是脂肪酸氧化的关键酶。当饥饿、高脂低糖膳食或高血糖时，糖供应不足或糖利用发生障碍，需要由脂肪酸氧化供能，此时肉碱脂酰转移酶Ⅰ活性增高，脂肪酸的氧化会增强。

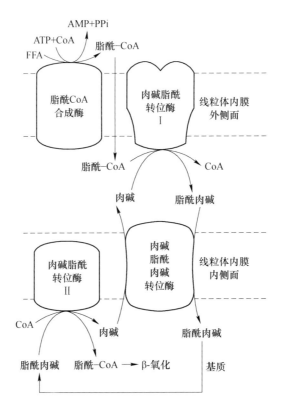

图 3-1　长链脂酰 CoA 进入线粒体的机制

C　脂肪酸的 β-氧化

1904 年德国化学家 F. Knoop 用不能被机体氧化分解的苯基标记脂肪酸末端的 ω 甲基，并以此喂养犬或兔，发现如喂标记偶数碳的脂肪酸，不论碳链长短，尿中排出的代谢物均为苯乙酸；如喂标记奇数碳的脂肪酸，则尿中出现苯甲酸。据此，他提出脂肪酸在体内的氧化分解是从羧基端 β-碳原子开始，每次断裂两个碳原子的"β-氧化学说"。到 20 世纪 50 年代已基本阐明了其酶促反应过程。

脂酰 CoA 进入线粒体基质后，在脂肪酸 β-氧化酶系的有序催化下进行氧化分解，由于脂肪酸氧化过程发生在脂酰基羧基端的 β-碳原子上，故称 β-氧化。以 CoA 为载体的脂酰基每进行一次 β-氧化，经过脱氢、加水、再脱氢和硫解四步连续反应，生成 1 分子乙酰 CoA 以及少两个碳原子的脂酰 CoA。反应过程如下：

（1）脱氢。在脂酰 CoA 脱氢酶的催化下，脂酰 CoA 的 α、β 碳原子上各脱去 1 个氢原子，生成 α、β-烯脂酰 CoA。脱下的 2H 由该酶的辅基 FAD 接受生成 $FADH_2$。

（2）加水。在烯脂酰 CoA 水化酶的催化下，α、β-烯脂酰 CoA 加 1 分子水，生成 β-羟脂酰 CoA。

（3）再脱氢。在 β-羟脂酰 CoA 脱氢酶的催化下，β-羟脂酰 CoA 进一步脱去 2H，生成 β-酮脂酰 CoA，脱下的 2H 由该酶的辅酶 NAD^+ 接受生成 $NADH + H^+$。

（4）硫解。在 β-酮脂酰 CoA 硫解酶的催化下，β-酮脂酰 CoA 加 1 分子 CoA 硫解，其碳链中 α 与 β 碳原子之间的结合键断裂，生成 1 分子乙酰 CoA 和比原来少 2 个碳原子的脂酰 CoA。

催化脂酰 CoA β-氧化的 4 种酶形成一个多酶复合物，使上述各反应步骤按顺序连续进行。如此反复循环，偶数饱和脂酰 CoA 即可完全氧化为乙酰 CoA（见图 3-2），一部分

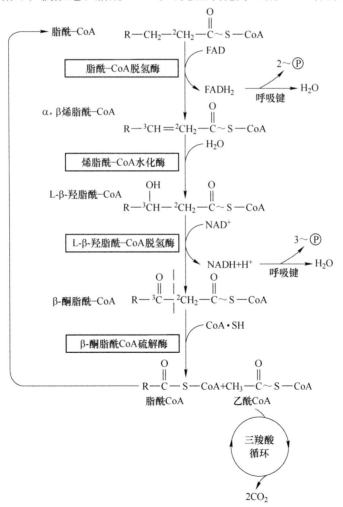

图 3-2　脂肪酸的 β-氧化

乙酰 CoA 通过三羧酸循环彻底氧化。

人体内甘油三酯中含有少量奇数碳原子的脂肪酸，它们通过 β-氧化过程，除生成乙酰 CoA 外，最后还余下 1 分子丙酰 CoA，后者可通过羧化反应及异构酶的作用生成琥珀酰 CoA，然后进入三羧酸循环氧化。

体内的脂肪酸 50% 以上是不饱和脂肪酸，他们的氧化途径与饱和脂肪酸的 β-氧化过程基本相似。不同点是不饱和脂肪酸在氧化过程中产生顺式烯脂酰 CoA，β-氧化不能继续进行，需经线粒体特异的反烯脂酰 CoA 异构酶的催化，将顺式转变为 β-氧化酶系所需的反式烯脂酰 CoA，β-氧化才能继续进行。

D 脂肪酸氧化时的能量释放和利用

脂肪酸在体内逐步氧化的过程中，伴有能量的释放。现以 18C 的硬脂酸氧化为例，计算 ATP 的生成量。1 分子的硬脂酸经 8 次 β-氧化生成 8 分子 $FADH_2$、8 分子 $NADH + H^+$ 和 9 分子乙酰 CoA。1 分子 $FADH_2$ 经呼吸链氧化产生 2 分子 ATP，1 分子 $NADH + H^+$ 经呼吸链氧化产生 3 分子 ATP。1 次 β-氧化产生 5 分子 ATP，8 次 β-氧化共生成 $5 \times 8 = 40$ 分子 ATP。1 分子乙酰 CoA 进入三羧酸循环彻底氧化成二氧化碳和水，产生 12 分子 ATP，9 分子乙酰 CoA 可生成 $12 \times 9 = 108$ 分子 ATP。因此，1 分子硬脂酸在体内彻底氧化后可生成 $40 + 108 = 148$ 分子 ATP，减去脂肪酸活化时消耗的 2 个高能键（相当于 2 分子 ATP），净生成 146 分子 ATP，其余能量以热能形式释放。

3.2.1.3 酮体的生成和利用

脂肪酸在肝外组织（如心肌、骨骼肌等）的线粒体中，经 β-氧化生成的乙酰 CoA 直接进入三羧酸循环彻底氧化分解供能。而肝细胞中具有活性较强的合成酮体的酶系，β-氧化生成的部分乙酰 CoA 可转变成乙酰乙酸、β-羟丁酸和丙酮，这三种化合物总称为酮体（ketone bodies）。由于肝内缺乏氧化和利用酮体的酶系，所以生成的酮体不能在肝中氧化，必须进入血液运输到肝外组织，才能进一步氧化分解供能，因此酮体是脂肪酸在肝细胞氧化分解时产生的特有中间代谢物。

A 酮体的生成

酮体生成的部位是肝细胞线粒体，合成原料为乙酰 CoA。其过程为：

（1）乙酰乙酰 CoA 的生成。2 分子乙酰 CoA 在硫解酶的催化下，缩合成乙酰乙酰 CoA。

（2）羟甲基戊二酸单酰 CoA 的生成。乙酰乙酰 CoA 在羟甲基戊二酸单酰 CoA（HMG-CoA）合成酶的催化下与另 1 分子乙酰 CoA 缩合，生成 HMG-CoA。

（3）酮体的生成。HMGCoA 在 HMG-CoA 裂解酶催化下，裂解生成乙酰乙酸和乙酰 CoA。乙酰乙酸再经 β-羟丁酸脱氢酶催化还原成 β-羟丁酸，脱氢酶的辅酶为 $NADH + H^+$。乙酰乙酸也可自动脱羧生成丙酮（见图 3-3）。

肝细胞线粒体内含有合成酮体的酶，尤其是合成过程中的关键酶 HMG-CoA 合成酶，因此生成酮体是肝细胞特有的功能。但肝细胞氧化酮体的酶活性很低，酮体生成后，很快透出肝细胞膜，随血液被输送到肝外组织进行氧化。

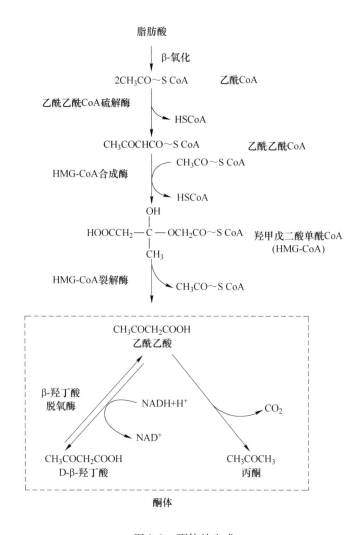

图 3-3 酮体的生成

B 酮体的氧化利用

肝外许多组织具有活性很强的利用酮体的酶，能氧化利用酮体。心、肾、脑及骨骼肌的线粒体具有较高的琥珀酰 CoA 转硫酶活性，此酶能使乙酰乙酸活化，生成乙酰乙酰 CoA。后者在乙酰乙酰 CoA 硫解酶的催化下硫解生成 2 分子乙酰 CoA，进入三羧酸循环彻底氧化。

心、肾和脑的线粒体中还有乙酰乙酸硫激酶，活化乙酰乙酸生成乙酰乙酰 CoA，后者在硫解酶的作用下硫解为 2 分子乙酰 CoA。

β-羟丁酸在 β-羟丁酸脱氢酶的催化下，脱氢生成乙酰乙酸，然后再转变成乙酰 CoA 而被氧化。丙酮量少，主要从肺、肾排出。近年发现，部分丙酮还可在一系列酶的作用下转变为丙酮酸或乳酸，进而异生成糖，如图 3-4 所示。

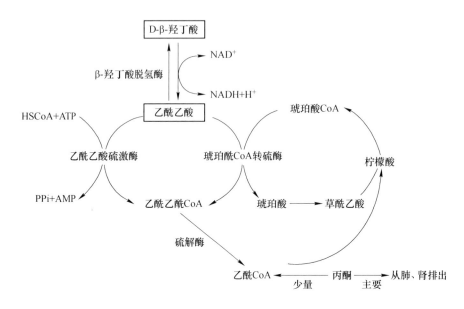

图 3-4　酮体的氧化利用

 **科学典故**

酮体生成的生理意义

　　酮体分子小，易溶于水，能够通过血脑屏障和肌肉的毛细血管壁，肝把脂肪酸氧化成酮体，供肝外组织利用，为肝外组织提供了有效能源，故可把酮体的生成看作是机体利用脂肪酸氧化供能的一种形式。脑组织不能直接氧化脂肪酸，利用葡萄糖作为能源。但在长期饥饿或糖供给不足的情况下，酮体可替代糖成为脑、肌肉等组织的主要能源。

　　酮体在肝生成后，不断地释放到血液，被肝外组织摄取利用，因此，正常人血液中仅含少量酮体，约为 0.03~0.5mmol/L（0.3~5mg/dL）。其中 β-羟丁酸约占70%，乙酰乙酸占30%，丙酮量极微。但在某些情况下，例如饥饿、高脂低糖膳食和糖尿病时（尤其是未控制糖尿病患者），脂肪动员增强，酮体生成过多，超过肝外组织氧化酮体的能力，血中酮体含量明显升高，可导致酮症酸中毒。过多的酮体从尿中排出，引起酮尿。

　　C　酮体生成的调节

　　（1）饱食及饥饿的影响。饱食后，胰岛素分泌增加，脂解作用抑制，脂肪动员减少，进入肝的脂肪酸减少，因此酮体生成减少；饥饿时，胰高血糖素等脂解激素分泌增多，脂肪酸动员加强，血中游离脂肪酸浓度升高而使肝摄取游离脂肪酸增多，有利于 β-氧化及酮体生成。

　　（2）肝糖原含量及代谢的影响。进入肝细胞的游离脂肪酸主要有两条去路：一是在胞液中酯化成甘油三酯及磷脂，二是进入线粒体进行 β-氧化，生成乙酰 CoA 及酮体。饱食及糖供给充足时，肝糖原丰富，糖代谢旺盛，此时进入肝细胞的脂肪酸主要与 α-磷酸甘油反应，酯化生成甘油三酯及磷脂；饥饿或糖供给不足时，糖代谢减弱，α-磷酸甘油及ATP 不足，脂肪酸酯化减少，主要进入线粒体进行 β-氧化，酮体生成增多。

（3）丙二酸单酰 CoA 抑制脂酰 CoA 进入线粒体。饱食后，糖代谢正常进行时所生成的乙酰 CoA 及柠檬酸能变构激活乙酰 CoA 羧化酶，促进丙二酸单酰 CoA 的合成。丙二酸单酰 CoA 能竞争性抑制肉碱脂酰转移酶Ⅰ，从而阻止脂酰 CoA 进入线粒体内进行 β-氧化，酮体的生成减少。

3.2.1.4 甘油的代谢

脂肪动员产生的甘油，必须先生成 α-磷酸甘油后，再参与代谢。

肝、肾、小肠黏膜等组织富含甘油激酶，当甘油通过血液循环运送到这些组织时，经此酶催化并消耗 ATP，生成 α-磷酸甘油，然后在 α-磷酸甘油脱氢酶的催化下，生成磷酸二羟丙酮。磷酸二羟丙酮可循糖代谢途径氧化分解并释放能量，或经糖异生途径生成糖原或葡萄糖。肝细胞的甘油激酶活性很高，脂肪动员产生的甘油主要被肝细胞摄取利用，而脂肪、骨骼肌等组织细胞，因甘油激酶活性很低而对甘油的摄取利用有限。

甘油代谢的反应过程如下：

$$
\begin{array}{ccc}
\text{CH}_2\text{OH} & \text{CH}_2\text{OH} & \text{CH}_2\text{OH} \\
| & | & | \\
\text{HO——CH} \xrightarrow[\text{甘油激酶}]{\text{ATP ADP}} & \text{HO——CH} \xrightarrow[\text{磷酸甘油脱氢酶}]{\text{NAD}^+\ \text{NADH+H}^+} & \text{C=O} \longleftrightarrow \text{糖酵解途径}\\
| & | & | \\
\text{CH}_2\text{OH} & \text{CH}_2\text{O——Ⓟ} & \text{CH}_2\text{O——Ⓟ} \\
\text{甘油} & \text{α-磷酸甘油} & \text{磷酸二羟丙酮}
\end{array}
$$

(3-2)

3.2.2 甘油三酯的合成代谢

3.2.2.1 脂肪酸的生物合成

人体内脂肪酸可来自食物，除必需脂肪酸外，非必需脂肪酸可由体内合成。

A 合成部位

脂肪酸合成酶系存在于肝、肾、脑、肺、乳腺及脂肪等组织，位于胞液中。肝是人体合成脂肪酸的主要场所，其合成能力为脂肪组织的 8～9 倍。脂肪组织是储存脂肪的仓库，它本身也可以合成脂肪酸及脂肪，但主要是摄取和储存由小肠吸收的食物脂肪酸和肝合成的脂肪酸。

B 合成原料

乙酰 CoA 是合成脂肪酸的主要原料，主要来自葡萄糖。细胞内的乙酰 CoA 在线粒体内产生，而合成脂肪酸的酶系存在于胞液，所以线粒体内的乙酰 CoA 必须进入胞液才能成为合成脂肪酸的原料。乙酰 CoA 不能自由通过线粒体内膜，主要通过柠檬酸-丙酮酸循环完成。在此循环中，乙酰 CoA 首先在线粒体内与草酰乙酸缩合生成柠檬酸，后者通过线粒体内膜上的特异载体转运进入胞液。在胞液中，柠檬酸裂解酶使柠檬酸裂解释出乙酰CoA 及草酰乙酸。进入胞液的乙酰 CoA 即可以合成脂肪酸，而草酰乙酸则在苹果酸脱氢酶的作用下还原成苹果酸，苹果酸主要以丙酮酸形式进入线粒体，羧化生成草酰乙酸，草酰乙酸继续参与转运乙酰 CoA，如图 3-5 所示。

脂肪酸的合成除需乙酰 CoA 外，还需 NADPH、HCO_3^-、ATP 及 Mn^{2+} 等，脂肪酸合成所需的 NADPH 主要来自磷酸戊糖途径，胞液中异柠檬酸脱氢酶和苹果酸酶催化的反应也可提供少量的 NADPH。

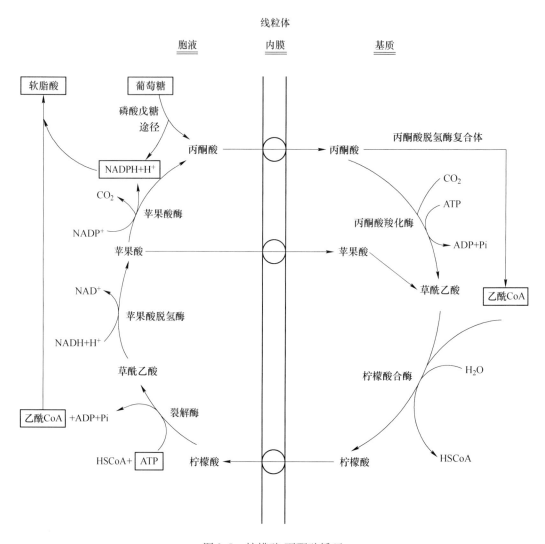

图 3-5 柠檬酸-丙酮酸循环

C 软脂酸合成过程

在胞液中，以乙酰 CoA 为原料合成脂肪酸的过程并不是 β-氧化的逆过程，而是以丙二酸单酰 CoA 为基础的连续反应。

（1）丙二酸单酰 CoA 的合成。这是脂肪酸合成的第一步反应。此反应由乙酰 CoA 羧化酶催化，此酶是脂肪酸合成的关键酶，辅基为生物素，Mn^{2+} 为激活剂。

$$CH_3CO \sim SCoA + HCO_3^- + ATP \xrightarrow[\text{生物素、Mg}^{2+}]{\text{乙酰 CoA 羧化酶}} HOOCCH_2CO \sim SCoA + ADP + Pi \qquad (3-3)$$

乙酰 CoA 羧化酶有两种存在形式，一种是无活性的单体，另一种是有活性的多聚体，通常由 10～20 个单体呈线状排列构成，催化活性增加 10～20 倍。柠檬酸、异柠檬酸可使此酶由无活性的单体聚合成有活性的多聚体，而软脂酰 CoA 和其他长链脂酰 CoA 则使多聚体解聚成单体，抑制此酶的活性。

乙酰 CoA 羧化酶也受磷酸化、去磷酸化调节。胰高血糖素通过激活蛋白激酶而抑制乙酰 CoA 羧化酶的活性，胰岛素则能通过磷蛋白磷酸酶的作用使磷酸化的乙酰 CoA 羧化酶去磷酸化而恢复活性。高糖低脂饮食可促进乙酰 CoA 羧化酶的合成，并通过丙二酸单酰 CoA 的合成促进脂肪酸的合成。

（2）软脂酸的合成。1 分子乙酰 CoA 和 7 分子丙二酸单酰 CoA 在脂肪酸合成酶系的催化下，由 NADPH 供氢合成软脂酸。总反应式为：

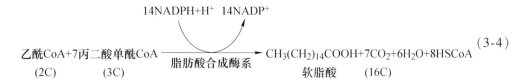

$$\underset{(2C)}{\text{乙酰CoA}}+\underset{(3C)}{\text{7丙二酸单酰CoA}} \xrightarrow[\text{脂肪酸合成酶系}]{} \underset{\text{软脂酸}\quad(16C)}{CH_3(CH_2)_{14}COOH+7CO_2+6H_2O+8HSCoA} \qquad (3\text{-}4)$$

在大肠杆菌，脂肪酸合成酶系是一种多酶复合体，由乙酰基转移酶、丙二酸单酰 CoA 转移酶、β-酮脂酰合酶、β-酮脂酰还原酶、水化酶、α，β-烯脂酰还原酶及硫酯酶 7 种酶和酰基载体蛋白（ACP）组成。在哺乳动物，催化脂肪酸合成的七种酶活性和 ACP 存在于一条多肽链上，形成带有 ACP 结构域的多功能酶。

软脂酸的合成过程是一个重复加成的酶促反应，每次延长 2 个碳原子，每次加成反应都要进行缩合、还原、脱水和再还原的步骤。经过 7 次循环后，生成 16 碳的软脂酰-ACP，最后经硫酯酶水解释放软脂酸，如图 3-6 所示。

D　软脂酸合成后的加工

脂肪酸合成酶系催化合成的脂肪酸是软脂酸，机体以软脂酸为母体，通过碳链的延长、脱饱和等作用，生成长度不同、饱和度不同的脂肪酸。

（1）碳链的延长。碳链的延长是在肝细胞的内质网或线粒体内完成。肝细胞内质网中，以丙二酸单酰 CoA 为碳源，由 NADPH 供氢，经过与胞液中软脂酸合成相似的过程，使碳链每次延长两个碳原子；在线粒体内，是以乙酰 CoA 为碳源，反应基本上是 β-氧化的逆过程。但催化的酶不完全相同，每次亦可使脂肪酸碳链延长两个碳原子。

（2）不饱和脂肪酸的合成。人体所含有的不饱和脂肪酸主要有软油酸（$C_{16:1}$，$\triangle^9$）、油酸（$C_{18:1}$，$\triangle^9$）、亚油酸（$C_{18:2}$，$\triangle^{9,12}$）、亚麻酸（$C_{18:3}$，$\triangle^{9,12,15}$）和花生四烯酸（$C_{20:4}$，$\triangle^{5,8,11,14}$）等。动物因含有 $\triangle^9$ 及以下的去饱和酶，因此软油酸和油酸这两种单不饱和脂肪酸可由人体自身合成；由于缺乏 $\triangle^9$ 以上的去饱和酶，因而后 3 种多不饱和脂肪酸人体不能合成，必须由食物供给。

3.2.2.2　α-磷酸甘油的来源

α-磷酸甘油来源于两条途径：（1）甘油三酯分解产生的甘油，在甘油激酶催化下活化生成 α-磷酸甘油；（2）葡萄糖循糖酵解途径分解的中间产物磷酸二羟丙酮，由 α-磷酸甘油脱氢酶催化还原为 α-磷酸甘油，这是 α-磷酸甘油的主要来源。

3.2.2.3　甘油三酯的合成

（1）合成部位。甘油三酯主要在肝细胞、脂肪组织及小肠黏膜细胞的内质网中合成。

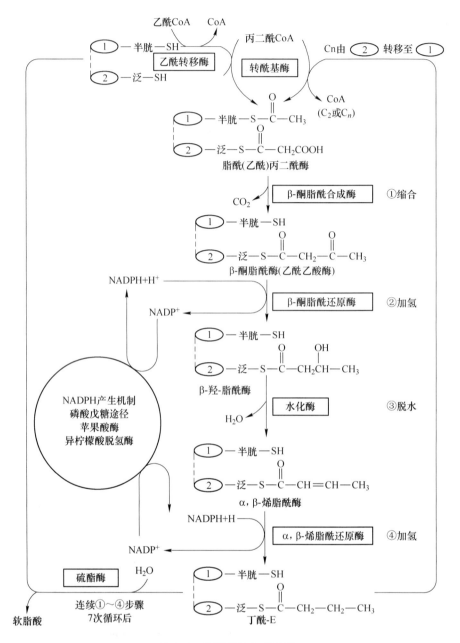

图 3-6　软脂酸的合成过程

（2）合成原料。合成脂肪所需的甘油和脂肪酸主要来自葡萄糖代谢。

（3）合成过程。

1）甘油一酯途径。是小肠黏膜细胞合成甘油三酯的主要途径，即利用消化吸收的甘油一酯和脂肪酸再合成甘油三酯（见脂类的消化与吸收）。

2）甘油二酯途径。是肝细胞和脂肪组织合成甘油三酯的主要途径。在内质网中含有 α-磷酸甘油脂酰基转移酶，能使 α-磷酸甘油与两分子脂酰 CoA 合成磷脂酸。磷脂酸在磷脂酸磷酸酶的催化下脱去磷酸，生成二脂酰甘油。然后在脂酰基转移酶的作用下，二脂酰甘油再与一分子脂酰 CoA 合成甘油三酯，如图 3-7 所示。

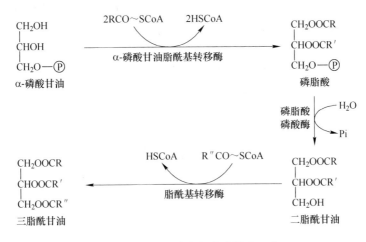

图 3-7　甘油二酯途径合成甘油三酯

α-磷酸甘油酯酰基转移酶是甘油三酯合成的关键酶。合成甘油三酯的三分子脂肪酸可为同一种脂肪酸，也可是不同的脂肪酸。一般情况下，脂肪组织合成的甘油三酯主要是就地储存；肝及小肠黏膜上皮细胞合成的甘油三酯，不在原组织细胞内大量储存，而是形成极低密度脂蛋白或乳糜微粒后入血，并被运送到脂肪组织内储存或运至其他组织内利用。合成甘油三酯的原料主要来源于糖，人即使完全不摄入脂肪亦可由糖合成甘油三酯，其他营养物质如蛋白质及食物脂肪经消化、吸收后，也可在体内作为合成甘油三酯的原料。因此，人体摄入过多的能源物质均可合成大量的甘油三酯而储存。

3.2.3　多不饱和脂肪酸的衍生物

前列腺素（PG）、血栓素（TX）、白三烯（LT）均由多不饱和脂肪酸衍生而来，在调节细胞代谢上具有重要作用，与炎症、免疫、过敏及心血管疾病等重要病理过程有关。

3.2.3.1　前列腺素、血栓素及白三烯的合成

细胞膜中的磷脂含有丰富的花生四烯酸，在激素或其他因素刺激下，细胞膜中的磷脂酶 A_2 被激活，催化水解磷脂释放出花生四烯酸，花生四烯酸在环过氧化酶作用下生成前列腺素、血栓素，在脂过氧化酶作用下生成白三烯。

3.2.3.2　前列腺素、血栓素及白三烯的生理功能

PG、TX 及 LT 在细胞内含量很低，但具有很重要的生理活性。

（1）PG 的主要生理功能。PGE_2 能诱发炎症，促进局部血管扩张，增加毛细血管通透性，引起红、肿、痛、热等症状。PGE_2、PGA_2 可使平滑肌舒张，降低血压。PGE_2 及 PGI_2 可抑制胃酸分泌，促进胃肠平滑肌蠕动。卵泡产生的 PGE_2 及 $PGF_{2\alpha}$ 在排卵过程中起着重要作用。$PGF_{2\alpha}$ 可使卵泡平滑肌收缩，引起排卵。子宫释放的 $PGF_{2\alpha}$ 可使黄体溶解。分娩时子宫内膜释放的 $PGF_{2\alpha}$ 可引起子宫收缩加强，促进分娩。

（2）TX 的主要生理功能。血小板产生的 TXA_2 及 PGE_2 促进血小板聚集和血管收缩，促进凝血及血栓形成，而血管内皮细胞释放的 PGI_2 与 TXA_2 的作用相对抗。

（3）LT 的主要生理功能。LTC_4、LTD_4 和 LTE_4 的混合物为过敏反应的慢反应物质，其使支气管平滑肌收缩的作用比组胺及 $PGF_{2\alpha}$ 强 100～1000 倍，作用缓慢而持久。此外 LTB_4 还可调节白细胞的功能，促进其游走和趋化作用，刺激腺苷酸环化酶，诱发多形核白细胞脱颗粒，促使溶酶体释放水解酶类，促进炎症、过敏反应的发展。IGE 与肥大细胞表面受体结合，可促进肥大细胞释放 LTC_4、LTD_4 和 LTE_4，后三者引起支气管及平滑肌剧烈收缩。LTD_4 还可使毛细血管通透性增加，使中性和嗜酸性粒细胞游走，引起炎症细胞的浸润。

3.3　磷脂的代谢

含磷酸的脂类称为磷脂，其中含甘油的磷脂称为甘油磷脂，含鞘氨醇的磷脂称为鞘磷脂。

磷脂分子中既含有脂酰基等疏水基团，又含有磷酸、含氮碱或羟基等亲水基团，故它们可同时与极性及非极性物质结合，在非极性溶剂及水中都具有很大的溶解度，是构成生物膜的重要成分和结构基础。

3.3.1　甘油磷脂的代谢

如图 3-8 所示，甘油磷脂的结构特点是甘油的 1、2 位羟基与脂肪酸结合，3 位羟基被磷酸酯化，成为磷脂酸，其中 1 位羟基常与饱和脂肪酸结合，2 位羟基常与不饱和脂肪酸如花生四烯酸结合，磷脂酸的磷酸羟基再与取代集团如含氮碱相连。根据其分子中与磷酸羟基相连的取代基不同，可将甘油磷脂分为磷脂酰胆碱（卵磷脂）、磷脂酰乙醇胺（脑磷脂）、磷脂酰丝氨酸、磷脂酰甘油、二磷脂酰甘油（心磷脂）及磷脂酰肌醇等。

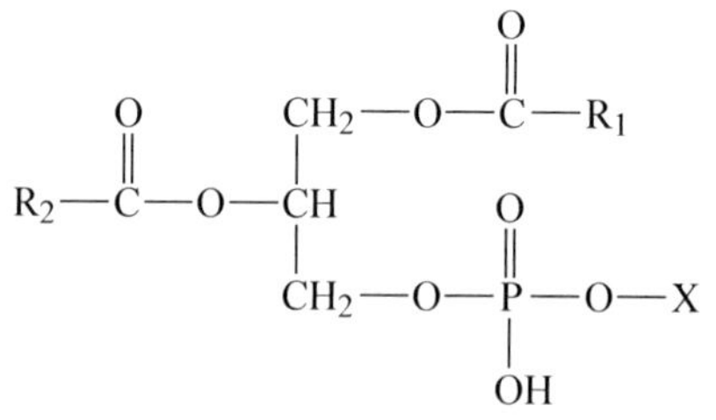

图 3-8　甘油磷脂结构式（X 为取代集团）

磷脂酸：X＝—H；磷脂酰胆碱（卵磷脂）：X＝胆碱；磷脂酰乙醇胺（脑磷脂）：X＝乙醇胺；
磷脂酰丝氨酸：X＝丝氨酸；磷脂酰甘油：X＝甘油；
二磷脂酰甘油（心磷脂）：X＝磷脂酰甘油；磷脂酰肌醇：X＝肌醇

在甘油磷脂中，磷脂酰胆碱在体内含量最多，其次是磷脂酰乙醇胺，它们占组织和血液中磷脂总量的 75% 以上。

3.3.1.1　甘油磷脂的合成

A　合成部位

全身各组织细胞的内质网中均有合成磷脂的酶系，均能合成甘油磷脂。但以肝、肠、肾等组织中磷脂合成最活跃。

B 合成原料

甘油磷脂合成的基本原料包括甘油、脂肪酸、磷酸盐及胆碱、乙醇胺、丝氨酸、肌醇等。此外，还需 ATP 和 CTP 参与。

甘油、脂肪酸主要由葡萄糖提供，多不饱和脂肪酸由植物油提供，胆碱可由食物提供或以丝氨酸和甲硫氨酸为原料在体内合成。乙醇胺在酶的催化下，由 S-腺苷甲硫氨酸提供 3 个甲基即可生成胆碱。CTP 在甘油磷脂合成中不但供能，而且为合成 CDP-乙醇胺、CDP-胆碱等重要的活性中间产物所必需。

C 合成的基本过程

甘油磷脂的合成包括以下两个途径：

（1）二脂酰甘油途径。磷脂酰胆碱和磷脂酰乙醇胺主要经此途径合成。胆碱和乙醇胺先经 ATP 磷酸化，生成磷酸胆碱和磷酸乙醇胺，然后它们再与 CTP 反应，分别生成有活性的胞苷二磷酸胆碱（CDP-胆碱）和胞苷二磷酸乙醇胺（CDP-乙醇胺）。其活化过程如式（3-5）：

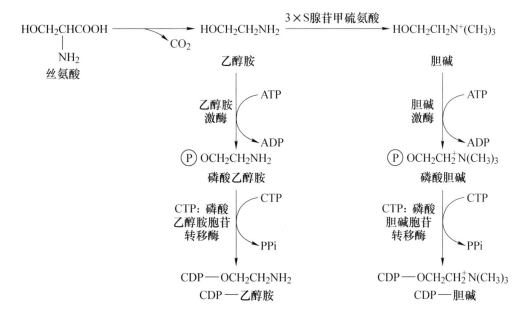

$$(3-5)$$

生成的 CDP-乙醇胺和 CDP-胆碱再与二脂酰甘油作用，生成磷脂酰乙醇胺（脑磷脂）和磷脂酰胆碱（卵磷脂），磷脂酰乙醇胺也可甲基化生成磷脂酰胆碱，如图 3-9 所示。

（2）CDP-二脂酰甘油途径。磷脂酰肌醇、磷脂酰丝氨酸和二磷脂酰甘油等主要由此途径合成。此途径中二脂酰甘油先活化成 CDP-二脂酰甘油，作为合成这类磷脂的活性前体，然后在相应合成酶的催化下，与肌醇、丝氨酸或磷脂酰甘油缩合，生成磷脂酰肌醇、磷脂酰丝氨酸和二磷脂酰甘油。磷脂酰丝氨酸也可继续转变成磷脂酰乙醇胺和磷脂酰胆碱，如图 3-10 所示。

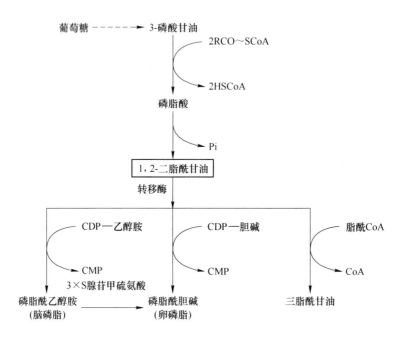

图 3-9　二脂酰甘油途径合成甘油磷脂

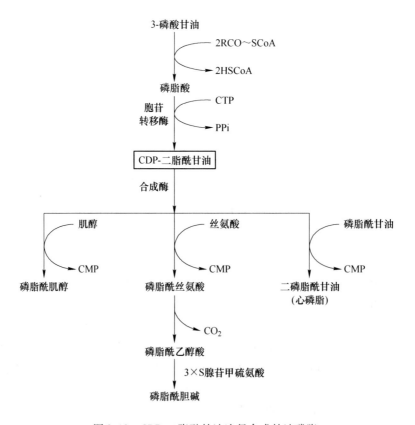

图 3-10　CDP-二脂酰甘油途径合成甘油磷脂

3.3.1.2 甘油磷脂的分解

体内能够水解磷脂的酶称为磷脂酶，甘油磷脂可在多种磷脂酶的作用下水解成它们的各组成成分。磷脂酶 A_1 和 A_2 分别作用于甘油磷脂的 1 和 2 位酯键；磷脂酶 B_1 和 B_2 分别作用于溶血磷脂的 1 和 2 位酯键；磷脂酶 C 作用于 3 位磷酸酯键；磷脂酶 D 作用于磷酸与取代基之间的酯键。

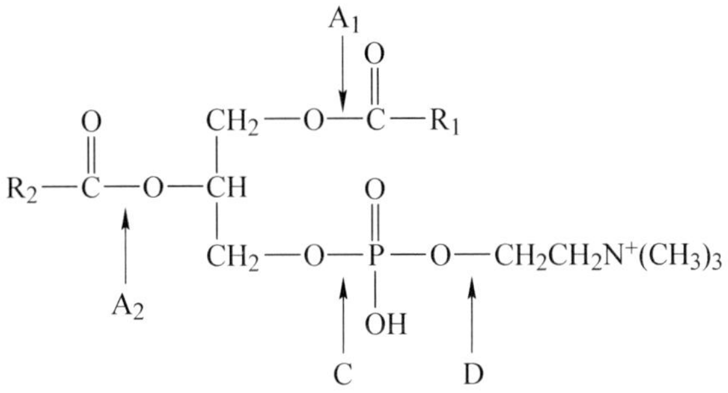

磷脂酰胆碱

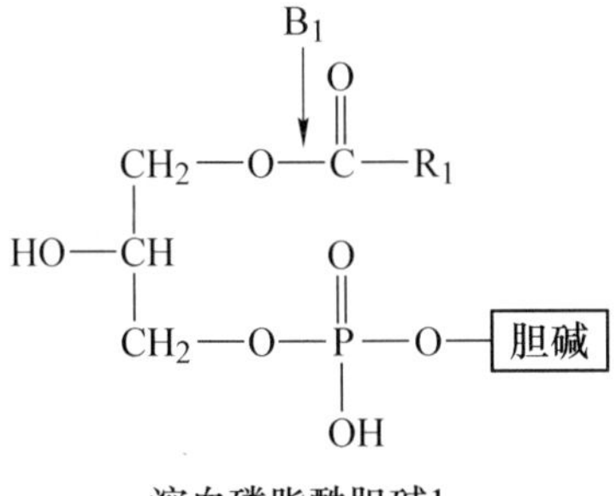

溶血磷脂酰胆碱1

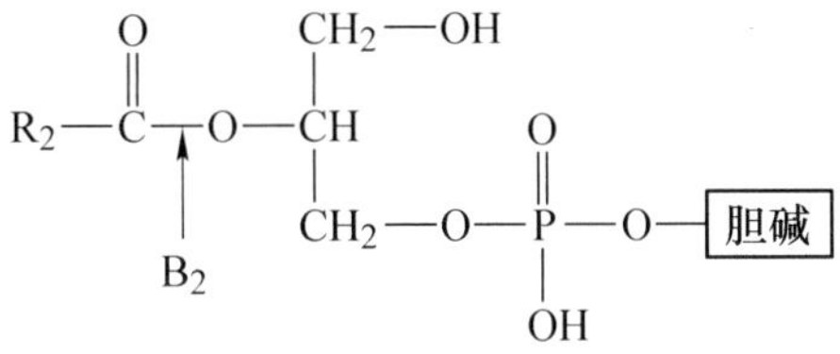

溶血磷脂酰胆碱2

甘油磷脂完全水解的产物是甘油、脂肪酸、磷酸、胆碱和乙醇胺等，这些产物可分别进行相关的合成或分解代谢。

磷脂酶 A_2 普遍存在于动物各组织的细胞膜和线粒体膜上，Ca^{2+} 为其激活剂。此酶使甘油磷脂水解生成具有较强表面活性的溶血磷脂，能使红细胞膜或其他细胞膜破裂，导致溶血或细胞坏死。急性胰腺炎的发病机制可能与胰腺磷脂酶 A_2 对胰腺细胞的损伤密切相关。溶血磷脂在细胞内磷脂酶 B_1 的作用下，水解 1 位酯键，生成甘油磷酸胆碱（或乙醇胺），即失去溶解破坏细胞膜的作用。某些蛇毒中含有磷脂酶 A_1，其水解产物为溶血磷脂2，它使红细胞膜结构破坏，引起溶血。

磷脂是生物膜的重要组成成分，细胞质膜主要含磷脂酰胆碱，线粒体膜主要含心磷脂。磷脂是血浆脂蛋白的组成成分，甘油磷脂代谢异常与脂肪肝的形成有关。正常人的肝内含脂类约占肝重量的3% ~5%，其中甘油三酯占一半，如脂类总量超过10%，且主要是甘油三酯堆积，即称脂肪肝。形成脂肪肝常见的原因有：（1）肝内甘油三酯的来源过多，如高脂低糖或高糖高热量饮食；（2）肝功能障碍，氧化脂肪酸的能力减弱以及合成和释放脂蛋白的功能降低；（3）合成磷脂的原料不足，使肝中磷脂量减少，造成脂蛋白合成不足，进而影响甘油三酯的运出，易形成脂肪肝。临床上常用磷脂及其合成原料

（甲硫氨酸、丝氨酸、胆碱、肌醇及乙醇胺等）以及有关辅助因子（叶酸、维生素 B_{12}、ATP 及 CTP 等）来防治脂肪肝。

3.3.2 鞘磷脂的代谢

含鞘氨醇或二氢鞘氨醇的脂类称为鞘脂，鞘脂不含甘油，其一分子脂肪酸以酰胺键与鞘氨醇的氨基相连，生成 N-脂酰鞘氨醇。磷酸与鞘氨醇的末端羟基相连，构成鞘磷脂。人体内含量最多的鞘磷脂是神经鞘磷脂，它由鞘氨醇、脂肪酸、磷酸胆碱组成。神经鞘磷脂是构成生物膜的重要磷脂，常与卵磷脂共存于细胞膜的外侧。神经鞘含大量脂类，所含脂类约占干重的97%，其中11%为磷脂酰胆碱，5%为神经鞘磷脂。人红细胞膜中的神经鞘磷脂占 20% ~30%。

3.3.2.1 鞘磷脂的合成代谢

（1）鞘氨醇的合成。全身各细胞均可合成，以脑组织最活跃。内质网含有合成鞘氨醇的酶系，合成主要在此进行。

1）合成原料：软脂酰 CoA 及丝氨酸是基本原料，还需磷酸吡哆醛、NADPH、FAD 等辅因子参加。

2）合成过程：软脂酰 CoA 与 L-丝氨酸在内质网 3-酮二氢鞘氨醇合成酶及磷酸吡哆醛的作用下，缩合并脱羧生成 3-酮基二氢鞘氨醇，后者由 NADPH 供氢，在还原酶的催化下，加氢生成二氢鞘氨醇，然后在脱氢酶的催化下生成鞘氨醇，脱下的氢由 FAD 接受。

（2）神经鞘磷脂的合成。鞘氨醇在脂酰转移酶的催化下，其氨基与脂酰 CoA 进行酰胺缩合，生成 N-脂酰鞘氨醇，后者由 CDP-胆碱供给磷酸胆碱即生成神经鞘磷脂。

3.3.2.2 神经鞘磷脂的分解

分解神经鞘磷脂的鞘磷脂酶存在于脑、肝、脾、肾等细胞的溶酶体中，属磷脂酶 C 类，能使神经磷酸酯键水解，产物是磷酸胆碱和 N-脂酰鞘氨醇。先天性缺乏此酶时，神经鞘磷脂不能降解而在细胞内积存，引起肝、脾肿大及精神障碍，甚至危及生命。

3.4　胆固醇的代谢

如图 3-11 所示，胆固醇（cholesterol）是具有环戊烷多氢菲烃核及一个羟基的固醇类化合物，因最早在动物胆石中分离出，故称为胆固醇。胆固醇及其衍生物在性质上类似甘油三酯，不溶于水而溶有机溶剂，以游离胆固醇及胆固醇酯两种形式存在。

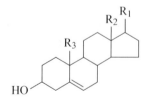

图 3-11　胆固醇结构

体内胆固醇的来源有两种，即食物的消化吸收（称为外源性）和体内合成（称为内源性）。食物胆固醇来自动物性食物，如动物内脏、蛋黄、奶油及肉类等，正常成人每天食入胆固醇约 0.3 ~0.5g，多数为游离胆固醇，少数为胆固醇酯，但人体内胆固醇主要由体内合成。

3.4.1 胆固醇的生物合成

3.4.1.1 合成部位

成人机体每天合成胆固醇约 1.0 ~ 1.5g。除成年动物脑组织及成熟红细胞外，几乎全身各组织细胞均可合成胆固醇。肝合成胆固醇的能力最强，约占 70% ~ 80%；小肠的合成能力次之，合成量占 10%。肝合成的胆固醇除在肝内被利用及代谢外，还可参与组成脂蛋白，进入血液被输送到肝外各组织，胆固醇合成主要在细胞胞液及内质网中进行。

3.4.1.2 合成原料

胆固醇合成的原料主要是乙酰 CoA，此外还需要 NADPH 供氢，ATP 供能。实验证明，每合成 1 分子胆固醇需 18 分子乙酰 CoA、36 分子 ATP 及 16 分子的 NADPH，乙酰 CoA 和 ATP 大多来自线粒体中糖的有氧氧化，NADPH 则主要来自胞液中磷酸戊糖途径。

3.4.1.3 合成的基本过程

胆固醇的合成过程复杂，可概括为三个阶段：

（1）甲基二羟戊酸的生成。首先在胞液中，2 分子乙酰 CoA 缩合成乙酰乙酰 CoA，然后再与 1 分子乙酰 CoA 合成为 HMG-CoA。后者经 HMG-CoA 还原酶的催化，生成甲基二羟戊酸（mevalonic acid，MVA）。上述反应中的 HMG-CoA 还原酶是胆固醇合成的关键酶。

（2）鲨烯的生成。MVA 先经磷酸化，再脱羧、脱羟基而成为活性极强的 5C 焦磷酸化合物，然后 3 分子 5C 化合物缩合成 15 碳的焦磷酸法尼酯，2 分子 15C 化合物再缩合，即成为含 30C 的多烯烃——鲨烯。

（3）胆固醇的合成。鲨烯以固醇载体蛋白为载体进入内质网，经加氧酶、环化酶等催化的多步反应，先环化成羊毛固醇，再经过一系列氧化、脱羧和还原等反应，脱去 3 分子 CO_2 形成 27C 的胆固醇，如图 3-12 所示。

3.4.1.4 胆固醇的酯化

胆固醇酯化是胆固醇吸收转运的重要步骤，在细胞内和血浆中的游离胆固醇都可以被酯化成胆固醇酯，但不同的部位催化胆固醇酯化的酶及其反应过程不同。

（1）细胞内胆固醇的酯化。在组织细胞内，游离胆固醇可在脂酰胆固醇脂酰转移酶（acyl cholesterol acyltransferase，ACAT）的催化下，接受脂酰 CoA 的脂酰基形成胆固醇酯。如图 3-13 所示。

（2）血浆内胆固醇的酯化。血浆中，在磷脂酰胆碱胆固醇脂酰转移酶（lecithin cholesterol acyltransferase，LCAT）的催化下，磷脂酰胆碱第 2 位碳原子上的脂酰基（一般多为不饱和脂酰基）转移至胆固醇 3 位羟基上，生成胆固醇酯及溶血磷脂酰胆碱。LCAT 由肝实质细胞合成后分泌入血，在血浆中发挥催化作用。肝实质细胞有病变或损伤时，可使

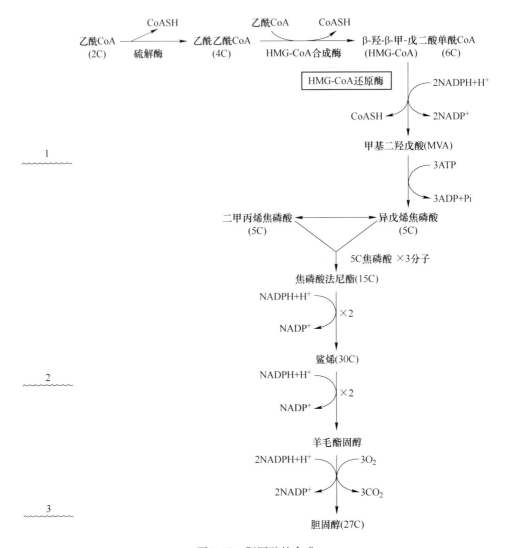

图 3-12　胆固醇的合成

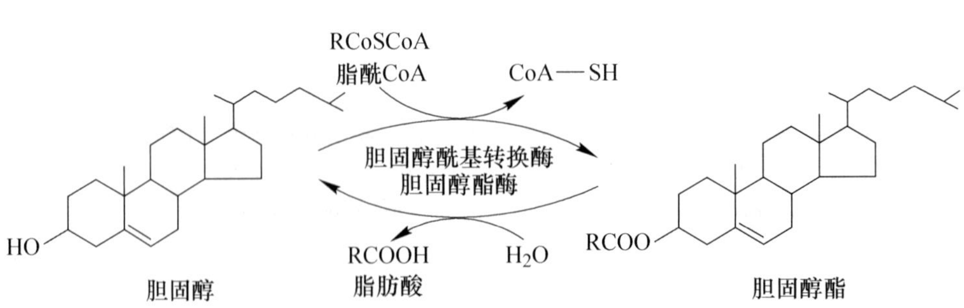

图 3-13　ACAT 的催化反应

LCAT 活性降低, 引起血浆胆固醇酯含量下降。正常人血浆总胆固醇中, 胆固醇酯约占 3/4。如图 3-14 所示。

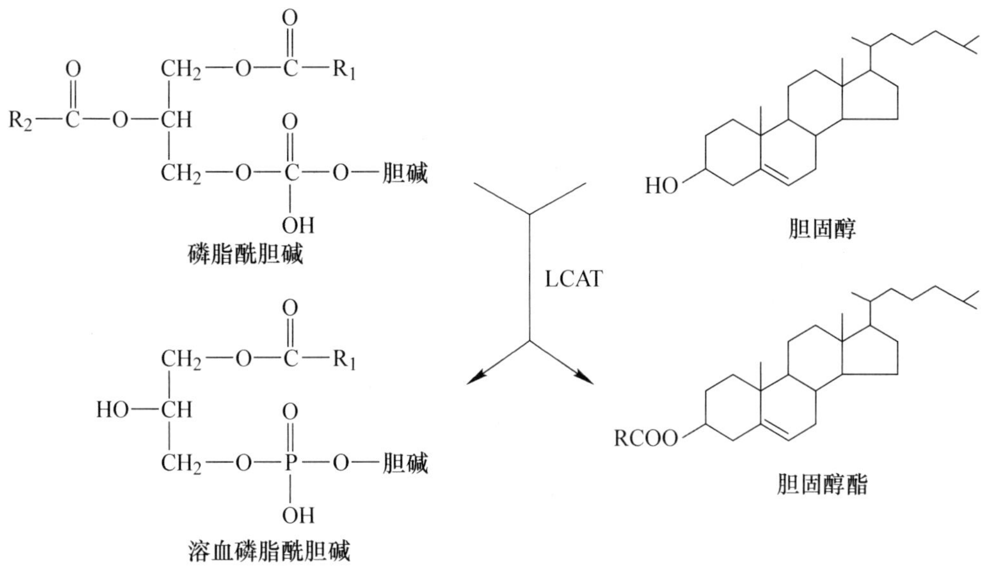

图 3-14 LCAT 的催化反应

3.4.1.5 胆固醇合成的调节

人体内胆固醇合成受多种因素调节，它们形成复杂的连锁反馈机制，控制合成过程。

（1）HMG-CoA 还原酶的调节。HMG-CoA 还原酶是胆固醇合成的关键酶，其活性受多种因素的影响。肝 HMG-CoA 还原酶活性有昼夜节律性的特点，午夜酶活性最高，中午酶活性最低，由此决定了胆固醇合成具有周期节律性的特点。HMG-CoA 还原酶具有磷酸化和去磷酸化修饰的调节，蛋白激酶 A 使 HMG-CoA 还原酶磷酸化而丧失活性，磷蛋白磷酸酶催化 HMG-CoA 还原酶脱磷酸而恢复活性。

（2）饥饿和饱食的影响。饥饿与禁食时，HMG-CoA 还原酶合成量减少，活性下降。同时合成胆固醇的原料乙酰 CoA、ATP、NADPH 也不足，最后使胆固醇合成减少。当摄入高糖、高饱和脂肪酸饮食时，肝脏 HMG-CoA 还原酶活性增加，原料充足，胆固醇合成加强。

（3）胆固醇。食入或体内合成的胆固醇可反馈抑制 HMG-CoA 还原酶活性，并抑制肝 HMG-CoA 还原酶的合成，导致胆固醇合成减少。但小肠黏膜细胞内 HMG-CoA 还原酶活性不受胆固醇的反馈抑制。因此，大量进食胆固醇仅抑制肝 HMG-CoA 还原酶活性，而肠道合成不受影响，血浆胆固醇浓度仍有一定程度的升高，比低胆固醇饮食时高 10% ~ 25%。相反，低胆固醇饮食时，血浆胆固醇浓度也只能降低 10% ~ 25%。因此，单靠限制膳食中的胆固醇含量，不能使血浆胆固醇大幅度降低。

（4）激素。胰岛素能诱导肝 HMG-CoA 还原酶的合成，增加胆固醇合成；胰高血糖素降低 HMG-CoA 还原酶活性，减少胆固醇合成；糖皮质激素对一些激素诱导 HMG-CoA 还原酶的合成起拮抗作用，因而降低胆固醇合成；甲状腺素既可使胆固醇转化为胆汁酸，促进胆固醇排泄，又可增强 HMG-CoA 还原酶活性，增强胆固醇合成。但前者作用大于后者，总的效应是使血浆胆固醇含量下降。

3.4.2　胆固醇的代谢转化

3.4.2.1　胆固醇转化成胆汁酸

胆固醇在肝中转化成胆汁酸是胆固醇在体内代谢的主要去路。正常成人每天约合成 1.0~1.5g 胆固醇，其中约 2/5（0.4~0.6g）在肝中转变成为胆汁酸，随胆汁排入肠道。

3.4.2.2　胆固醇转化为类固醇激素

胆固醇是肾上腺皮质、睾丸、卵巢等内分泌腺合成类固醇激素的原料。合成类固醇激素是胆固醇在体内代谢的重要途径。胆固醇在肾上腺皮质细胞线粒体内膜上的羟化、裂解等酶的催化下，首先合成皮质激素的重要中间物孕酮，然后，肾上腺皮质三个区带细胞内所含的不同羟化酶将孕酮转变成皮质醇、醛固酮和脱氢异雄酮等不同的类固醇激素。睾酮和雌二醇主要由胆固醇在性腺中转变生成。如图 3-15 所示。

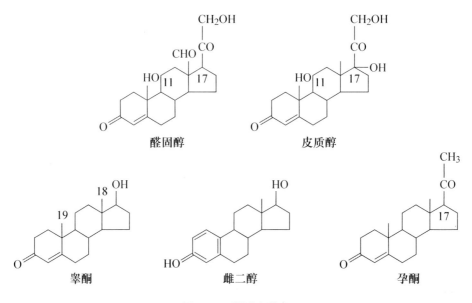

图 3-15　类固醇激素

3.4.2.3　维生素 D_3 的合成

皮肤中的胆固醇被氧化生成 7-脱氢胆固醇，再经紫外线照射可以生成维生素 D_3。如图 3-16 所示。

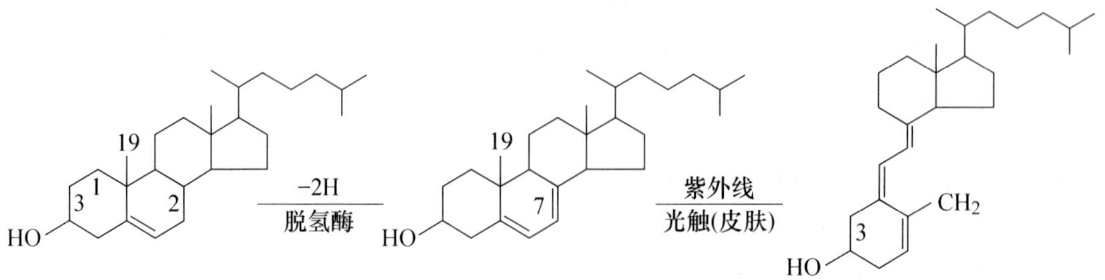

图 3-16　维生素 D 的合成

【小　结】

脂类包括脂肪和类脂。脂肪的主要功能是储能和氧化供能；类脂包括胆固醇及其酯、磷脂和糖脂等，是构成生物膜的主要成分。体内需要而不能合成、必须从食物中摄取的脂肪酸称为必需脂肪酸，主要有亚油酸、亚麻酸和花生四烯酸。脂肪组织中储存的甘油三酯被脂肪酶最后水解为游离脂肪酸及甘油，并释放入血供给全身各组织氧化利用，这一过程称为脂肪动员。脂肪动员的关键酶是甘油三酯脂肪酶，又称激素敏感脂肪酶。

脂肪酸的氧化过程可分为三个阶段：（1）脂肪酸在胞液中活化成脂酰CoA；（2）脂酰CoA通过载体肉碱转运进入线粒体基质；（3）脂肪酸的β-氧化，脂酰基每进行一次β-氧化，经过脱氢、加水、再脱氢和硫解四步连续反应，生成1分子乙酰CoA以及比原来的脂酰CoA少两个碳原子的脂酰CoA。如此反复进行，直到含偶数碳的脂酰CoA全部生成乙酰CoA。生成的乙酰CoA可进入三羧酸循环继续氧化，最终生成水和二氧化碳，同时释放能量。在肝细胞中，脂肪酸β-氧化反应生成的乙酰CoA部分转变成乙酰乙酸、β-羟丁酸和丙酮等氧化中间产物，总称为酮体。酮体生成后，很快透出肝细胞膜，随血液被输送到心肌、骨骼肌、肾及大脑等组织进行氧化。酮体是机体利用脂肪酸氧化供能的一种形式。在长期饥饿或糖供给不足的情况下，酮体可替代糖成为脑、肌肉和肾组织的主要能源。人体内甘油三酯的合成部位主要在肝、脂肪组织及小肠的内质网，合成原料主要有乙酰CoA，此外，还需NADPH、HCO_3^-、ATP及Mn^{2+}等。

含磷酸的脂类称为磷脂，其中含甘油的称为甘油磷脂。根据与磷酸基相连的取代基不同可将甘油磷脂分子分为多种，其中磷脂酰胆碱在体内含量最多，其次是磷脂酰乙醇胺。

胆固醇合成的原料主要是乙酰CoA，需要ATP供能和NADPH供氢。胆固醇在体内可转化成胆汁酸、类固醇激素和维生素D_3等。

【思考题】

3-1　什么是脂肪动员？什么是激素敏感脂肪酶？

3-2　简述体内饱和脂肪酸氧化的部位、过程、关键酶。硬脂酸彻底氧化的能量计算。

3-3　什么是酮体？简述酮体是如何生成和氧化的。酮体生成的生理意义是什么？

3-4　简述胆固醇合成的原料、部位及关键酶。

3-5　胆固醇在体内能转变成哪些物质？

【拓展训练】

单项选择题

（1）通过甘油一酯途径合成脂肪的细胞或组织为（　　）。

　　A. 肠黏膜上皮细胞　　　　　　　　B. 肝细胞

　　C. 脑组织　　　　　　　　　　　　D. 脂肪组织

　　E. 肌肉组织

（2）脂肪动员的关键酶为（　　）。

　　A. 甘油一酯脂酶　　　　　　　　　B. 甘油二酯脂酶

　　C. 甘油三酯脂酶　　　　　　　　　D. 脂蛋白脂酶

E. 肝脂酶

（3）柠檬酸-丙酮酸循环的作用是（　　）。

A. 使脂酰 CoA 进入胞浆　　　　　　　B. 使乙酰 CoA 进入胞浆

C. 使脂酰 CoA 进入线粒体　　　　　　D. 运送乳酸进入肝脏氧化消除肌肉疲劳

E. 促进乙酰 CoA 氧化供能

（4）卵磷脂合成时，能量消耗的形式除 ATP 外还有（　　）。

A. GTP　　　　B. UTP　　　　　C. ITP　　　　　D. TTP

E. CTP

（5）胆固醇合成的直接原料为（　　）。

A. 葡萄糖　　　B. 丙酮　　　　　C. 脂酸　　　　　D. 氨基酸

E. 乙酰 CoA

（6）血液中运输外源性甘油三酯和胆固醇的脂蛋白是（　　）。

A. CM　　　　B. VLDL　　　　C. HDL　　　　D. IDL

E. LDL

（7）使血液中 VLDL 上的 TG 水解的酶是（　　）。

A. LCAT　　　B. LPL　　　　　C. HLP　　　　D. ACAT

E. TG 酶

（8）合成甘油三酯最强的组织是（　　）。

A. 心脏　　　　B. 脑组织　　　　C. 脂肪组织　　　D. 肝脏

E. 小肠

（9）下列对酮体描述错误的是（　　）。

A. 在肝脏线粒体内产生　　　　　　　B. 饥饿时酮体生成会增加

C. 酮体溶于水不能通过血脑屏障　　　D. 糖尿病患者可引起酮尿

E. 酮体在肝外组织被利用

（10）脂肪肝产生的主要生化机制为（　　）。

A. 大量食入脂肪　　　　　　　　　　B. 高糖饮食

C. 肝脂肪合成酶系活性增加　　　　　D. 肝脏贮存脂肪能力增加

E. 肝合成分泌 VLDL 能力下降

【技能训练】

酮体的生成与定性

〔实验目的〕

（1）通过实验证明肝有生成酮体的作用。

（2）学习生物分子提取和鉴定的方法。

〔实验原理〕

脂肪酸氧化生成的乙酰辅酶 A 在肝脏中可通过两条途径进行代谢。一条途径是进入三羧酸循环氧化，另一条途径是生成乙酰乙酸，β-羟丁酸及丙酮，这三种物质统称为酮体。酮体生成是肝脏输出脂肪酸类能源的一种形式。

本实验用丁酸作底物，与肝匀浆保温，即有酮体生成。酮体在弱碱性条件下，与亚硝基铁氰化钠反应，生成紫红色化合物，以此鉴定酮体的存在。而经过同样处理的肌匀浆则无颜色反应。

〔试剂和器材〕

（1）Locke 氏液：NaCl 1.8g、KCl 10.084g、CaCl 0.04g、NaHSO$_4$ 0.04g、葡萄糖 1.0 g/L。

（2）0.1mol/L 磷酸盐缓冲液（pH 7.6）：准确称取 Na$_2$HPO$_4$·H$_2$O 7.74g 和 Na$_2$HPO$_4$·H$_2$O 0.897g，用蒸馏水稀释至 500mL，精确测定 pH 为 7.6。

（3）0.5mol/L 丁酸溶液：取 44.0g 正丁酸加入到 0.1mol/L 的氢氧化钠溶液中，定容到 1000mL。

（4）15% 的三氯乙酸溶液：取 15g 三氯乙酸用蒸馏水溶解后加到 100mL 的容量瓶中，加水至刻度。

（5）10% 亚硝基铁氰化钠：取 10g 亚硝基铁氰化钠用蒸馏水溶解后加到 100mL 的容量瓶中，加水至刻度。

（6）浓氨水。

（7）冰醋酸。

（8）生理盐水。

（9）恒温水浴锅。

（10）试管若干、漏斗、移液管、滤纸、滴管。

〔操作步骤〕

（1）组织匀浆的制备。取小白鼠一只，迅速处死，取出肝脏和肌肉组织，分别称取等量的上述组织置于研钵中研磨，加入生理盐水（按质量体积比为 1:4），继续研磨成匀浆备用。

（2）取试管 4 只，编号，按表 3-1 操作。

表 3-1 试剂

试　　剂	1	2	3	4
肝匀浆/滴	40	40	—	—
肌匀浆/滴	—	—	40	40
Locke 氏液/mL	2	2	2	2
0.1mol/L 磷酸盐缓冲液/mL	2	2	2	2
0.5mol/L 丁酸/mL	3	—	3	—
蒸馏水/mL	—	3	—	3

（3）充分混匀，置 37℃ 保温 45min，取出，4 个管各加 15% 的三氯乙酸溶液 2mL，混匀，静置 5min，有沉淀析出后，分别过滤于相应的试管中。

（4）另取试管 4 只，分别取上述滤液 1mL，各管加入冰醋酸 2 滴，10% 亚硝基铁氰化钠2滴，浓氨水2滴，混匀，比较各管颜色变化。

〔注意事项〕

 （1）组织匀浆要研磨均匀，不能有组织块。

 （2）加10%的亚硝基铁氰化钠不能过多，否则会影响结果。

4 蛋白质的结构与功能

【学习目标】

☆ 掌握蛋白质元素组成特点，多肽链的基本组成单位——L-α-氨基酸。

☆ 掌握肽键与肽链的概念。

☆ 掌握蛋白质的一级结构、高级结构的概念。

☆ 掌握蛋白质二级结构的主要形式及化学键。

☆ 熟悉 20 种氨基酸缩写符号及主要特点。

☆ 熟悉 GSH。

☆ 熟悉丙氨酸、天冬氨酸及谷氨酸的结构式。

☆ 熟悉蛋白质重要的理化性质。

☆ 了解蛋白质性质与医学的关系。

☆ 了解蛋白质分离纯化及测定方法。

☆ 结合实例论述蛋白质结构与功能的关系。

【引导案例】

三聚氰胺事件——2008 年中国奶制品污染事件（或称 2008 年中国奶粉污染事故、2008 年中国毒奶制品事故、2008 年中国毒奶粉事故）是中国的一起食品安全事故。事故起因是很多食用三鹿集团生产的奶粉的婴儿被发现患有肾结石，随后在其奶粉中被发现化工原料三聚氰胺。

根据公布数字，截至 2008 年 9 月 21 日，因使用婴幼儿奶粉而接受门诊治疗咨询且已康复的婴幼儿累计 39,965 人，正在住院的有 12,892 人，此前已治愈出院 1,579 人，死亡 4 人。事件引起各国的高度关注和对乳制品安全的担忧。中国国家质检总局公布对国内的乳制品厂家生产的婴幼儿奶粉的三聚氰胺检验报告后，事件迅速恶化，包括伊利、蒙牛、光明、圣元及雅士利在内的多个厂家的奶粉都检出三聚氰胺。该事件亦重创中国制造商品信誉，多个国家禁止了中国乳制品进口。9 月 24 日，中国国家质检总局表示，牛奶事件已得到控制，9 月 14 日以后新生产的酸乳、巴氏杀菌乳、灭菌乳等主要品种的液态奶样本的三聚氰胺抽样检测中均未检出三聚氰胺。2010 年 9 月，中国多地政府下达最后通牒：若在 2010 年 9 月 30 日前上缴 2008 年的问题奶粉，不处罚。2011 年中国中央电视台《每周质量报告》调查发现，仍有 7 成中国民众不敢买国产奶。

蛋白质（protein）是生命的物质基础，是组成细胞和组织的重要成分，机体的各种生理功能大多是通过蛋白质来实现的。生命是蛋白质的特殊运动形式，生命与非生命的区别在于是否有核酸和蛋白质的代谢过程，这是生命的标志。蛋白质是体内含量最丰富的有机物，约占人体固体成分的 45%。蛋白质种类繁多，如单细胞的大肠杆菌就含有 3000 余种，人体含蛋白质种类多达 10 万余种。各种蛋白质都有其特定的结构与功能，如体内新陈代谢所进行的各种化学反应几乎都需要酶的催化，酶的化学本质是蛋白质；有许多蛋白质参与物质代谢调节，如胰岛素、生长激素等；免疫球蛋白、干扰素对机体具有免疫作用；其他诸如运输、肌肉收缩、血液凝固、损伤修复、生长、繁殖、遗传、变异和遗传信息的调控、细胞膜通透性等生命活动与生命现象均与蛋白质有密切关系。当代分子生物学的研究还表明，高等动物的记忆、识别、思维、感觉等都与蛋白质有关。

4.1　蛋白质的分子组成

4.1.1　蛋白质的元素组成

尽管蛋白质的种类繁多，结构各异，但其元素组成相似，主要有碳（50% ~ 55%），氢（6% ~ 8%），氧（19% ~ 24%），氮（13% ~ 19%）和硫（0 ~ 4%），有些蛋白质含有少量的磷或金属元素铁、铜、锌、锰、钴、钼等，个别蛋白质还含有碘。

各种蛋白质的含氮量很接近，平均约为16%，动植物组织内的含氮物质以蛋白质为主，所以只要测出生物样品中的含氮量，就可按下式推算出样品中蛋白质的含量：

$$每克样品中含氮的质量 \times 100 \times 6.25 = 每100g样品中蛋白质含量$$

4.1.2　蛋白质的基本组成单位——氨基酸

人体内所有蛋白质都是由20种氨基酸（amino acid）组成的，因此氨基酸是组成蛋白质的基本单位，但不同蛋白质的各种氨基酸的含量与排列顺序不同。

4.1.2.1　氨基酸的结构通式

组成人体蛋白质的20种氨基酸虽然结构各不相同，但它们之间有共性。除了脯氨酸为 α-亚氨基酸外，均属于 α-氨基酸，即在连接羧基的 α 碳原子上还有一个氨基，可以用下面的结构式表示，R为氨基酸的侧链基团。

$$\underset{\underset{NH_2}{|}}{R-CH-COOH}$$

蛋白质除甘氨酸（R = H）外，其他氨基酸与 α 碳原子相连的四个原子或基团各不相同，即 α 碳原子为不对称碳原子，故具有旋光异构现象，存在L-型和D-型两种异构体，目前已知它们都是L-氨基酸。生物界中也有D-氨基酸，大都存在于某些细胞产生的抗生素和个别植物的生物碱中，如组成细菌细胞壁的肽聚糖含有D-谷氨酸和D-丙氨酸。

L-α-氨基酸　　　　　D-α-氨基酸

4.1.2.2　氨基酸的分类

自然界存在的氨基酸约300余种，但组成人体蛋白质分子的氨基酸只有20种。氨基酸的分类方法有多种, 常按侧链的理化性质将20种氨基酸分为四类, 见表4-1。

表4-1 氨基酸的分类

氨基酸名称		简写符号	结 构 式	等电点(pI)
非极性侧链氨基酸	(1) 甘氨酸	甘, Gly, G	H—CHCOO⁻ 　　NH₃⁺	5.97
	(2) 丙氨酸	丙, Ala, A	CH₃—CHCOO⁻ 　　　NH₃⁺	6.00
	(3) 缬氨酸	缬, Val, V	CH₃—CH—CHCOO⁻ 　　CH₃　NH₃⁺	5.96
	(4) 亮氨酸	亮, Leu, L	CH₃—CH—CH₂—CHCOO⁻ 　　CH₃　　　NH₃⁺	5.98
	(5) 异亮氨酸	异, Ile, I	CH₃—CH₂—CH—CHCOO⁻ 　　　　CH₃　NH₃⁺	6.02
	(6) 苯丙氨酸	苯, Phe, F	—CH₂—CHCOO⁻ 　　　　NH₃⁺	5.48
	(7) 色氨酸	色, Trp, W	—CH₂—CHCOO⁻ 　　　　NH₃⁺	5.89
	(8) 蛋氨酸	蛋, Met, M	CH₃SCH₂CH₂—CHCOO⁻ 　　　　　　NH₃⁺	5.74
	(9) 脯氨酸	脯, Pro, P	CH₂　CHCOO⁻ CH₂　NH₂⁺ CH₂	6.30
非电离极性侧链氨基酸	(10) 丝氨酸	丝, Ser, S	HO—CH₂—CHCOO⁻ 　　　　　NH₃⁺	5.68
	(11) 苏氨酸	苏, Thr, T	HO—CH—CHCOO⁻ 　　CH₃　NH₃⁺	5.60
	(12) 酪氨酸	酪, Tyr, Y	HO——CH₂—CHCOO⁻ 　　　　　　NH₃⁺	5.66
	(13) 半胱氨酸	半, Cys, C	HS—CH₂—CHCOO⁻ 　　　　　NH₃⁺	5.07
	(14) 天冬酰胺	天-NH₂, Asn, N	O ‖ C—CH₂—CHCOO⁻ H₂N　　　　NH₃⁺	5.41
	(15) 谷氨酰胺	谷-NH₂, Gln, Q	O ‖ CCH₂CH₂—CHCOO⁻ H₂N　　　　　NH₃⁺	5.65

	氨基酸名称	简写符号	结 构 式	等电点(pI)
酸性侧链氨基酸	(16) 谷氨酸	谷, Glu, E	$HOOCCH_2CH_2-CHCOO^-$ $\quad\quad\quad\quad\quad\quad\mid$ $\quad\quad\quad\quad\quad\quad NH_3^+$	3.22
	(17) 天冬氨酸	天, Asp, D	$HOOC-CH_2-CHCOO$ $\quad\quad\quad\quad\quad\quad\mid$ $\quad\quad\quad\quad\quad\quad NH_3^+$	2.77
碱性侧链氨基酸	(18) 赖氨酸	赖, Lys, K	$NH_2CH_2CH_2CH_2CH_2-CHCOO^-$ $\quad\quad\quad\quad\quad\quad\quad\quad\quad\mid$ $\quad\quad\quad\quad\quad\quad\quad\quad\quad NH_3^+$	9.74
	(19) 精氨酸	精, Arg, R	$NH_2CNHCH_2CH_2CH_2-CHCOO^-$ $\quad\quad\mid\quad\quad\quad\quad\quad\quad\quad\mid$ $\quad\quad NH\quad\quad\quad\quad\quad\quad NH_3^+$	10.76
	(20) 组氨酸	组, His, H	$HC=C-CH_2-CHCOO^-$ $\mid\quad\ \mid\quad\quad\quad\quad\mid$ $N\quad NH\quad\quad\quad NH_3^+$ $\ \backslash\ /$ $\ CH$	7.59

（1）非极性侧链氨基酸。侧链含有烃基，吲哚环或甲硫基等非极性基团，包括 9 种氨基酸。

（2）非电离极性侧链氨基酸。侧链含有酰胺基、巯基或羟基等极性基团，这些基团有亲水性，但在中性水溶液中不电离，包括 6 种氨基酸。其中酚羟基和巯基在碱性溶液中可以电离出 H^+ 而带负电荷。

（3）酸性侧链氨基酸。侧链上的羧基在水溶液中能解离出 H^+ 而带负电荷。包括谷氨酸和天冬氨酸。

（4）碱性侧链氨基酸。侧链上的氨基、胍基或咪唑基在水溶液中能结合 H^+ 而带正电荷。包括赖氨酸、精氨酸和组氨酸。

20 种氨基酸的结构差异在于 α-碳原子上的 R 基不同，如甘氨酸、丙氨酸、半胱氨酸和丝氨酸的 R 基分别是—H、—CH_3、—CH_2—SH 和—CH_2—OH。以上 20 种氨基酸均有各自的遗传密码，故称之为编码氨基酸。少数蛋白质中还含有羟脯氨酸、羟赖氨酸、胱氨酸、四碘甲腺原氨酸等，这些氨基酸在蛋白质生物合成中没有遗传密码，由相应的氨基酸残基经加工修饰形成。

4.1.2.3 氨基酸的理化性质

（1）氨基酸的两性解离和等电点。氨基酸分子中既含有碱性的 α-氨基又含有酸性的 α-羧基，可在酸性溶液中与质子（H^+）结合成带正电荷的阳离子（—NH_3^+），也可在碱性溶液中与 OH—结合，失去质子变成带负电荷的阴离子（—COO—），因此，氨基酸是一种两性电解质，具有两性解离的特性。氨基酸的解离方式取决于其所处溶液的酸碱度。在某一 pH 溶液中，氨基酸解离成阳离子和阴离子的趋势及程度相等，成为兼性离子，呈电中性，此时溶液的 pH 值称为该氨基酸的等电点（isoelectric point，pI）。当氨基酸所处溶液的 pH 小于 pI 时，氨基酸带正电荷，在电场中向负极移动；相反，当 pH 大于 pI 时，氨基酸带负电荷，在电场中向正极移动。在一定 pH 范围内，氨基酸溶液的 pH 离 pI 越远，氨基酸所带的净电荷越多。

$$R—CH—COOH$$
$$|$$
$$NH_2$$
$$\Updownarrow$$
$$R—CH—COOH \underset{H^+}{\overset{OH^-}{\rightleftharpoons}} R—CH—COO^- \underset{H^+}{\overset{OH^-}{\rightleftharpoons}} R—CH—COO^- \qquad (4\text{-}1)$$
$$| \qquad\qquad\qquad\quad | \qquad\qquad\qquad\quad |$$
$$NH_3^+ \qquad\qquad\qquad NH_3^+ \qquad\qquad\qquad NH_2$$

$$\text{正离子} \qquad\qquad \text{两性离子} \qquad\qquad \text{负离子}$$
$$(pH<pI) \qquad\qquad (pH=pI) \qquad\qquad (pH>pI)$$

由于不同氨基酸所含的氨基和羧基等基团的数目不同，解离程度不同，故等电点也不同。中性氨基酸的羧基解离度大于氨基，故 pI 偏酸，略小于 7；酸性氨基酸 pI 则更小；碱性氨基酸 pI 大于 7。

（2）氨基酸的紫外吸收性质。根据氨基酸的吸收光谱，含有共轭双键的酪氨酸和色氨酸对紫外光有吸收作用，它们在 280nm 波长处有最大吸收峰，其中以色氨酸吸收紫外光能力最强，如图 4-1 所示。大多数蛋白质含有酪氨酸和色氨酸残基，所以测定蛋白质溶液 280nm 的光吸收值，是分析溶液中蛋白质含量的快速而简便的方法。

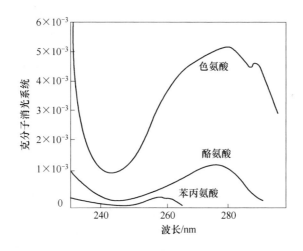

图 4-1　芳香族氨基酸的紫外吸收光谱

（3）茚三酮反应。氨基酸与茚三酮水合物共加热，引起氨基酸氧化脱氨、脱羧反应，茚三酮水合物被还原，其还原物可与氨基酸加热分解产生的氨结合，再与另一分子茚三酮缩合成为蓝紫色化合物。利用茚三酮显色可定性或定量测定各种氨基酸，其反应如下：

$$\text{水合茚三酮} \qquad \text{氨基酸} \qquad \text{还原茚三酮} \qquad + NH_3 + CO_2 + RCHO \qquad (4\text{-}2)$$

还原茚三酮   水合茚三酮   紫色化合物

$$(4-3)$$

4.2   蛋白质的分子结构

4.2.1   蛋白质分子中氨基酸的连接方式

4.2.1.1   肽键

蛋白质分子中氨基酸之间是通过一个氨基酸的 α-羧基与另一个氨基酸的 α-氨基脱水缩合形成肽键（或称酰胺键）相连的，肽键是蛋白质分子中的主要共价键。

$$H_2N—CH_2—COOH+H_2N—\underset{\underset{CH_2OH}{|}}{CH}—COOH \xrightarrow{-H_2O} H_2N—CH_2+CO—NH+\underset{\underset{CH_2OH}{|}}{CH}—COOH$$

甘氨酸   丝氨酸   甘氨酰丝氨酸

肽键

$$(4-4)$$

4.2.1.2   肽

氨基酸通过肽键连接起来的化合物称为肽（peptide）。由 2 个氨基酸缩合成的肽为二肽，3 个氨基酸缩合成三肽。以此类推，一般由 10 个以下的氨基酸缩合成的肽称为寡肽，10 个以上氨基酸形成的肽为多肽。多肽分子中的氨基酸相互衔接，形成长链，称为多肽链。多肽链中氨基酸分子因脱水缩合而基团不全，被称为氨基酸残基。多肽链两端有游离的 α-氨基和 α-羧基，分别称为氨基末端（N-端）和羧基末端（C-端）。在书写多肽链时，通常把 N-端氨基酸残基写在左边，C-端氨基酸残基写在右边，从左至右依次将各氨基酸的中文或英文缩写符号列出。

蛋白质就是由许多氨基酸残基组成的多肽链。一般而论，蛋白质通常含 50 个氨基酸以上，多肽则为 50 个氨基酸以下。

$$H_2N—CH—C—N—CH—C—N—CH—C \cdots\cdots N—CH—COOH$$

N-末端   氨基酸残基   C-末端

$$(4-5)$$

每条多肽链中氨基酸残基的顺序编号都从 N-端开始。肽的命名也是从 N-端开始指向 C-端，如谷胱甘肽（glutathion GSH）是一种不典型三肽，谷氨酸通过 γ-羧基与半胱氨酸的 α-氨基形成肽键（上述蛋白质分子中的肽键是 α-羧基与 α-氨基间形成）。此三肽为 γ-谷氨酰半胱氨酰甘氨酸或 γ-谷胱甘肽，N-端为谷氨酸，C-端为甘氨酸。谷胱甘肽是一种生物活性肽，通过功能基团巯基参与细胞的氧化还原作用，清除氧化剂，具有保护某些蛋白质的活性巯基不被氧化的作用。

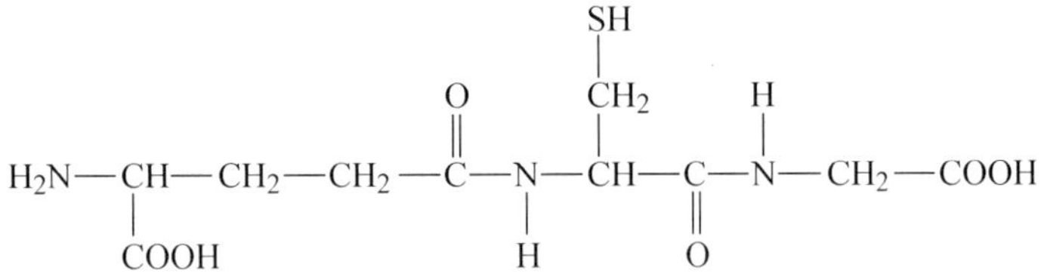

$$H_2N—CH—CH_2—CH_2—\overset{\displaystyle O}{C}—\overset{\displaystyle N}{\underset{H}{}}—\overset{\displaystyle CH_2\,(SH)}{CH}—\overset{\displaystyle C}{\underset{O}{}}—\overset{\displaystyle H}{N}—CH_2—COOH \tag{4-6}$$

谷胱甘肽(GSH)

在生物体内，还可合成其他的生物活性肽，它们是传递细胞之间信息的重要信息分子，在调节代谢、生长、发育、繁殖等生命活动中起着重要作用。如促甲状腺素释放激素是三肽，缩宫素（催产素）和抗利尿激素均是 9 肽，而促肾上腺皮质激素则是 39 肽等。

4.2.2 蛋白质的一级结构

蛋白质的一级结构是指蛋白质多肽链中从 N-端到 C-端氨基酸残基的排列顺序。肽键是其主要的化学键。有些蛋白质含有二硫键（-S-S-），它是两个半胱氨酸残基的巯基（-SH）脱氢形成的共价键。蛋白质分子中氨基酸的排列顺序是由遗传信息决定的，一级结构是蛋白质分子的基本结构，它决定蛋白质的空间结构，而蛋白质的生物学功能又依赖其空间结构。例如胰岛素的一级结构是由 A 链（21 肽）和 B 链（30 肽）通过二硫键连接而成，结构中共有 3 个二硫键，如图 4-2 所示，其中链内二硫键有 1 个、链间二硫键有 2 个。

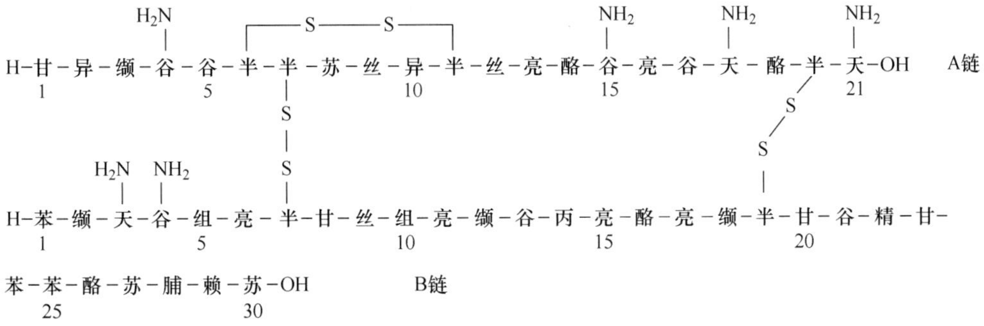

图 4-2 牛胰岛素的一级结构

至今已有近千余种蛋白质的一级结构被阐明。

 **科学典故**

Frederick Sanger 对蛋白质序列测定的贡献

蛋白质一级结构对于了解蛋白质完整结构、作用机制以及与其有类似功能蛋白质的相互关系，显得十分重要。Frederick Sanger 于 1953 年首次测定了胰岛素氨基酸的序列，这对于阐明胰岛素的生物合成和发挥生理功能的形式很重要。随后用这一方法原理，数以万计的不同种系蛋白质氨基酸序列被揭晓。胰岛素由胰腺的胰岛 β 细胞合成，刚合成时为一条无活性的单链，称为胰岛素原（proinsulin），含有 86 个氨基酸残基和 3 对链内二硫键。在胰岛 β 细胞中，胰岛素原在氨基酸残基第 30 和 31、65 和 66 之间经蛋白酶水解产生 2 个分子，含 35 个氨基酸残基的 C-肽和含 A、B 两链的具有生物活性的胰岛素。Sanger 为建立蛋白质和核酸的序列测定技术做出了重大贡献，分别于 1958 年和 1980 年两度获得诺贝尔化学奖。

4.2.3　蛋白质的空间结构

天然蛋白质在一级结构基础上折叠、盘曲成各自特定的空间结构，这种空间结构称为构象，又称为蛋白质的空间结构，包括二级、三级和四级结构。蛋白质的空间结构决定了蛋白质的分子形状、理化特性和生物学活性。

4.2.3.1　维持蛋白质空间结构的次级键

蛋白质空间结构由次级键维持，如图 4-3 所示，包括氢键、范德华力、疏水键、离子键等非共价键和共价键二硫键。蛋白质空间结构主要依靠非共价键，虽然非共价键的键能很小，但因其数量大，足以保持其稳定。

（1）氢键。氢键是由亚氨基氢或羟基氢与羰基氧之间形成的（—CO…HN—，—CO…HO—），多肽主链与极性侧链之间或极性侧链相互之间都可形成氢键。氢键是维持蛋白质二级结构最主要的次级键。

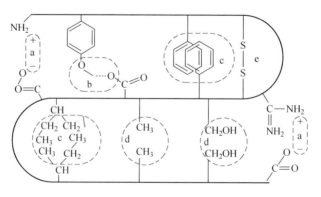

图 4-3　维系蛋白质分子构象的各种化学键和作用力

a—离子键；b—氢键；c—疏水键；d—范德华力；e—二硫键

（2）范德华力。范德华是一种很弱的作用力，随非共价键原子或分子间的距离而变化。由于范德华力相互作用数量大并具有加和性，因此在生物学上是不可忽视的作用力。

（3）疏水键。疏水键又称疏水作用。非极性氨基酸疏水侧链为了避开水相被迫接近形成，常存在于球状蛋白质分子内部。它在维持蛋白质三级结构方面起到主导作用。

（4）离子键。离子键又称盐键，是指蛋白质分子中带正电荷基团和带负电荷基团之间的静电相互作用。

（5）二硫键。二硫键是由两个半胱氨酸残基侧链上的巯基脱氢缩合而成的共价键。蛋白质特定的三级结构主要由非共价键维系，通常二硫键生成于蛋白质三级结构形成之后，对维持蛋白质特有的构象起稳定作用。

4.2.3.2　蛋白质的二级结构

蛋白质的二级结构是指蛋白质多肽链中主链原子的局部空间排列，不涉及侧链的构象。维系二级结构的次级键是氢键。

肽链中的肽键的键长为 0.132nm，比 Cα-N 单键（键长 0.147nm）短，而比 C＝N 双键（键长 0.127nm）长，故肽键具有部分双键的性质，不能自由旋转。因此，参与肽键的 C、O、N、H 与相邻的两个 α-碳原子都处在同一个平面上，称为肽单元或肽键平面，如图 4-4 所示。蛋白质多肽链的主链骨架是由许多重复的肽单元连接而成。肽键中能够旋转的只有肽键两端的 α-碳原子所形成的单键，此单键的旋转决定了两个肽单元的相对关系。刚性的肽单元是多肽链盘曲或折叠的基本结构单位。蛋白质二级结构包括 α-螺旋、β-折叠、β-转角和无规卷曲。

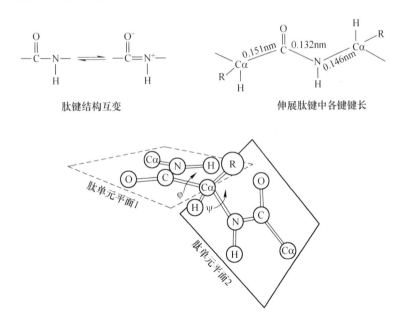

肽键结构互变　　　　　　　　伸展肽键中各键键长

图 4-4　肽单元

（1）α-螺旋（α-helix）。α-螺旋是指多肽链的主链骨架在空间构象中围绕中心轴形成紧密而有规律的螺旋结构，即形成具有周期性规则的构象，如图 4-5 所示。

α-螺旋的结构特点是：1）多肽链顺时针走向，一般为右手螺旋式上升。2）螺旋旋转一圈包含 3.6 个氨基酸残基，螺距为 0.54nm。3）α-螺旋的每个肽键的 N-H 和第四个肽键的羧基氧形成氢键，氢键的方向几乎与中心轴平行。肽链中的全部肽键都参与氢键的形成，因此氢键数目较大，以稳固 α-螺旋结构。4）各氨基酸残基的 R 侧链均伸向螺旋外侧。影响 α-螺旋形成及稳定的主要因素是氨基酸侧链的大小、形状及所带的电荷性质。如较大的 R 侧链（异亮氨酸、苯丙氨酸等）集中的区域产生位阻，妨碍 α-螺旋的形成；酸性或碱性氨基酸集中的区域由于同种电荷相互排斥，不利于 α-螺旋的形成；脯氨酸和甘氨酸存在时也不易形成 α-螺旋。

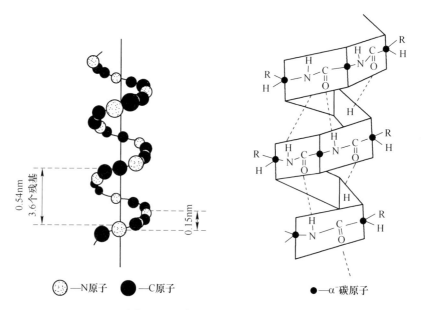

○—N原子　●—C原子　　　　　●—α⁻碳原子

图 4-5　蛋白质分子中的 α-螺旋

 **科学典故**

Linus Pauling 对蛋白质科学的贡献

1951 年，L. Pauling 和 R. Corey 根据从小肽晶体结构中测得的多肽标准参数，预测出能够稳定存在的 α-螺旋结构，并得到实验验证。同时注意到，1930 年 W. Astbury 研究蛋白质 X 射线衍射的先驱实验结果，即构成头发的纤维状蛋白——α-角蛋白自由有规则的结构组成。据此信息及他们关于肽键的数据及精确的结构模型，首先提出了符合肽键不转、而其他各键可自由旋转的最简单的多肽链构象是螺旋结构，称之为 α-螺旋。他们提出 α-角蛋白的两股链形成超螺旋的卷曲螺旋结构。基于 Pauling 对蛋白质研究做出的杰出贡献，于 1954 年获诺贝尔化学奖。

（2）β-折叠（β-pleated sheet）。是蛋白质多肽主链的一种比较伸展、呈锯齿状的肽链结构，如图 4-6 所示。其结构特点为：1）多肽链呈伸展状态，相邻肽键平面之间折叠成锯齿状的结构，肽链中各氨基酸的 R 基团伸向锯齿的外侧。2）两段以上的 β-折叠结构平行排布，它们之间靠链间氢键相连，形成 β-片层或 β-折叠层结构。氢键的方向与折叠的长轴垂直，是维持该构象的主要次级键。3）相邻两段肽链的走向相同即为顺向平行，反之为逆向平行，后者较为稳定。

（3）β-转角（β-turn）。又称 β-回折，通常由 4 个氨基酸残基构成，由第 1 个残基的

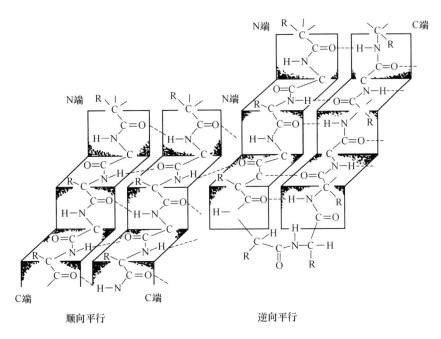

顺向平行   逆向平行

图 4-6   蛋白质分子中的 β-片层

羰基氧与第 4 个残基的氨基氢形成氢键,使多肽链形成 180°的
回折。β-转角可使肽链的走向发生改变。脯氨酸常出现在 β-转
角中,如图 4-7 所示。

（4）无规卷曲（random coil）。此种结构为多肽链中除以
上几种比较规则的构象外,其余没有确定规律性的那部分肽链
的二级结构构象。

各种蛋白质一级结构相异,不同区段形成的二级结构也不
同,如丝心蛋白主要由 β-折叠形成,肌红蛋白中有 75% 的 α-
螺旋而无 β-折叠,伴刀豆蛋白中有 59% 的 β-折叠而无 α-螺旋。

4.2.3.3   蛋白质的三级结构

蛋白质的三级结构指每一条多肽链内所有原子的空间排
布,包括整条多肽链内主链和侧链的全部构象,是在二级结构
主链构象的基础上,侧链 R 基团相互作用,进一步折叠盘曲
成的。分子量较大的蛋白质在形成三级结构时,肽链中某些局

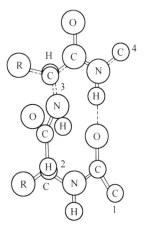

图 4-7   蛋白质分子中的
β-转角

部的二级结构汇集在一起,形成发挥生物学功能的特定区域称为结构域。这种结构域大多
呈"口袋""洞穴"或"裂缝"状,某些辅基就镶嵌在其中,或者是酶的活性中心、受
体分子的配体结合部位等,成为功能活性部位。稳定和维系三级结构的因素是侧链基团相
互作用的次级键,主要有氢键、范德华力、疏水键和离子键等非共价键的作用（其中以
疏水键最为重要）,二硫键（共价键）也起重要作用。

三级结构对于蛋白质分子形状、理化性质及其功能活性的形成起重要作用。仅含一条
多肽链的蛋白质只有形成三级结构才具有生物学功能,三级结构一旦破坏,生物学活性便

丧失。

4.2.3.4 蛋白质的四级结构

有些蛋白质分子是由两条或两条以上具有独立三级结构的多肽链，通过非共价键相互缔合而成，其形成的结构称为蛋白质的四级结构。其中，每一条具有三级结构的多肽链称为亚基或亚单位。蛋白质四级结构是指亚基间的空间排布及其相互作用，亚基之间无共价键，稳定因素是氢键、盐键、疏水键及范德华力。具有四级结构的蛋白质分子中，亚基的种类、数目和亚基间的缔合方式各有不同。如正常成人血红蛋白由 2 个 α-亚基和 2 个 β-亚基通过 8 对盐键连接组成，即为 $\alpha_2\beta_2$，任何一个亚基单独存在时均无生物学功能。不同的蛋白质有不同的构象，如图 4-8 所示。

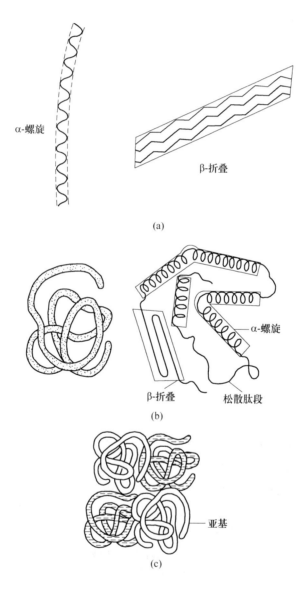

图 4-8 蛋白质分子的构象

（a）蛋白质二级结构；（b）蛋白质三级结构；（c）蛋白质四级结构

4.2.4 蛋白质结构与功能的关系

蛋白质的功能取决于一级结构为基础的蛋白质空间结构，蛋白质结构的改变，常引起功能的改变，即结构是功能的基础，功能是结构的体现。

4.2.4.1 蛋白质一级结构与功能的关系

蛋白质特定的构象和功能是由其一级结构所决定的。多肽链中氨基酸的排列顺序，决定了该肽链的折叠、盘曲方式，即决定了蛋白质的空间结构，进而显示特定的功能。一级结构主要从两个方面影响蛋白质的功能。一部分氨基酸残基直接参与构成蛋白质的功能活性区，它们的特殊侧链基团即为蛋白质的功能基团，这种氨基酸残基如被置换将影响该蛋白质的功能；另一部分氨基酸残基虽然不直接作为功能基团，但它们在蛋白质的构象中处于关键位置。一级结构不同的蛋白质，功能自然也不相同；另外，一级结构相似的蛋白质，其功能也相似。例如几种来源不同的蛋白酶，其一级结构各不相同，但它们的活性部位都含有以丝氨酸残基为中心的相似排列顺序，使其分子中这一局部的构象相似并显示出相似的催化肽键水解的活性。

蛋白质分子中起关键作用的氨基酸残基缺失或被替代，均会影响空间构象与功能，导致疾病的发生。例如正常人血红蛋白的 β 链第 6 位为谷氨酸残基，而镰刀状红细胞贫血症的血红蛋白 β 链的第 6 位是缬氨酸残基，两者虽只有一个氨基酸残基的差异，导致红细胞变形成为镰刀状极易破碎，产生贫血。

4.2.4.2 蛋白质空间结构与功能的关系

蛋白质的功能与其特定的空间结构密切相关，蛋白质构象是其功能的基础，构象发生变化，其功能也随之改变。如核糖核酸酶变性时，其空间构象被破坏，尽管肽键未断，酶活性也丧失；而当酶的构象重新恢复，酶活性也恢复。

肌红蛋白（myoglobin，Mb）是哺乳动物肌肉中储存氧气的蛋白质，由一条多肽链和一个血红素辅基构成，多肽链由 153 个氨基酸残基组成。Mb 含有 8 段 α-螺旋结构，整条多肽链折叠成十分致密的球状结构，亲水基团位于分子表面，疏水基团位于分子内部，形成洞穴。血红素是铁卟啉化合物，可进入 Mb 分子的这个疏水洞穴内，血红素中 Fe^{2+} 有 6 个配位键，4 个与卟啉 N 结合，另外两个与卟啉面垂直，其中一个与多肽链 93 位组氨酸残基的 N 结合，另一个用于结合 O_2，血红素这一特殊结构决定了其 Fe^{2+} 能进行可逆的氧合作用。蛋白质为血红素提供的疏水洞穴，避免了 Fe^{2+} 的氧化而失去氧合功能，如图 4-9 所示。

现以 Hb 为例进一步说明蛋白质空间构象与功能之间的关系。Hb 由 2 个 α 亚基和 2 个 β 亚基组成，α 亚基含 141 个氨基酸残基，β 亚基含 146 个氨基酸残基。Hb 的 α 链和 β 链的二级及三级结构与 Mb 非常相似，其功能也类似，均可与 O_2 可逆结合，1 分子 Hb 能与 4 分子氧结合。由于 Hb 是一个四聚体，其整个四级结构要比 Mb 复杂得多，亚基之间通过 8 对盐键（见图 4-10）紧密结合而形成亲水的球状蛋白。

当 Hb 未与 O_2 结合时，分子处于空间结构紧密构象（T 构象），与 O_2 亲和力小。只要 Hb 分子中有一个亚基与 O_2 结合，就能影响 Hb 分子中其余亚基的空间结构状态，使之转变成疏松构象（R 构象），此时与 O_2 的亲和力变大，T 态转变成 R 态是逐个结合 O_2 而

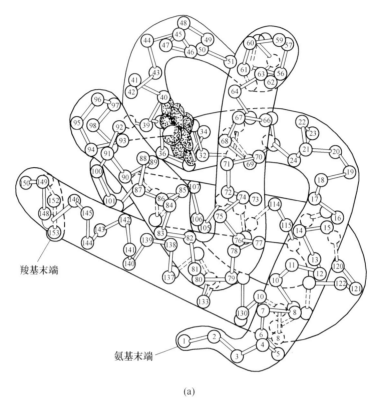

(a)

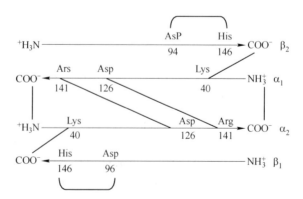

(b)

图 4-9　肌红蛋白中血红素与肽链的关系

（a）肌红蛋白；（b）结合氧示意图

图 4-10　脱氧血红蛋白亚基间和亚基内的离子键

完成的。Hb 分子中一个亚基与 O_2 结合后，促进其他亚基与 O_2 的亲和力增加，这种效应为正协同效应。Hb 的氧解离曲线为 S 形曲线，而 Mb 的氧解离曲线为直角双曲线，如图 4-11 所示。

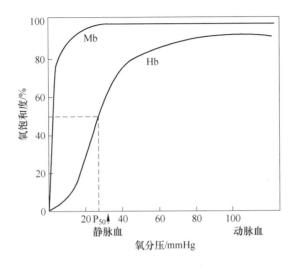

图 4-11　肌红蛋白（Mb）与血红蛋白（Hb）的氧解离曲线

（1mmHg = 133. 322Pa）

在生物体内，某些小分子物质在不同的生理过程中与蛋白质分子某一亚基或某一部位特异地结合时，引起该蛋白质的构象改变，从而导致其功能改变，这种通过蛋白质构象的改变而实现调节功能的作用称为变构效应。能引起蛋白质发生变构作用的物质称为变构剂。在 Hb 与 O_2 结合的过程中，小分子 O_2 作为变构剂可引发 Hb 变构，促进 Hb 与 O_2 的结合，这种特性对调节 Hb 运氧有重要作用。

4.3　蛋白质的理化性质

4.3.1　蛋白质的两性解离和等电点

蛋白质分子中可解离基团除肽链两端的游离氨基和羧基外，侧链上还有很多可解离的基团，如羧基、氨基、胍基和咪唑基等，在不同的 pH 条件下，可解离为正离子或负离子，故蛋白质是两性电解质。其解离状态如式（4-7）：

$$
\underset{\substack{\text{正离子}\\(\text{pH}<\text{pI})}}{P\!\!\begin{array}{c}\diagup NH_3^+\\[2pt]\diagdown COOH\end{array}}
\quad\underset{H^+}{\overset{OH^-}{\rightleftarrows}}\quad
\underset{\substack{\text{两性离子}\\(\text{pH}=\text{pI})}}{P\!\!\begin{array}{c}\diagup NH_3^+\\[2pt]\diagdown COO^-\end{array}}
\quad\underset{H^+}{\overset{OH^-}{\rightleftarrows}}\quad
\underset{\substack{\text{负离子}\\(\text{pH}>\text{pI})}}{P\!\!\begin{array}{c}\diagup NH_2\\[2pt]\diagdown COO^-\end{array}}
\tag{4-7}
$$

蛋白质在溶液中的带电状态主要取决于溶液的 pH 值。当蛋白质处于某一 pH 溶液时，蛋白质所带正负电荷数相等，净电荷等于零，蛋白质为兼性离子，此时溶液的 pH 称为该蛋白质的等电点（pI）。低于 pI 的 pH 环境，蛋白质带正电荷；高于 pI 的 pH 环境，蛋白质带负电荷。由于各种蛋白质中氨基酸的组成不同，所含可解离基团的数目及解离程度不同，故 pI 也各不相同。体内大多数蛋白质含酸性氨基酸较多，pI 偏低接近于 5，故在生理条件下（pH 7.4），它们多以负离子的形式存在。

蛋白质正、负离子在电场中分别向阴、阳两极移动，溶液中带电的颗粒在电场中向电性相反的电极移动的现象称为电泳。在同一 pH 溶液中，由于各种氨基酸所带电荷的性质和数量不同，蛋白质分子大小和形状不同，因此，它们在电场中的移动速度也有差别，利用此性质可对蛋白质进行分离和检测。

4.3.2 蛋白质的胶体性质

蛋白质的分子量一般在 1 万～10 万，分子量最大者可达数千万，球状蛋白质的颗粒大小已达到胶粒 1～100nm 范围，故蛋白质有胶体性质。

存在于溶液内的蛋白质大多能溶于水或稀盐溶液。蛋白质分子中的亲水基团多位于颗粒表面，与周围的水分子产生水合作用，在蛋白质分子周围形成一个较稳定的水化层。同时，蛋白质分子在一定 pH 溶液中带有相同电荷，同种电荷相互排斥，使蛋白质之间彼此不能相聚沉淀。因此，蛋白质分子表面的水化层和电荷成为维持蛋白质分子亲水胶体颗粒的两个稳定因素，当二者受到破坏时，蛋白质即可从溶液中沉淀出来，如图 4-12 所示。

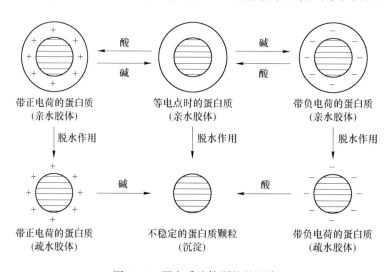

图 4-12　蛋白质胶体颗粒的沉淀

蛋白质分子量大，不能通过半透膜。利用半透膜来分离纯化蛋白质的方法称为透析。透析可使蛋白质与小分子物质分离而得以纯化或浓缩。

4.3.3 蛋白质的变性

在某些物理和化学因素的作用下，蛋白质分子的空间结构被破坏，导致蛋白质理化性质改变和生物学活性丧失，称为蛋白质变性（denaturation）。能够引起蛋白质变性的物理因素有加热、紫外线、电离辐射、超声波和剧烈振摇等。化学因素有强酸、强碱、有机溶剂、重金属盐类和生物碱试剂等。蛋白质变性时，构象发生变化而不涉及一级结构改变及肽键的断裂。蛋白质变性后，维持蛋白质空间结构的次级键被破坏，多肽链成为松散状态，非极性基团暴露于分子表面，其理化性质及生物学性质发生改变，如溶解度降低，黏度增加，结晶能力消失，生物活性丧失，易被蛋白酶水解等。

大多数蛋白质变性是不可逆的，但有些蛋白质变性程度较轻，除去变性剂，可使变性蛋白质恢复活性，称为蛋白质复性（renaturation）。如尿素和β-巯基乙醇可破坏核糖核酸酶的构象，使核糖核酸酶失活，但去除尿素和β-巯基乙醇后，酶活性又可恢复，如图 4-13 所示。

蛋白质变性作用具有实际意义，如可根据蛋白质变性的特点，防止蛋白质类激素、酶、抗体、疫苗等活性蛋白质在提取、制备、运输和保存过程中变性，以保持其生物学活性；也可利用变性的原理，使用乙醇浸洗、紫外线照射、加热、高压蒸气等方法使细菌、病毒以及其他对人体有害的蛋白质迅速变性，以达到消毒灭菌的目的。

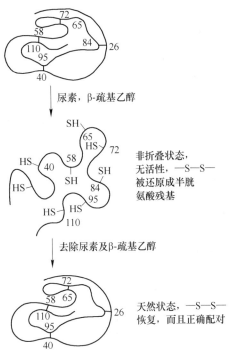

图 4-13 β-巯基乙醇及尿素对核糖核酸酶的作用

4.3.4 蛋白质的沉淀

蛋白质分子聚集而从溶液中析出的现象称为蛋白质沉淀。变性的蛋白质易于沉淀，但沉淀的蛋白质不一定变性。

蛋白质是亲水胶体，只要去除它的两个稳定因素——水化层和电荷，蛋白质即可沉淀，沉淀蛋白质的方法主要有：

（1）盐析法。蛋白质溶液中加入大量中性盐（如硫酸铵、硫酸钠、氯化钠等），破坏蛋白质的胶体性质而使蛋白质从水溶液中沉淀析出，称为盐析（salting out）。盐析法是分离纯化蛋白质的常用方法。如血浆中的清蛋白在饱和硫酸铵溶液中可沉淀，而球蛋白则在半饱和硫酸铵溶液中就可沉淀。由于各种蛋白质的溶解度和 pI 不同，故盐析时所需的 pH 和盐浓度也不相同。

（2）有机溶剂沉淀蛋白质。蛋白质溶液中加入一定量的极性有机溶剂（甲醇、乙醇或丙酮等）可分离沉淀蛋白质，有机溶剂对水的亲和力强于蛋白质分子，可脱去蛋白质胶粒上的水化层，使蛋白质沉淀。70% 乙醇用于消毒就是应用这一原理。蛋白质在 pI 时净电荷为零，沉淀效果更佳。在有机溶剂沉淀法中，如果控制在低温下操作并尽量缩短处理时间则可使变性速度减慢。

（3）重金属盐沉淀蛋白质。蛋白质在 pH 高于 pI 的溶液中带负电荷，可与重金属离子（如 Cu^{2+}、Hg^{2+}、Ag^+ 等）结合成不溶性的蛋白盐而沉淀，此法沉淀的蛋白质常是变性的。

临床上抢救误服汞或银化合物的病人，可给以大量蛋白质溶液灌胃，使生成不溶性的蛋白盐，然后催吐或洗胃使其排出。

（4）生物碱试剂沉淀蛋白质。苦味酸、钨酸、三氯乙酸等生物碱试剂能使蛋白质沉淀。蛋白质在 pH 低于 pI 的溶液中带正电荷，可与这些有机酸根结合成不溶性的蛋白盐沉淀。

临床检验中常用三氯乙酸沉淀血液中的蛋白质，以制备无蛋白血滤液。

（5）加热凝固蛋白质。加热可使蛋白质变性沉淀，导致蛋白质分子内的次级键排列发生混乱，使本来处于分子外部的亲水基团和分子内部的疏水基团混杂排列，分子的水溶性降低，蛋白质出现凝固沉淀。临床上常常利用加热使病原微生物的蛋白质变性沉淀，以达到消毒的目的。

4.3.5　蛋白质的呈色反应

蛋白质分子中的肽键及侧链上的各种特殊基团可以和有关试剂呈现一定的颜色反应，这些反应常被用于蛋白质的定性、定量分析。

（1）双缩脲反应。凡是含有两个或两个以上肽键的化合物在碱性溶液中都能与铜离子起反应生成紫色化合物，此为双缩脲反应。它是多肽和蛋白质所特有的反应，除用于蛋白质、多肽的定量测定外，由于氨基酸不呈现此反应，还可用于检查蛋白质水解程度。

（2）酚试剂反应。在碱性条件下，蛋白质分子中的酪氨酸和色氨酸可与酚试剂中的磷钼酸和磷钨酸起反应，生成蓝色的钼蓝和钨蓝化合物。蓝色的深浅与蛋白质的含量成正比。此法的灵敏度较高，可测定微克水平的蛋白质含量。

4.4　蛋白质的分类

自然界存在的蛋白质种类繁多、结构复杂、功能多样，分类方法也有多种。

4.4.1　按蛋白质的组成分类

根据蛋白质分子的组成，可将蛋白质分为单纯蛋白质和结合蛋白质。

（1）单纯蛋白质。蛋白质分子中只有氨基酸组分，称为单纯蛋白质。如清蛋白、拟球蛋白、谷蛋白、精蛋白、硬蛋白和组蛋白等都是单纯蛋白质。

（2）结合蛋白质。除氨基酸外，还含有其他成分的蛋白质称为结合蛋白质。结合蛋白质可根据辅基不同分类，主要有核蛋白、糖蛋白、脂蛋白、磷蛋白、色蛋白及金属蛋白等。

4.4.2　按蛋白质的形态分类

根据分子形态不同，可将蛋白质分为球状蛋白质和纤维状蛋白质两大类。

（1）球状蛋白质。球状蛋白质分子对称性好，分子长轴与短轴长度之比小于 10，外形接近球状或椭球状，溶解度较好。大多数功能蛋白质属于此类，如酶、免疫球蛋白等。

（2）纤维状蛋白质。纤维状蛋白质对称性差，分子长轴与短轴长度之比大于 10，一般不溶于水，多为结构蛋白。如毛发中的角蛋白，结缔组织中的胶原蛋白和弹性蛋白，蚕丝的丝心蛋白等。

【小　结】

　　蛋白质是生命的物质基础，是组成细胞和组织的重要成分，机体的各种生理功能大多是通过蛋白质来实现的。蛋白质的平均含氮量约为16%，基本组成单位是α-氨基酸。构成天然蛋白质分子的氨基酸有20种，将氨基酸按侧链的理化性质分类，可分为非极性侧链氨基酸、非电离极性侧链氨基酸、酸性侧链氨基酸和碱性侧链氨基酸等四类。氨基酸通过肽键连接而成的化合物称为肽，蛋白质是由一条或多条多肽链组成。

　　蛋白质的一级结构是指蛋白质多肽链中氨基酸残基的排列顺序。肽键是其主要的化学键，有的多肽链含有二硫键。一级结构是蛋白质分子的基本结构，决定蛋白质空间结构。蛋白质的二级结构是指蛋白质多肽链中主链原子的局部空间排列，不包括其侧链的构象。肽键的4个原子与相邻的两个α-碳原子组成肽单元，肽单元是二级结构的结构单位。蛋白质二级结构包括α-螺旋、β-折叠、β-转角和无规卷曲。二级结构的稳定因素是氢键。蛋白质三级结构指每一条多肽链内所有原子的空间排布，包括主链和侧链的全部构象。稳定三级结构的因素是侧链基团相互作用的次级键，主要有氢键、范德华力、疏水键和离子键等非共价键的作用，属于共价键的二硫键也起重要作用。有些蛋白质分子是由两条或两条以上具有独立三级结构的多肽链，通过非共价键相互缔合而成，这种结构称为蛋白质的四级结构。其中，每一条具有三级结构的多肽链称为亚基。四级结构的稳定因素是氢键、盐键、疏水键及范德华力。

　　蛋白质的功能取决于一级结构为基础的蛋白质空间构象。一级结构不同的蛋白质，功能不同；一级结构相似的蛋白质，其功能也相似。蛋白质的功能与其特定的空间构象密切相关。某些小分子物质在不同的生理过程中与蛋白质分子某一亚基或某一部位特异地结合时，引起该蛋白质的构象改变，从而导致其功能改变，这种作用称为变构作用，能引起蛋白质发生变构作用的物质称为变构剂。在Hb与O_2结合的过程中，小分子O_2作为变构剂可使Hb变构，有利于Hb与O_2结合，出现正协同效应，这种特性对调节Hb运氧有重要作用。

　　蛋白质属于两性电解质，当pH等于pI时，蛋白质呈兼性离子。体内大多数蛋白质在生理条件下以负离子的形式存在。蛋白质是高分子化合物，其分子表面的水化层和电荷是维持蛋白质分子亲水胶体颗粒的两个稳定因素。

　　在某些物理和化学因素的作用下，蛋白质分子的空间构象被破坏，导致蛋白质理化性质改变和生物学活性丧失，称为蛋白质变性。蛋白质变性时，空间构象发生变化而不涉及一级结构改变或肽键的断裂。某些蛋白质变性后，除去变性剂，可使变性蛋白质恢复活性，称为蛋白质复性。蛋白质分子聚集而从溶液中析出的现象称为蛋白质沉淀。沉淀蛋白质的方法主要有：盐析法、有机溶剂沉淀蛋白质、重金属盐沉淀蛋白质、生物碱试剂沉淀蛋白质和加热凝固使蛋白质变性沉淀。常用的蛋白质呈色反应有双缩脲反应和酚试剂反应。

【思考题】

4-1　什么是蛋白质的一级、二级、三级和四级结构，什么是亚基，维系各级结构的化学键是什么？

4-2　什么是肽单元，蛋白质二级结构包括哪些类型，简述α-螺旋和β-折叠的结构特点。

4-3　以血红蛋白为例，简述蛋白质一级结构和空间结构与功能的关系。

4-4 什么是蛋白质变性，引起蛋白质变性的因素有哪些，有何应用价值？

4-5 维持蛋白质胶体溶液的稳定因素是什么，常用的沉淀蛋白质方法有哪些？

【拓展训练】

单项选择题

（1）某一溶液中蛋白质的百分含量为 55%，此溶液的蛋白质氮的百分浓度
为（   ）。

    A. 8.8%   B. 8.0%   C. 8.4%   D. 9.2%

    E. 9.6%

（2）有一混合蛋白质溶液，各种蛋白质的 pI 分别为 4.6、5.0、5.3、6.7、7.3。电
泳时欲使其中 4 种泳向正极，缓冲液的 pH 应该是（   ）。

    A. 5.0   B. 4.0   C. 6.0   D. 7.0

    E. 8.0

（3）组成蛋白质分子的氨基酸（除甘氨酸外）为（   ）。

    A. L-β-氨基酸   B. D-β-氨基酸

    C. L-α-氨基酸   D. D-α-氨基酸

    E. L-α-氨基酸与 D-α-氨基酸

（4）下列蛋白质通过凝胶过滤层析柱时最先被洗脱的是（   ）。

    A. 血清清蛋白（分子量 68500）   B. 马肝过氧化物酶（分子量 247500）

    C. 肌红蛋白（分子量 16900）   D. 牛胰岛素（分子量 5700）

    E. 牛 β-乳球蛋白（分子量 35000）

（5）属于碱性氨基酸的是（   ）。

    A. 天冬氨酸   B. 异亮氨酸

    C. 半胱氨酸   D. 苯丙氨酸

    E. 组氨酸

（6）下列哪一物质不属于生物活性肽（   ）。

    A. 胰高血糖素   B. 短杆菌素 S

    C. 催产素   D. 胃泌素

    E. 血红素

（7）维系蛋白质二级结构稳定的化学键是（   ）。

    A. 盐键   B. 肽键   C. 氢键   D. 疏水作用

    E. 二硫键

（8）可以裂解肽链中蛋氨酸残基末端的试剂是（   ）。

    A. 羟胺   B. 溴化氰

    C. 胃蛋白酶   D. 中等强度的酸

    E. 胰蛋白酶

（9）下列有关蛋白质一级结构的叙述，错误的是（   ）。

    A. 多肽链中氨基酸的排列顺序

    B. 氨基酸分子间通过去水缩合形成肽链

C. 从 N-端至 C-端氨基酸残基排列顺序

D. 蛋白质一级结构并不包括各原子的空间位置

E. 通过肽键形成的多肽链中氨基酸排列顺序

（10）使蛋白质和酶分子显示巯基的氨基酸是（　　）。

A. 半胱氨酸　　B. 胱氨酸　　　　C. 蛋氨酸　　　D. 谷氨酸

E. 赖氨酸

【技能训练】

胰蛋白酶的提取、分离及纯化

〔实验目的〕

（1）学习胰蛋白酶的纯化及其结晶的基本方法。

（2）学习用紫外法测定酶活性，搞清酶活性与比活性的概念。

〔实验原理〕

胰蛋白酶是以无活性的酶原形式存在于动物胰脏中，在 Ca^{2+} 的存在下，被肠激酶或有活性的胰蛋白酶自身激活，从肽链 N 端赖氨酸和异亮氨酸残基之间的肽键断开，失去一段六肽，分子构象发生一定改变后转变为有活性的胰蛋白酶。

胰蛋白酶原的分子量约为24000，其等电点约为 pH8.9，胰蛋白酶的分子量与其酶原接近（23300），其等电点约为 pH 10.8，最适 pH 7.6～8.0，在 pH=3 时最稳定，低于此pH 时，胰蛋白酶易变性，在 pH>5 时易自溶。Ca^{2+} 离子对胰蛋白酶有稳定作用。

重金属离子，有机磷化合物和反应物都能抑制胰蛋白酶的活性，胰脏、卵清和豆类植物的种子中都存在着蛋白酶抑制剂。最近发现在一些植物的块基（如土豆、白薯、芋头等）中也存在有胰蛋白酶抑制剂。

胰蛋白酶能催化蛋白质的水解，对于由碱性氨基酸（精氨酸、赖氨酸）的羧基与其他氨基酸的氨基所形成的键具有高度的专一性。此外还能催化由碱性氨基酸和羧基形成的酰胺键或酯键，其高度专一性仍表现为对碱性氨基酸一端的选择。胰蛋白酶对这些键的敏感性次序为：酯键>酰胺键>肽键。因此可利用含有这些键的酰胺或酯类化合物作为底物来测定胰蛋白酶的活力。目前常用苯甲酰-L-精氨酸-对硝基苯胺（简称 BAPA）和苯甲酰-L-精氨酸-β-萘酰胺（简称 BANA）测定酰胺酶活力。用苯甲酰-L-精氨酸乙酯（简称BAEE）和对甲苯磺酰-L-精氨酸甲酯（简称 TAME）测定酯酶活力。本实验以 BAEE 为底物，用紫外吸收法测定胰蛋白酶活力。酶活力单位的规定常因底物及测定方法而异。

从动物胰脏中提取胰蛋白酶时，一般是用稀酸溶液将胰腺细胞中含有的酶原提取出来，然后再根据等电点沉淀的原理，调节 pH 以沉淀除去大量的酸性杂蛋白以及非蛋白杂质，再以硫酸铵分级盐析将胰蛋白酶原等沉淀析出。经溶解后，以极少量活性胰蛋白酶激活，使其酶原转变为有活性的胰蛋白酶（糜蛋白酶和弹性蛋白酶同时也被激活），被激活的酶溶液再以盐析分级的方法除去糜蛋白酶及弹性蛋白酶等组分。收集含胰蛋白酶的级分，并用结晶法进一步分离纯化。一般经过 2～3 次结晶后，可获得相当纯的胰蛋白酶，其比活力可达到 8000～10000BAEE 单位/毫克蛋白，或更高。

如需制备更纯的制剂，可用上述酶溶液通过亲和层析方法纯化。

〔试剂与器材〕

（1）试剂。pH 4～4.5 乙酸酸化水；2.5mol/L H_2SO_4；5mol/L NaOH；硫酸铵；氯化钙；2mol/L NaOH；0.8mol/L，pH9.0 硼酸缓冲液（取 20mL 0.8mol/L 硼酸溶液，加80mL 0.2mol/L 四硼酸钠溶液，混合后，用 pH 计检查校正）；

0.4mol/L pH9.0 硼酸缓冲液（用前一个 0.8mol/L，pH9.0 硼酸缓冲液稀释 1 倍即可）；

0.2mol/L pH8.0 硼酸缓冲液（取 70mL 0.2mol/L 硼酸溶液，加 30mL 0.5mol/L 四硼酸钠溶液，混合后，用 pH 计校正）；2mol/L HCl；0.01mol/L HCl；BAEE – 0.15mol/L pH8.0Tris – HCl 缓冲液（每 mL Tris 缓冲液含 0.11mg BAEE 和 2.22mg 的氯化钙）；新鲜或冰冻猪胰脏。

（2）器材。食品加工机和高速分散器，研钵，大玻璃漏斗，小塑料桶，布氏漏斗，抽滤瓶，纱布，恒温水浴，紫外分光光度计，秒表，pH 试纸或酸度计。

〔操作步骤〕

（1）猪胰蛋白酶结晶。

1）猪胰脏 1.0kg（新鲜的或杀后立即冷藏的），除去脂肪和结缔组织后，绞碎，加入 2 倍体积预冷的乙酸酸化水（pH4.0～4.5）于 10～15℃搅拌提取 24h。

2）搅拌得到的组织糜用四层纱布过滤得乳白色滤液，用 2.5mol/L H_2SO_4 调 pH 至 2.5～3.0，放置 3～4h。

3）用折叠滤纸过滤得黄色透明滤液（约 1.5L），加入固体硫酸铵（预先研细），使溶液达 0.75 饱和度（每升滤液加 492g）放置过夜。

4）样品抽滤（挤压干），滤饼分次加入 10 倍体积（按饼重计）冷的蒸馏水，使滤饼溶解，得胰蛋白酶原溶液。

5）胰蛋白酶原溶液取样 0.5mL 后进行活化：慢慢加入研细的固体无水氯化钙（滤饼中硫酸铵的含量按饼重的 1/4 计）使 Ca^{2+} 与 SO_4^{2-} 结合后，溶液中仍含有 0.1mol/L $CaCl_2$，边加边搅拌，用 5mol/L NaOH 调 pH 至 8.0。

6）加入极少量猪胰蛋白酶轻轻搅拌，于室温下活化 8～10h，（2～3h 取样一次，并用 0.001mol/L HCl 稀释），测定酶活性增加的情况。

7）活化完成（比活约 3500～4000BAEE 单位）后，用 2.5mol/L H_2SO_4 调 pH 至 2.5～3.0，抽滤除去 $CaSO_4$ 沉淀，弃去滤饼，滤液取样测定胰蛋白酶活性及蛋白质含量，按242g/L 加入细粉状固体硫酸铵，使溶液达到 0.4 饱和度，放置数小时。

8）抽滤，弃去滤饼，滤液按 250g/L 加入研细的硫酸铵，使溶液饱和度达到 0.75，放置数小时。

9）再次抽滤，弃去滤液，滤饼（粗胰蛋白酶）溶解后进行结晶：按每克滤饼溶于 1.0mL pH9.0 的 0.4mol/L 硼酸缓冲液的量计加入缓冲液，小心搅拌溶解。

10）取样，用 2mol/L NaOH 调 pH 至 8.0，注意要小心调节，偏酸不易结晶，偏碱易失活，存放于冰箱。

11）放置数小时后，应出现大量絮状物，溶液逐渐变稠呈胶态，再加入总体积的 1/4～1/5 的 pH8.0 的 0.2mol/L 硼酸缓冲液，使胶态分散，必要时加入少许胰蛋白酶晶体。

12）放置 2~5 天可得到大量胰蛋白酶结晶，每天观察，核对 pH 是否为 8.0 并及时调整。

13）用显微镜观察，待结晶析出完全时，抽滤，母液回收，一次结晶的胰蛋白酶产物再进行重结晶：用约 1 倍的 0.025mol/L HCl，使上述结晶分散，加入约 1.0~1.5 倍体积的 pH9.0 的 0.8mol/L 硼酸缓冲液，至结晶酶全部溶解。

14）取样后，用 2mol/L NaOH 调溶液 pH 至 8.0（准确）（体积过大，很难结晶），冰箱放置 1~2 天，可将大量结晶抽滤得第二次结晶产物（母液回收），冰冻干燥后得重结晶的猪胰蛋白酶。

（2）胰蛋白酶活性的测定。

1）紫外法测定酶溶液的蛋白质含量。在 280nm 测得蛋白质溶液的吸光度，除以该蛋白质的比消光系数，即可算出该蛋白质溶液的浓度（mg/mL）。

少量氯化钠、硫酸铵、磷酸盐、硼酸盐和 Tris 等无明显干扰作用。紫外法操作简便、快速，适合于制备过程中进行监测。

测定时将待测酶液用 0.001mol/L HCl 稀释至适当浓度，以 0.001mol/L HCl 做对照。

猪胰蛋白酶在 280nm 的比消光系数为：$E_{1cm}^{1\%} = 13.5$，所以当其浓度为 1mg/mL 时，消光系数应为 1.35。

胰蛋白酶的蛋白含量（mg/mL）= A_{280} × 稀释倍数/1.35。

2）胰蛋白酶活力的测定（BAEE 法）。

〔注意事项〕

（1）胰脏必须是刚屠宰的新鲜组织或立即低温存放的，否则可能因组织自溶而导致实验失败。

（2）在室温 14~20℃条件下 8~12h 可激活完全，激活时间过长，因酶本身自溶而会使比活降低，比活性达到"3000~4000BAEE 单位/mg 蛋白"时即可停止激活。

（3）要想获得胰蛋白酶结晶，在进行结晶时应十分细心地按规定条件操作，切勿粗心大意，前几步的分离纯化效果愈好，则培养结晶也较容易，因此每一步操作都要严格。酶蛋白溶液过稀难形成结晶，过浓则易形成无定形沉淀析出，因此，必须恰到好处，一般来说待结晶的溶液开始时应略呈微浑浊状态。

（4）过酸或过碱都会影响结晶的形成及酶活力变化，必须严格控制 pH。

（5）第一次结晶时，3~5 天后仍然无结晶，应检查 pH，必要时调整 pH 或接种，促使结晶形成。重结晶时间要短些。

5　核酸的结构与功能

【学习目标】

☆ 掌握核酸的基本组成单位——核苷酸。

☆ 掌握核苷酸的组成成分。

☆ 掌握核苷酸的五种碱基。

☆ 掌握两类核酸（DNA 与 RNA）分子组成异同。

☆ 掌握体内重要的环化核苷酸。

☆ 掌握单核苷酸之间的连接方式；核酸一级结构的概念。

☆ 掌握 DNA 二级结构要点及碱基配对规律。

☆ 掌握 mRNA、rRNA、tRNA 的功能与中文名称。

☆ 掌握 DNA 变性（热变性）、复性及分子杂交的概念。

☆ 熟悉核苷酸的化学结构、中文名称及相应的缩写符号。

☆ 熟悉 tRNA 的二级结构及三级结构。

☆ 熟悉核酸的理化性质。

☆ 了解 DNA 的超螺旋结构。

☆ 了解核酶。

【引导案例】

1953 年 4 月 25 日，克里克和沃森在英国杂志《自然》上公开了他们的 DNA 模型。经过在剑桥大学的深入学习后，两人将 DNA 的结构描述为双螺旋，在双螺旋的两部分之间，由四种化学物质组成的碱基对扁平环连接着。他们谦逊地暗示说，遗传物质可能就是通过它来复制的。这一设想的意味是令人震惊的：DNA 恰恰就是传承生命的遗传模板。

核酸（nucleic acid）是以核苷酸为基本组成单位的生物大分子。核酸是各种生物体的重要组成成分，它决定着蛋白质的结构和功能，从而决定着一切生物的性状。核酸可分为两大类：含有脱氧核糖的脱氧核糖核酸（deoxyribonucleic acid，DNA）和含有核糖的核糖核酸（ribonucleic acid，RNA）。真核细胞中，绝大部分 DNA 与蛋白质结合形成染色质存在于细胞核中，其余的分布在线粒体中，DNA 是遗传信息储存和携带者。RNA 主要存在于细胞质中，少量存在于细胞核和线粒体内，主要参与遗传信息的表达。在 RNA 病毒中，RNA 也可作为遗传信息的载体。

5.1　核酸的分子组成及一级结构

核酸分子的元素组成为 C、H、O、N、P 等。各种核酸 P 含量较恒定，平均为 9% ~ 10%，且磷主要存在于核酸样品中，故可通过测定 P 的含量来计算生物组织中核酸的含量。

核酸在核酸酶的作用下水解为核苷酸，核苷酸彻底水解可生成等摩尔量的磷酸、戊糖及碱基三种基本成分。

$$核酸 \rightarrow 核苷酸 \rightarrow \begin{cases} 磷酸 \\ 核苷 \begin{cases} 戊糖 \\ 碱基 \end{cases} \end{cases}$$

5.1.1 碱基

核酸分子中的碱基是含氮的杂环化合物，分为嘌呤和嘧啶两类。常见的嘌呤包括腺嘌呤（adenine，A）与鸟嘌呤（guanine，G）；常见的嘧啶包括胞嘧啶（cytosine，C）、胸腺嘧啶（thymine，T）和尿嘧啶（uracil，U），如图 5-1 所示。构成 DNA 的碱基有 A、G、C、T；而构成 RNA 的碱基有 A、G、C、U。

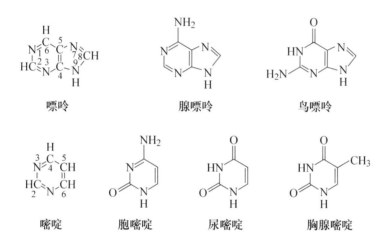

嘌呤　　　　　　腺嘌呤　　　　　　鸟嘌呤

嘧啶　　　胞嘧啶　　　尿嘧啶　　　胸腺嘧啶

图 5-1　核酸中主要含氮碱基的结构

5.1.2 戊糖

为了与含氮碱基分子中碳原子相区别，戊糖中碳原子以 C-1′，C-2′，…，C-5′表示。核酸中的戊糖可分为两种：核糖（ribose）和脱氧核糖（deoxyribose），均为 β-D 型。RNA中含有 β-D-核糖，DNA 中含有 β-D-2′脱氧核糖，如图 5-2 所示。

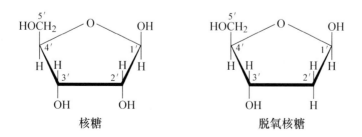

核糖　　　　　　　　　　脱氧核糖

图 5-2　戊糖的结构

5.1.3　核苷

核苷（nucleoside）是由戊糖与碱基之间通过糖苷键连接而成。糖苷键是由戊糖的第 1 位碳原子上的羟基与嘌呤环的第 9 位氮原子上的氢或嘧啶环上第 1 位氮原子上的氢脱水缩合而成。核糖与碱基生成的核苷有腺苷、鸟苷、胞苷、尿苷。脱氧核糖与碱基生成的脱氧核苷有脱氧腺苷、脱氧鸟苷、脱氧胞苷、脱氧胸苷。核苷结构如图 5-3 所示。

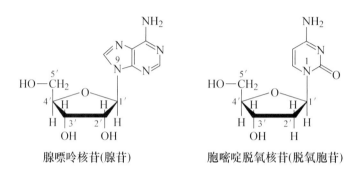

腺嘌呤核苷(腺苷)　　　　胞嘧啶脱氧核苷(脱氧胞苷)

图 5-3　核苷及脱氧核苷的化学结构式

5.1.4　核苷酸

核苷酸（nucleotide）是由磷酸与核苷中戊糖上的羟基脱水缩合以酯键连接构成。核糖的 2′、3′、5′ 位碳原子上的羟基均可与磷酸脱水缩合以酯键相连生成核糖核苷酸，分别为 2′-核糖核苷酸、3′-核糖核苷酸和 5′-核糖核苷酸。而脱氧核糖的 3′ 与 5′ 位碳原子上羟基可与磷酸脱水缩合以酯键相连生成脱氧核苷酸，分别为 3′-脱氧核苷酸和 5′-脱氧核苷酸。生物体内多为 5′-核苷酸。各种核苷酸的命名以其中的碱基和戊糖种类而定，如腺苷的磷酸酯称为腺苷酸，又称一磷酸腺苷（adenosine monophosphate，AMP）或腺苷一磷酸。脱氧胸苷的磷酸酯称为脱氧胸苷酸，又称一磷酸脱氧胸苷（deoxythymidine monophosphate，dTMP）或脱氧胸苷一磷酸。

核苷酸是核酸的基本组成单位，RNA 由核糖核苷酸组成，DNA 由脱氧核糖核苷酸组成。各种核苷酸的结构式如图 5-4 所示。

核苷酸的 5′-磷酸基可再磷酸化，生成多磷酸核苷。含有 1 个磷酸基团的称为核苷一磷酸（nucleoside monophosphate，NMP）；有 2 个磷酸基团的称为核苷二磷酸（nucleoside diphosphate，NDP）；有 3 个磷酸基团的称为核苷三磷酸（nucleoside triphosphate，NTP）。NTP 在多种物质的合成中起活化或供能的作用（详见代谢各章）。其中，ATP 在细胞的能量代谢中起重要作用。

ATP 和 GTP 可分别生成环腺苷酸（cAMP）和环鸟苷酸（cGMP），它们作为激素的第二信使，参与细胞内物质代谢和基因表达调控的过程，在跨膜细胞信号传递中起重要作用。多磷酸核苷及环化核苷酸的结构如图 5-5 所示。

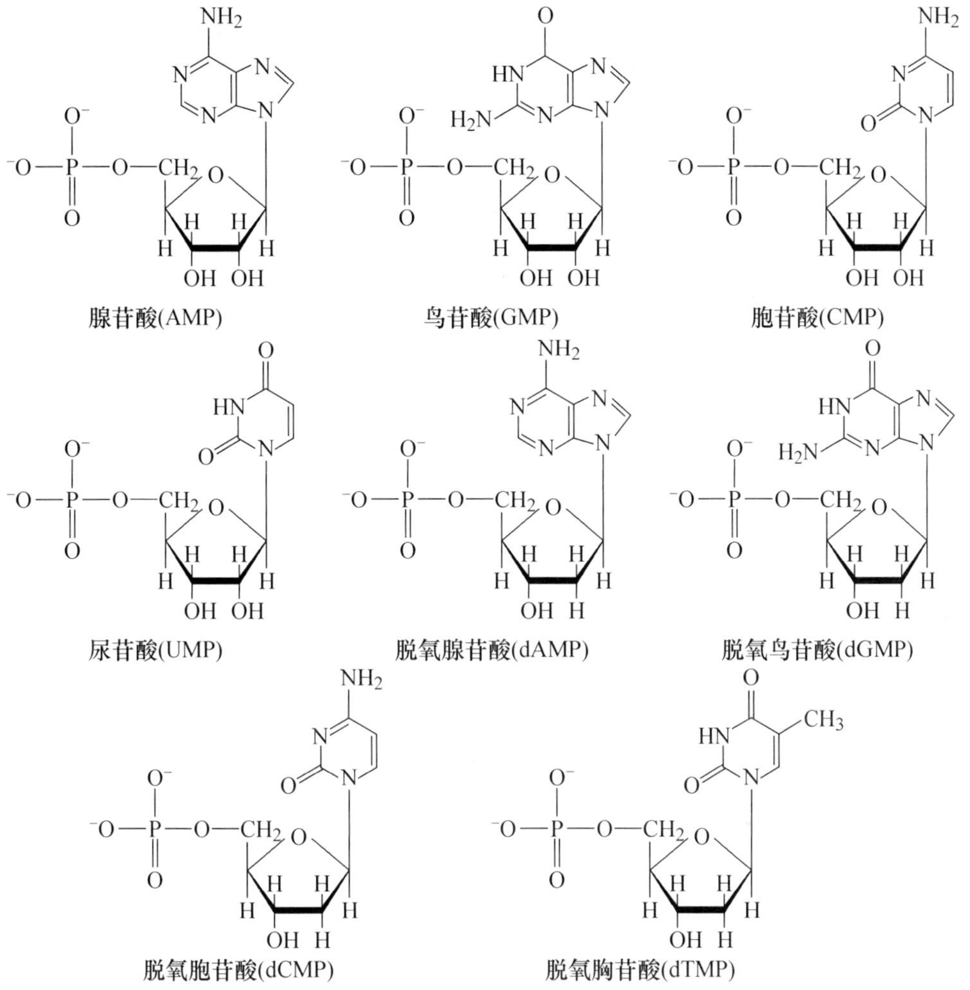

图 5-4 核苷酸的结构

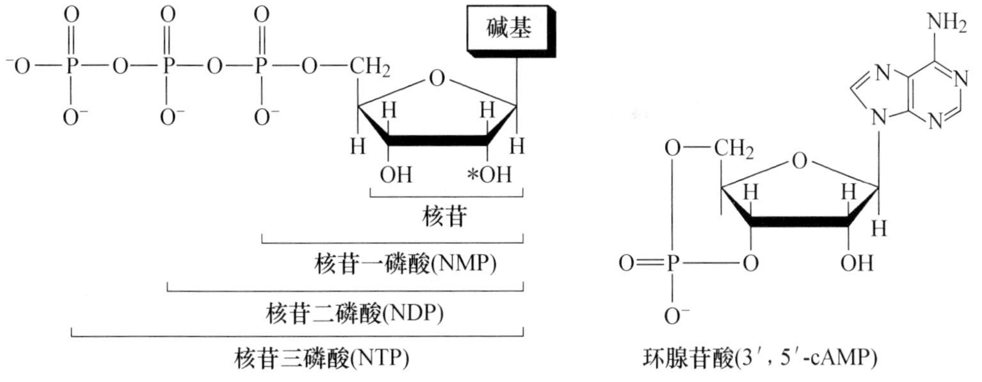

图 5-5 多磷酸核苷及环化核苷酸的结构

构成核酸的碱基、核苷以及核苷酸的名称及代号见表5-1。

表5-1　构成核酸的碱基、核苷与相应核苷酸的名称及代号

	含氮碱	核苷（Nucleoside）		核苷酸（Nucleotide）
RNA	腺嘌呤（A, adenine）	核糖核苷	腺苷（adenosine）	5′-核苷酸（NMP）	腺苷酸（AMP）
	鸟嘌呤（G, guanine）		鸟苷（guanoside）		鸟苷酸（GMP）
	胞嘧啶（C, cytosine）		胞苷（cytidine）		胞苷酸（CMP）
	尿嘧啶（U, uracil）		尿苷（uridine）		尿苷酸（UMP）
DNA	腺嘌呤（A, adenine）	脱氧核苷	脱氧腺苷（deoxyadenosine）	5′-脱氧核苷酸（dNMP）	脱氧腺苷酸（dAMP）
	鸟嘌呤（G, guanine）		脱氧鸟苷（deoxyguanosine）		脱氧鸟苷酸（dGMP）
	胞嘧啶（C, cytosine）		脱氧胞苷（deoxycytidine）		脱氧胞苷酸（dCMP）
	胸腺嘧啶（T, thymine）		脱氧胸苷（deoxythymidine）		脱氧胸苷酸（dTMP）

5.1.5　核酸的一级结构

核酸是由许多核苷酸通过磷酸二酯键连接而成的生物大分子。核酸的一级结构是指 DNA 或 RNA 分子中核苷酸排列顺序。由于核苷酸彼此之间的差别主要是碱基不同，因此核酸的一级结构又指其碱基排列顺序。由于生物遗传信息储存于 DNA 的碱基序列中，因而各种生物的 DNA 一级结构的分析对阐明 DNA 的结构和功能具有根本性意义。

核苷酸的连接具有严格的方向性，由前一位核苷酸的 3′-OH 与下一位核苷酸的 5′-磷酸基之间形成 3′,5′-磷酸二酯键，从而构成线性核苷酸链，如图5-6（a）所示。核苷酸链

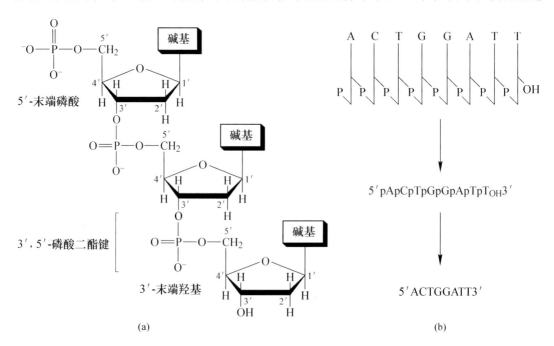

图 5-6　核酸一级结构及其书写方法

的两个末端分别称为 5′末端（含有游离磷酸基）和 3′末端（含有游离羟基）。DNA 的书写方式可有多种，从繁到简如图 5-6（b）所示。DNA 和 RNA 的书写规则应从 5′-末端到 3′-末端，即按 5′→3′方向书写。

核酸分子的大小常用碱基（base）数目或碱基对（base pair，bp）数目表示。

5.2　DNA 的空间结构与功能

DNA 是由许多脱氧单核苷酸组成的线形双螺旋大分子，主要存在于细胞核的染色体内。各种生物的遗传信息均蕴藏于它们的碱基顺序中。DNA 分子的所有原子在三维空间所具有的相对位置关系为 DNA 的空间结构，空间结构又分为二级结构和高级结构。

5.2.1　DNA 的二级结构——双螺旋结构模型

5.2.1.1　DNA 的碱基组成规律

1952 年，美国化学家 Erwin Chargaff 等研究了不同生物的 DNA 分子组成之后，发现一些共同规律，其要点如下：（1）所有 DNA 分子中，腺嘌呤和胸腺嘧啶的摩尔数相等(A = T)，鸟嘌呤和胞嘧啶的摩尔数相等（G = C），嘌呤碱总量与嘧啶碱总量相等（A + G = T + C）；（2）DNA 的碱基组成具有种属特异性，即不同生物种属的 DNA 碱基组成不同；（3）DNA 的碱基组成无组织或器官特异性，即同一个体不同器官、不同组织的 DNA 具有相同的碱基组成；（4）生物体内的碱基组成一般不受年龄、营养状况、生长状况和环境等条件的影响。DNA 碱基组成的这些规律称为 Chargaff 规律。这个规律对讨论 DNA 分子的空间结构提供了理论基础。

5.2.1.2　DNA 的二级结构

Watson 和 Crick 在总结前人研究成果的基础上，于 1953 年提出了关于 DNA 分子二级结构的"双螺旋结构模型"（见图 5-7），并在 1953 年将该模型发表在《自然》杂志上，这一发现揭示了遗传信息是如何储存在 DNA 分子中，又是如何得以传递和表达的，由此揭开了现代分子生物学发展的序幕，对生物学和遗传学的发展做出了巨大贡献。"双螺旋结构模型"要点如下：

（1）DNA 分子是反向平行互补的双链结构。DNA 分子是由两条方向相反的多聚脱氧核苷酸链平行围绕同一中心轴形成的右手双螺旋结构，一条链的方向为 5′→3′，另一条链的方向为 3′→5′；双螺旋表面有大沟和小沟；磷酸和脱氧核糖由磷酸二酯键连接而形成的糖-磷酸骨架位于螺旋的外侧，各碱基位于螺旋的内侧。DNA 双螺旋结构的直径为 2.0nm，每一个螺旋有 10 个碱基对，每两个碱基对之间的相对旋转角度为 36°。螺距为 3.4nm，每两个相邻的碱基对平面之间的垂直距离为 0.34nm。

（2）DNA 双链之间形成互补碱基对。两条多聚脱氧核苷酸链通过碱基间的氢键连接，一条链中的腺嘌呤与另一条链中的胸腺嘧啶配对（A-T，其间可形成两个氢键），鸟嘌呤与胞嘧啶配对（G-C，其间有三个氢键），这种碱基间的氢键连接配对原则，称为碱基互补配对原则。

（3）DNA 双螺旋结构稳定的因素。维持 DNA 双螺旋结构稳定性的因素是上下层碱基对之间的疏水堆积力和链间互补碱基之间的氢键，尤以碱基堆积力为主。

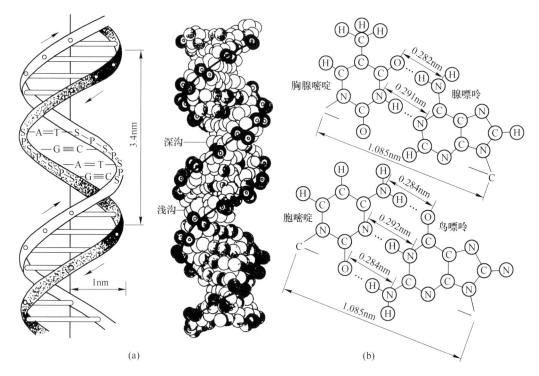

图 5-7   DNA 的双螺旋结构模型及碱基互补规则示意图

（a）双螺旋结构；（b）互补规则

 科学典故

J. Watson 和 F. Crick

J. Watson 1950 年赴英国从事博士后研究。1951 年他第一次看到了由 R. Franklin 和 M. Wilkins 拍摄的 DNA 的 X 线衍射图像后，激发了研究核酸结构的兴趣。而后他在剑桥大学的卡文迪许实验室结识了 F. Crick。两人为揭示 DNA 空间结构的奥秘开始合作。当时 F. Crick 正在攻读博士学位，其课题是利用 X 线衍射研究蛋白质分子的结构。根据 R. Franklin 和 M. Wilkins 的高质量的 DNA 的 X 线衍射图像和前人的研究成果，他们于 1953 年提出了 DNA 双螺旋结构的模型。J. Watson、F. Crick 和 M. Wilkins 因而分享了 1962 年的 Nobel 生理学/医学奖，此前 R. Franklin 已不幸英年早逝。

5.2.2   DNA 的超螺旋结构及其在染色质中的组装

天然存在的 DNA 是生物大分子，长度十分可观。因此，DNA 在形成双螺旋结构的基础上，在细胞内还要进一步的盘旋、折叠和压缩，才能容纳于细胞核内。

5.2.2.1   DNA 的超螺旋结构

在二级结构的基础上 DNA 双螺旋进一步扭曲或盘曲形成超螺旋结构。

绝大部分原核生物的 DNA 都是共价封闭的环状双螺旋分子，在细胞内进一步盘绕，并形成类核结构，以保证其以较致密的形式存在于细胞内，如图 5-8 所示。

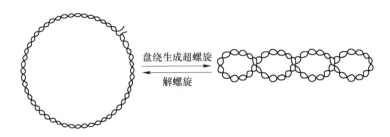

图 5-8   DNA 的超螺旋结构

5.2.2.2   DNA 在染色质中的组装

真核细胞染色质 DNA 是很长的线形双螺旋，DNA 缠绕在组蛋白的八聚体上形成核小体，核小体是染色质的基本组成单位。完整的核小体由两部分组成，即核心颗粒和连接区。核心颗粒是由组蛋白 H2A、H2B、H3 和 H4 各两分子组成的八聚体，150bp 长的 DNA 双链缠绕组蛋白八聚体 1.75 圈形成核小体的核心颗粒。连接区是由组蛋白 H1 和大约 60bp DNA 双链相连接所构成。由核心颗粒和连接区构成的核小体彼此连成串珠状染色质细丝。

染色质细丝进一步螺旋化形成中空的线圈状螺线管，即染色质纤维。螺线管的每圈由 6 个核小体组成，染色质纤维进一步卷曲，折叠形成染色单体。染色单体是由一条连续的 DNA 分子的长链，经过多层次盘旋、折叠而形成的。核小体结构及染色质纤维如图 5-9 所示。

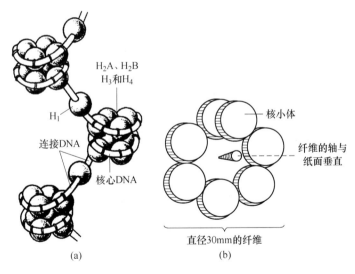

图 5-9   核小体及由其组成的染色质纤维的横切面
（a）核小体；（b）横切面

5.2.3   DNA 的功能

DNA 的基本功能就是作为生物遗传信息复制和基因转录的模板，它是生命遗传繁殖的物质基础，也是个体生命活动的基础。DNA 利用四种碱基的不同排列对生物体的所有遗传信息进行编码，经过复制遗传给子代，并通过转录和翻译确保生命活动中所需的各种 RNA 和蛋白质在细胞内有序合成。DNA 的功能是以基因的形式体现的，基因（gene）是指 DNA 分子中的特定区段，其中的核苷酸排列顺序决定了基因的功能。

一个生物体的全部基因序列称为基因组（genome）。一般来讲，进化程度越高的生物体，其基因组越大越复杂。最简单的生物如 SV40 病毒的基因组仅含有 5100bp，人的基因组则由大约 3.0×10^9 bp 组成，使可编码的信息量大大增加。

5.3　RNA 的结构与功能

RNA 分子一般比 DNA 小得多，由数十个至数千个核苷酸组成。RNA 通常是以单链形式存在，但 RNA 的多核苷酸链可以回折，在碱基互补区（A 与 U 配对，C 与 G 配对）也可形成局部短的双螺旋结构。而非互补区则膨出成环。局部双螺旋区域和环形成发夹结构，即 RNA 的二级结构。在二级结构的基础上，RNA 分子进一步卷曲折叠而形成三级结构。

RNA 在细胞核中合成，主要分布在胞浆中。它的主要作用是在 DNA 的遗传信息表达为蛋白质的氨基酸序列过程中发挥作用。根据结构和功能的不同，RNA 可分为三大类：信使核糖核酸（messenger RNA，mRNA）；转运核糖核酸（transfer RNA，tRNA）；核糖体核糖核酸（ribosomal RNA，rRNA）。

5.3.1　mRNA

mRNA 可把核内 DNA 的碱基序列，按照碱基互补的原则，转录并转送至细胞质，作为指导蛋白质合成的模板，它相当于传递遗传信息的信使。mRNA 含量最少，约占 RNA 总量的 3%，但作为不同蛋白质合成模板的 mRNA，种类却最多，其一级结构差异很大，这主要是由其转录的模板 DNA 的碱基序列和区段大小所决定的。

真核细胞的成熟 mRNA 是由其前体核不均一 RNA（hnRNA）加工而成的，真核细胞的 mRNA 在一级结构上还有不同于原核细胞的特点：

（1）真核生物的 mRNA 生成后，在细胞核内还要在 5′末端加上一个"帽子"结构。加帽过程就是在 mRNA 的 5′-末端加上一个甲基化的鸟嘌呤（即 m^7G）核苷，同时在原始转录产物的第一、二个核苷酸的 C2′-羟基上也进行甲基化，如图 5-10 所示。"帽子"结构在 mRNA 作为模板翻译成蛋白质的过程中具有促进 mRNA 与核糖体结合、加速翻译起始

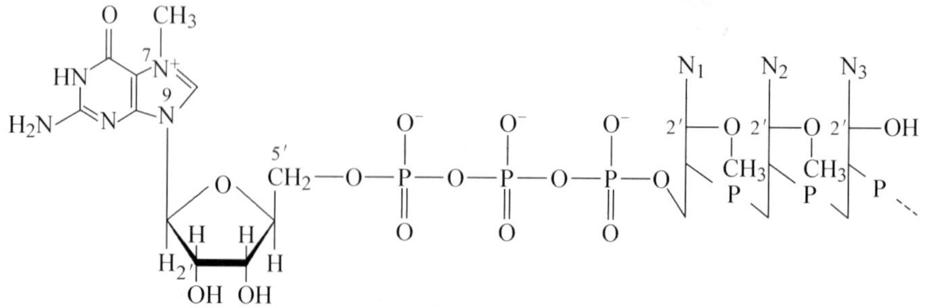

图 5-10　真核 mRNA 5′-末端的"帽子"结构

速度的作用，同时也可以增强 mRNA 的稳定性。

（2）真核生物的 mRNA 3′-末端有一段长度为 80~250 个碱基的多聚腺苷酸（多聚 A，polyA）尾巴。这个 polyA 不是从 DNA 转录而来的，而是转录后添加上去的。随着真核生物的 mRNA 存在时间的延长，polyA 尾巴慢慢变短。因此目前认为 polyA 的功能可能与 mRNA 从核内向胞质的转位及 mRNA 的稳定性有关。原核细胞的 mRNA 未发现有这种特殊的首、尾结构。

5.3.2 tRNA

tRNA 是细胞内分子量最小的 RNA，约占细胞总 RNA 的 15% 左右。主要功能是选择性的把氨基酸转运到核糖体上，参与蛋白质的合成过程。任何细胞内至少有 50 余种不同的 tRNA，每种 tRNA 可转运某一特定的氨基酸。

5.3.2.1 tRNA 一级结构的特点

各种生物中 tRNA 的一级结构具有以下共同特点：（1）核苷酸都在 60~120 之间；（2）含有较多的稀有碱基，一般每分子含 7~15 个稀有碱基，多数是 A、U、C、G 的甲基化衍生物，以及二氢尿嘧啶（DHU）、次黄嘌呤（I）等，还有稀有核苷如假尿嘧啶核苷（ψ）、胸嘧啶核糖核苷等，常见稀有碱基或核苷的结构如图 5-11 所示；（3）分子的 5′末端多为 pG，而 3′末端都是-CCA。

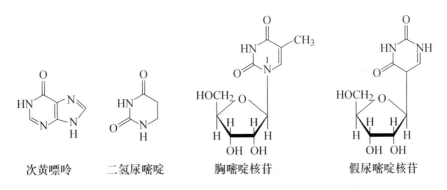

次黄嘌呤　　　二氢尿嘧啶　　　胸嘧啶核苷　　　假尿嘧啶核苷

图 5-11　一些稀有碱基和稀有核苷的结构式

5.3.2.2 tRNA 二级结构的特点

所有 tRNA 分子的二级结构都有 4 个螺旋区、3 个环及 1 个额外环，呈三叶草形，如图 5-12（a）所示。其中各部分结构都和它的功能密切相关，能携带氨基酸的是氨基酸臂，在多肽链合成时，已被激活的氨基酸即连接在此氨基酸臂 3′末端 CCA 的-OH 上。反密码环由 7 个核苷酸组成，其环中部的 3 个核苷酸组成反密码子，不同的 tRNA，其反密码子不同，它可与 mRNA 上密码子的碱基反向互补结合，在蛋白质合成中识别遗传密码，次黄嘌呤核苷酸常出现在反密码环中。

5.3.2.3 tRNA 三级结构的特点

所有 tRNA 分子都有明确的、相似的三级结构。tRNA 分子的三级结构均呈倒 "L" 字母形，其中 3′-末端含-CCA-OH 的氨基酸臂位于一端，另一端为反密码环，如图 5-12（b）所示。

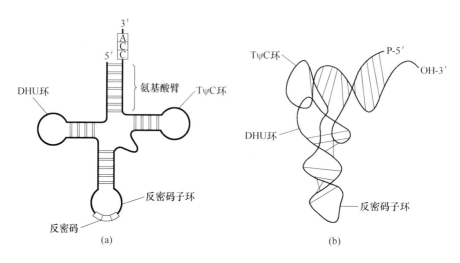

图 5-12 tRNA 二级结构三叶草模型和三级结构

5.3.3 rRNA

rRNA 是细胞中含量最多的一类 RNA，约占细胞总 RNA 的 80% 以上。rRNA 的主要功能是与多种蛋白质结合成核蛋白体，又称核糖体。核蛋白体在细胞质中参与蛋白质合成，起着"装配机"的作用。

核蛋白体在结构上可分为大亚基和小亚基。原核细胞核蛋白体含有 3 种 rRNA，其中 23SrRNA 与 5SrRNA 两种存在于大亚基，而 16SrRNA 则存在于小亚基。

真核细胞核蛋白体含有 4 种 rRNA，其中大亚基含 28SrRNA、5.8SrRNA 及 5SrRNA 等 3 种，而小亚基只含 18SrRNA 一种。S 是沉降系数，与分子大小有关，分子大，则沉降系数大。核蛋白体的组成见表 5-2。

各种 rRNA 分子都由一条多核苷酸链构成，所含核苷酸数及排列顺序各不相同，各种 rRNA 有特定的二级结构，高分子的 rRNA 还可以形成三级结构。

表 5-2 核蛋白体的组成

种　类	原核生物（以大肠杆菌为例）		真核生物（以小鼠肝为例）	
小亚基	30S		40S	
rRNA	16S	1542 个核苷酸	18S	1874 个核苷酸
蛋白质	21 种	占总重量的 40%	33 种	占总质量的 50%
大亚基	50S		60S	
rRNA	23S	2940 个核苷酸	28S	4718 个核苷酸
	5S	120 个核苷酸	5.85S	160 个核苷酸
			5S	120 个核苷酸
蛋白质	31 种	占总重量的 30%	49 种	占总质量的 35%

5.3.4 其他小分子 RNA 及 RNA 组学

除了上述三种 RNA 外，细胞内还存在有其他种类的小分子 RNA，如核内小 RNA

（small nuclear RNA，snRNA）、核仁小 RNA（small nucleolar RNA，snoRNA）、胞质小 RNA（small cytoplasmic RNA，scRNA）等，这些小分子 RNA 统称为非 mRNA 小 RNA（small non-messenger RNA，snmRNA）。这些小分子 RNA 在转录后加工、转运及基因表达调控等方面具有重要的生理作用。如 snRNA 在 hnRNA 成熟转变为 mRNA 的过程中，参与 RNA 的剪接，并且在将 mRNA 从细胞核中转运到细胞液的过程中起着十分重要的作用。从整体水平阐明 snmRNA 的生物学意义称为 RNA 组学。其研究内容包括细胞中 snmRNA 的种类、结构和功能。

某些小 RNA 具有催化特定 RNA 降解的活性，在 RNA 合成后的剪接修饰中具有重要作用。这种具有催化活性的小分子 RNA 称为核酶（ribozyme）

科学典故

RNA 组学的前世今生

传统观念认为：三类最重要的生物高分子化合物中，DNA 携带遗传信息，蛋白质是生物功能分子，而 RNA 在这二者间起传递遗传信息功能（即参与蛋白质的生物合成）。

20 世纪 80 年代初，T. Cech 发现 RNA 也可成为生物催化剂，他称之为核酶（ribozyme）。在酶学领域，核酶的发现打破了多年来"酶的化学本质就是蛋白"的传统观念。在 RNA 领域这一发现对传统观念的冲击更大。它使人们认识到，RNA 的生物功能远非"传递遗传信息"那么简单。

此后，RNA 领域的新发现不断出现。（1）RNA 控制着蛋白质的生物合成；（2）RNA 具运动功能；（3）RNA 具调控功能；（4）RNA 调控遗传信息；（5）RNA 修饰；（6）RNA 携带遗传信息；（7）RNA 与疾病的关系；（8）基因组研究中的"垃圾"可能是 RNA 基因。

2000 年底提出了 RNA 组学的全新概念。RNA 组学研究将会在探索生命奥秘中和促进生物技术产业化中，做出巨大贡献。如果说基因组学研究正全力构筑生命科学基石的话，那么 RNA 组学研究和蛋白质组学、生物信息学等都是它的不可缺少的同盟军。

5.4 核酸的理化性质

5.4.1 核酸的一般理化性质

核酸是生物大分子，具有大分子的一般特性，包括黏度高、胶体特性、变性和复性等。

核酸分子中含有酸性的磷酸基及含氮碱基上的碱性基团，故为两性电解质，因磷酸基的酸性较强，所以核酸分子通常表现为酸性。各种核酸分子大小及所带电荷不同，故可用电泳和离子交换法来分离不同的核酸。

在碱性溶液中，RNA 能在室温下被水解，DNA 则较稳定，此特性可用来测定 RNA 的碱基组成，也可利用此特性来除去 DNA 中混杂的 RNA，纯化 DNA。

由于核酸分子所含碱基中都有共轭双键，故都具有吸收紫外光的性质，其最大吸收峰在 260nm 处，这一特点常被用来对核酸进行定性、定量分析。

5.4.2　核酸的变性和复性

5.4.2.1　变性

DNA 的变性（denaturation）是指天然双螺旋 DNA 分子被解开成单链的过程。核酸变性时，碱基对之间的氢键断开，DNA 双螺旋松散，生成单链，DNA 的一级结构没有被破坏。核酸变性后，其在波长 260nm 的光吸收增强，称为增色效应。增色效应是因为双螺旋解开后，碱基的共轭双键更多地暴露所致，是监测 DNA 双链是否发生变性的一个最常用的指标。

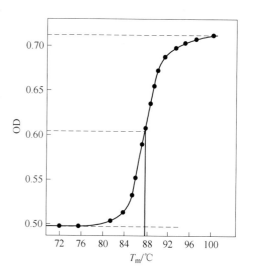

图 5-13　DNA 的解链曲线

能引起核酸变性的因素很多，如加热、化学处理（有机溶剂、酸、碱、尿素等），加热是最常用的变性方法之一。连续测定不同温度时的吸光度值，以温度对 260nm 吸光度值的关系作图，可得到一个特征性的曲线称为解链曲线（见图 5-13）。从曲线中看出，DNA 的热变性是爆发式的，只在很狭窄的温度范围之内完成。通常将解链曲线的中点，即紫外光吸收值达最大值 50% 时的温度称为解链温度，又称为熔点（melting temperature，T_m）。一种 DNA 分子的 T_m 值与它的分子大小和所含碱基中的 G + C 比例相关，G + C 比例越高，T_m 值越高。

5.4.2.2　复性

变性的 DNA 在适当的条件下，两条互补链可重新恢复天然的双螺旋结构，这一现象称为复性（renaturation）。热变性的 DNA 经缓慢冷却后可复性，也称退火。实验证实，最适宜的复性温度是比 T_m 约低 25℃，这个温度又称为退火温度。

5.4.3　核酸的分子杂交

分子杂交技术是以核酸的变性与复性为基础的。如将不同来源的核酸变性后，放在一起进行复性，只要这些核酸分子的核苷酸序列含有可以形成碱基互补配对的片段，彼此之间就可以形成局部双链，形成杂交分子，这个过程称为核酸分子杂交（hybridization）。形成的杂交分子可以是 DNA/DNA，RNA/RNA 或 DNA/RNA。

这一原理可以用来研究 DNA 分子中某一种基因的位置、鉴定两种核酸分子间的序列相似性、检测某些专一序列在待检样品中存在与否等。杂交技术是许多分子生物学技术的基础，在生物学和医学研究以及临床诊断中得到了广泛的应用。

【小　结】

核酸是以核苷酸作为基本组成单位的生物大分子，是遗传的物质基础。天然存在的核酸包括 DNA 和 RNA。核苷酸则由碱基、戊糖和磷酸连接而成。DNA 分子中的碱基成分为 A、G、C、T；RNA 分子中为 A、G、C、U。核糖或脱氧核糖与碱基通过糖苷键相连形成核苷，核苷与磷酸通过酯键结合构成核苷酸。

核酸的一级结构即指 DNA 和 RNA 的核苷酸排列顺序，也称为碱基序列。DNA 的二级结构是反向平行、右手螺旋的互补双链结构，两条链的碱基之间以氢键相连，具有严格的互补配对关系。DNA 在双螺旋结构基础上在细胞内还将进一步折叠为超螺旋结构，真核生物的双螺旋 DNA 在蛋白质的参与下构成核小体，并进一步折叠将 DNA 紧密压缩于染色体中。DNA 的基本功能是作为生物遗传信息复制的模板和基因转录的模板。

RNA 包括 tRNA、mRNA、rRNA 和 snmRNA。tRNA 含有较多的稀有碱基，具有三叶草形二级结构和倒 L 形的三级结构。tRNA 的功能是运载氨基酸。成熟的 mRNA 的结构特点是含有 5′末端帽子结构和 3′末端的多聚 A 尾，其功能是把核内 DNA 的碱基顺序，按照碱基互补的原则，转录并转送至胞质，在蛋白质合成中用以指导蛋白质中的氨基酸排序。rRNA 与蛋白质共同组成核糖体，是蛋白质合成的场所。细胞内的 snmRNA 种类、结构多样，在 RNA 转录后加工、转运及基因表达调控等方面具有重要作用。

DNA 最重要的理化特性之一是它的变性与复性现象。变性是指 DNA 双螺旋分子中的双链分开形成单链的过程，而复性则是指分开的单链分子按照碱基互补原则重新形成双链的过程。DNA 解链过程中 260nm 吸光度值增加，称为 DNA 的增色效应。DNA 在热变性过程中对紫外线吸收值达到最大值的 50% 时的温度称为 DNA 的解链温度（T_m）。一种 DNA 分子的 T_m 值与它的大小和所含碱基中的 G + C 比例相关，G + C 比例越高，Tm 值越高。核酸的分子杂交是以核酸的变性和复性为理论基础发展起来的分子生物学常用技术。

【思考题】

5-1　核酸分为哪两大类，两大类核酸在化学组成上有什么异同？

5-2　DNA 双螺旋结构的要点是什么？

5-3　比较 tRNA、rRNA 和 mRNA 的结构和功能。

5-4　什么是核酸的变性，引起变性的因素有哪些，变性后的核酸有哪些变化？

【拓展训练】

单项选择题

（1）多核苷酸之间的连接方式是(　　)。

    A. 2′，3′磷酸二酯键　　　　　　　　B. 3′，5′磷酸二酯键

    C. 2′，5′磷酸二酯键　　　　　　　　D. 糖苷键

    E. 氢键

（2）下列关于 DNA 结构的叙述不正确的是(　　)。

    A. 碱基配对发生在嘌呤和嘧啶之间

    B. 鸟嘌呤和胞嘧啶形成 3 个氢键

    C. DNA 两条多聚核苷酸链的方向相反

    D. DNA 的二级结构为双螺旋

    E. 腺嘌呤与胸腺嘧啶之间形成 3 个氢键

（3）DNA 分子的腺嘌呤质量分数为 20%，则胞嘧啶的质量分数应为（　　）。

A. 20%　　　　B. 30%　　　　C. 40%　　　　D. 60%

E. 80%

（4）DNA 合成需要的原料是（　　）。

A. ATP、CTP、GTP、TTP　　　　B. ATP、CTP、GTP、UTP

C. dATP、dCTP、dGTP、dTTP　　D. dATP、dCTP、dGTP、dUTP

E. dAMP、dCMP、dGMP、dTMP

（5）关于 DNA 双螺旋结构模型的描述正确的是（　　）。

A. 腺嘌呤的物质的量等于胞嘧啶的物质的量

B. 同种生物体不同组织的 DNA 碱基组成不同

C. 碱基对位于 DNA 双螺旋的外侧

D. 两股多核苷酸链通过 A 与 T 或 C 与 G 之间的糖苷键连接

E. 维持双螺旋结构稳定的主要因素是氢键和碱基堆积力

（6）DNA 变性是指（　　）。

A. DNA 中的磷酸二酯键断裂　　　B. 多聚核苷酸链解聚

C. DNA 分子由超螺旋变成双螺旋　　D. 互补碱基之间氢键断裂

E. DNA 分子中碱基丢失

（7）DNA 和 RNA 共有的成分是（　　）。

A. D-核糖　　　B. D-2-脱氧核糖　　C. 鸟嘌呤　　　D. 尿嘧啶

E. 胸腺嘧啶

（8）DNA 和 RNA 彻底水解后的产物（　　）。

A. 戊糖相同，部分碱基不同　　　B. 碱基相同，戊糖不同

C. 戊糖相同，碱基不同　　　　　D. 部分碱基不同，戊糖不同

E. 碱基相同，部分戊糖不同

（9）有关 RNA 的描述不正确的是（　　）。

A. mRNA 分子中含有遗传密码　　B. 在蛋白质合成中，tRNA 是氨基酸的载体

C. 胞浆中有 hnRNA 和 mRNA　　D. snmRNA 也具有生物功能

E. rRNA 可以组成核蛋白体

（10）hnRNA 是下列哪种 RNA 的前体（　　）。

A. tRNA　　　B. rRNA　　　　C. mRNA　　　D. snRNA

E. snoRNA

【技能训练】

动物组织中核酸的提取与鉴定

〔实验目的〕

熟悉动物组织中 DNA 与 RNA 分离、提取、鉴定的实验原理和实验方法。

〔实验原理〕

（1）组织核酸的分离提取。

动物组织细胞中的核糖核酸（RNA）与脱氧核糖核酸（DNA）大部分与蛋白质结合，以核蛋白形式存在。三氯醋酸能使核蛋白与其他蛋白质发生沉淀；用95%乙醇与沉淀共热时，可以去除沉淀中的脂溶性物质。核酸溶于10%氯化钠溶液而不溶于乙醇，故用10%氯化钠溶液，从沉淀中抽提出核酸钠盐，在抽提液中加入乙醇可使核酸钠沉淀析出。

（2）核酸的水解与鉴定。

核酸在强酸溶液中煮沸，即得核酸的水解液，RNA与DNA被水解产生磷酸、有机碱（嘌呤与嘧啶）和戊糖（RNA为核糖、DNA为脱氧核糖），可分别鉴定之。

1）磷酸能与钼酸铵作用生成磷钼酸，后者在还原剂氨基萘酚磺酸作用下，形成蓝色的钼蓝。

2）含羟基的嘌呤碱能与硝酸银作用生成灰白色的絮状嘌呤银盐。

3）核糖与浓盐酸或浓硫酸作用生成糖醛，后者能和3,5-二羟甲苯反应，在Fe^{3+}或Cu^{2+}下，生成鲜绿色化合物。

4）脱氧核糖与浓硫酸作用生成ω-羟基-γ-酮基戊醛，它与二苯胺反应生成蓝色化合物。

〔试剂和器材〕

（1）新鲜肝组织。

（2）离心机、刻度离心管、沸水浴、研钵、722型分光光度计、带有长玻璃管的胶塞。

（3）0.9%氯化钠溶液。

（4）10%氯化钠溶液。

（5）5%三氯醋酸溶液。

（6）15%三氯醋酸溶液。

（7）95%乙醇。

（8）二苯胺试剂　称取二苯胺结晶1g溶于100mL冰醋酸中，再加入浓H_2SO_4 2.75mL，临用前再加入1.6%乙醛0.5mL。贮于棕色瓶中，放入冰箱内保存。

（9）3,5-二羟甲苯试剂　取比重为1.19HCl 100mL，加入$FeCl_3 \cdot 6H_2O$ 100mL，重结晶3,5-二羟甲苯100mg，混匀溶解后，置于棕色瓶中，此试剂可用一周，颜色变绿即已变质，不能使用。

（10）浓氨水。

（11）5% $AgNO_3$。

（12）钼酸铵试剂：取2.5g钼酸铵溶于20mL水中，加入5mol/L H_2SO_4 30mL，用蒸馏水稀释至100mL。此试剂可在冷处保存1个月不变质。

（13）氨基萘酚磺酸：商品氨基萘酚磺酸为暗红色，可提纯如下：在100mL热水（90℃）中溶解15g $NaHSO_3$及1g Na_2SO_3，加1.5g氨基萘酚磺酸，搅匀使其大部分溶解（仅少量杂质不溶解），趁热过滤，再迅速使滤液冷却。加1mL浓盐酸（12mol/L），则有白色氨基萘酚磺酸沉淀析出。过滤并用水洗涤固体数次，再用乙醇洗涤，直至纯白色为止。最后用乙醚洗涤，并将固体放置在暗处，使乙醚挥发。将此提纯的氨基萘酚磺酸保存于棕色瓶中。

取195mL的15% $NaHSO_3$溶液，加入0.5g提纯的氨基萘酚磺酸及20% Na_2SO_3溶液

5mL，在热水浴中搅拌使固体溶解（如不能全部溶解，可再加 20% Na_2SO_3 数滴，但以 1.0mL 为限度），此为浓溶液，置冷处可存放 2~3 周。使用时用蒸馏水稀释 10 倍。

〔操作步骤〕

（1）组织 DNA 与 RNA 的分离、提取。

1）制备匀浆。取新鲜肝组织 1g，用生理盐水洗去血液，放入研钵中，用剪刀剪碎，加入 15% 三氯醋酸约 1mL，充分研磨成肝匀浆。

2）分离提取。将上述肝匀浆全部倾入 10mL 刻度离心管中，再以少量 15% 三氯醋酸，分两次将研钵中肝匀浆洗入离心管中，重复三次。最后加至 10mL，用玻棒搅匀，静置 2~3 分钟后离心 3min（2500r/min）。

倾去上清液，往沉淀中加入 95% 乙醇 5mL，搅匀，再用带长玻璃管的塞子，塞紧离心管的管口，在水浴中加热，沸腾 2min，注意乙醇沸腾后应将火力减小，避免突然沸腾喷出，损失离心管内样品。待冷却后离心 5min（3000r/min）。

倾去上层乙醇液，将离心管倒置于滤纸上，吸干上清液，再向沉淀中加入 10% 氯化钠溶液 4mL，搅匀，置于沸水浴中不断用玻璃棒搅匀，共加热 8min，取出冷却后离心 3min（2500r/min）。

将上清液倒入另一洁净的离心管中，取等量 95% 乙醇，逐滴加入该管内，混匀，可见白色沉淀逐渐析出，静置 10min，离心 5min（3000r/min）；倾去上清液，管底白色沉淀物即核酸钠。

（2）核酸的水解与鉴定。

1）核酸水解 向有核酸钠沉淀的离心管中加入 5% 三氯醋酸 5mL，用玻棒搅匀，再用带长玻璃管的塞子塞紧管口，于沸水浴中加热 15min，加入 5% 三氯醋酸至 10mL 刻度处，即得核酸的水解液。

2）核酸水解成分的鉴定。

① 嘌呤的鉴定：取小试管 1 支，依次添加核酸水解液 20 滴、浓氨水 5 滴及 5% $AgNO_3$ 10 滴，加入 $AgNO_3$ 后，观察试管内有何变化。静止 15min，进一步观察管内沉淀情况。

② 磷酸的鉴定：取小试管 1 支，依次添加核酸水解液 10 滴、钼酸铵试剂 5 滴及氨基萘酚磺酸 20 滴，放置数分钟，观察试管内颜色有何变化。

③ 核糖的鉴定：取小试管 1 支，依次添加核酸水解液 0.1mL、蒸馏水 1.9mL 及 3,5-二羟甲苯试剂 3.0mL，充分混匀后，置沸水浴中煮沸 25min，取出冷却，观察颜色变化。

④ 脱氧核糖的鉴定：取小试管 1 支，添加核酸水解液 2.0mL 及二苯胺试剂 4.0mL，混匀，沸水浴中加热 15min，取出冷却后，观察颜色变化。

〔注意事项〕

（1）研磨要充分。

（2）放入乙醇试剂后，在沸水浴中加热时要特别注意乙醇沸点低，容易沸腾喷出，应随时观察。

（3）二苯胺试剂及 3,5-二羟甲苯试剂是用浓酸配制的，浓酸具有高度腐蚀性，易引起严重的烧伤，在操作中应注意，不要洒在身上、桌上及仪器上，比色后的废液，倒入废液缸中。

6 酶

【学习目标】

☆ 掌握酶活性中心的概念。

☆ 掌握影响酶促反应动力学的几种因素及其动力学特点。

☆ 掌握米氏方程式、米氏常数；学会运用米氏方程式进行简单计算。

☆ 掌握竞争性抑制作用的概念及在医学上的应用。

☆ 掌握酶原与酶原激活。

☆ 熟悉酶的基本概念、化学本质。

☆ 熟悉某些辅酶（辅基）在催化中的作用。

☆ 熟悉变构酶与酶的共价修饰。

☆ 熟悉同工酶的概念。

☆ 了解酶的命名与分类。

☆ 了解酶与医学的关系。

【引导案例】

随着对酵母细胞的深入研究，19 世纪的欧洲掀起了研究生醇发酵机制的热潮。1850 年，法国科学家 Louis Pasteur 经实验断定，发酵离不开活的酵母细胞。直到 1897 年，德国生物学家 Edward Buchner 成功地用酵母提取液实现了发酵，并证明发酵作用与细胞的完整性及生命力无关。1903 年出版了《酒化酶发酵》，把酵母细胞的活力和酶化学作用联系到一起，推动了微生物学、生物化学、发酵生理学和酶化学的发展。由于在微生物学和现代酶化学方面做出的历史性贡献，Edward Buchner 获得了 1907 年的诺贝尔化学奖。

生物体内一系列复杂的化学反应主要依赖于高效特异性催化剂——酶（enzyme，E）的作用。酶的存在及其活性调节，是生物体能够进行物质代谢和生命活动的必要条件，可以说只要有生命，就有酶在起作用。

20 世纪 80 年代发现一类新的生物催化剂——核酶（ribozyme），是具有高效特异催化作用的核糖核酸，种类和数量较少，主要参与 RNA 的剪接。

6.1 酶的分子结构与功能

酶是由活细胞合成的，对其特异底物起高效催化作用的蛋白质。酶催化的化学反应称为酶促反应，在酶促反应中被酶催化的物质称为底物（substrate，S），反应生成的物质称为产物（product，P）。酶催化化学反应的能力称为酶活性，酶若失去催化能力称为酶失活。酶和蛋白质一样，具有一、二、三级乃至四级结构。仅具有三级结构的酶称为单体酶；有多个相同或不同亚基以非共价键相连的酶称为寡聚酶；在细胞中还存在着多酶体系，它是由许多不同功能的酶彼此嵌合形成的复合物；还有一些多酶体系在进化过程中由于基因的融合，多种不同催化功能存在于一条多肽链中，这类酶称为多功能酶。凡能使蛋白质变性的因素，同样可以使酶发生变性，一旦酶变性即丧失其原有的活性。

 **科学典故**

证明酶是蛋白质

James Batcheller Sumner 是美国生物化学家，1887 年生于美国马萨诸塞州，长期从事酶化学研究。1926 年他首次成功地从南美热带植物刀豆中分离结晶出脲酶，并首次直接证明酶的化学本质是蛋白质，进而提出酶可能都是蛋白质。由于尚缺乏其他例证，因此存在着长期争论。美国生物化学家 John Howard Northrop（1891～1987 年）研究酶的分离与结晶化。1930～1938 年他先后将胃蛋白酶、胰蛋白酶、糜蛋白酶等结晶出来，并发现它们都是蛋白质，从而结束了有关酶的化学本质的争论。Stanley Wendell Meredith（1904～1971 年）也是一位美国生物化学家，主要研究病毒及病毒蛋白酶。由于他们对酶学研究的突出贡献而共同获得 1946 年的诺贝尔化学奖。

6.1.1　酶的分子组成

酶的化学本质是蛋白质，按其分子组成可分为单纯酶和结合酶。

单纯酶是仅由氨基酸残基构成的酶，其催化活性仅决定于其酶蛋白本身，如消化道的各种酶类。结合酶是由蛋白质部分和非蛋白质部分组成，前者称为酶蛋白，后者称为辅助因子，两者结合形成的复合物称为全酶，只有全酶才有催化活性。

辅助因子可以分为两类：一类是金属离子，另一类是小分子有机化合物。2/3 的酶含有金属离子，因此金属离子是最多见的辅助因子。常见的金属离子包括：Cu^{2+}、Zn^{2+}、Mg^{2+}、Mn^{2+}、Fe^{2+}、K^+ 等。金属离子的作用是：（1）稳定酶蛋白分子构象；（2）参与酶的活性中心；（3）在酶与底物之间起桥梁作用；（4）中和阴离子、降低反应中的静电斥力。

小分子有机化合物作为酶的辅助因子称为辅酶。分子结构中常含有 B 族维生素，见表 6-1。辅酶的主要作用是参与酶的催化过程，在反应中传递电子、质子或一些基团。虽然结合酶的种类很多，但辅酶的种类却不多。在酶促反应中，酶蛋白决定酶催化反应的特异性，辅酶决定酶催化反应的种类和性质。与酶蛋白共价结合较紧密的辅酶又称为辅基。辅基不能通过透析或超滤等方法被除去，在反应中不能离开酶蛋白，如 FAD、FMN、生物素等。

表 6-1　B 族维生素与辅酶（辅基）

维生素	辅酶（辅基）形式	酶　类	辅酶在反应中的作用
维生素 B_1	TPP	α-酮酸脱氢酶系	参与 α-酮酸脱羧
维生素 B_2	FMN、FAD	黄素酶	递氢体
维生素 PP	NAD^+、$NADP^+$	不需氧脱氢酶	递氢体
维生素 B_6	磷酸吡哆醛、磷酸吡哆胺	转氨酶、脱羧酶	传递氨基、脱羧

维生素	辅酶（辅基）形式	酶　类	辅酶在反应中的作用
泛酸	CoA	酰基转移酶	酰基载体
叶酸	FH_4	一碳单位转移酶	传递一碳单位
生物素	生物素	羧化酶	CO_2 载体
维生素 B_{12}	甲基钴胺素	转甲基酶	转运甲基

6.1.2　酶的活性中心

　　酶的分子很大，而酶分子中存在的各种化学基团并不一定都与酶的活性有关。那些与酶活性密切相关的基团称为酶的必需基团。这些必需基团在一级结构上相距甚远，但在空间结构上却彼此靠近，组成具有特定空间结构的区域，能与底物特异地结合并将底物转化为产物，这一区域称为酶的活性中心。对结合酶来说，某些辅助因子也参与酶活性中心的组成。组氨酸残基的咪唑基、丝氨酸残基的羟基、半胱氨酸残基的巯基以及谷氨酸残基的 γ-羧基是构成酶活性中心的常见必需基团。

　　酶活性中心内的必需基团有两种：一是结合基团，其作用是与底物相结合形成复合物；另一是催化基团，其作用是影响底物中某些化学键的稳定性，催化底物发生化学反应，并使之转化为产物。有些活性中心内的必需基团可同时具有这两方面的功能。还有一些必需基团虽然不参加活性中心的组成，但为维持酶活性中心应有的空间构象所必需，被称为酶活性中心外的必需基团，如图6-1所示。

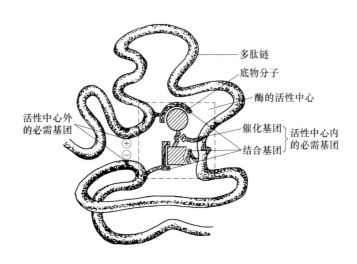

图6-1　酶的活性中心

　　酶的活性中心是酶分子中具有三维结构的区域，或为裂缝，或为凹陷，且多为疏水环境。由于活性中心的形成是以酶蛋白分子特定的构象为基础的，因而，酶分子结构中其他部分的作用对于酶的催化来说，绝不是毫无意义的，它们为酶活性中心的形成提供了结构基础。

　　不同酶分子活性中心的结构是不同的，它只能结合与之相适应的一定底物，发生一定的化学反应，这样就从结构基础上说明了酶催化作用的专一性。

6.1.3 酶原与酶原激活

　　有些酶在细胞内合成或初分泌时只是酶的无活性前体，在一定条件下，这些酶的前体被水解掉一个或几个特定的肽段，致使构象发生改变，表现出酶的活性。这种无活性的酶前体称为酶原（zymogen）。酶原在一定条件下转变为有活性酶的过程称为酶原激活。酶原激活实质上是酶的活性中心的形成或暴露的过程。例如，胰蛋白酶原从胰腺组织细胞合成分泌时并无活性，当随胰液进入小肠后，在 Ca^{2+} 存在下受肠激酶的作用，第 6 位赖氨酸残基与第 7 位异亮氨酸残基之间的肽键被切断，水解掉一个六肽，使分子构象发生改变，从而形成酶的活性中心，成为有催化活性的胰蛋白酶，如图 6-2 所示。酶原的激活说明了酶的特定催化作用是以其特定的结构为基础的。

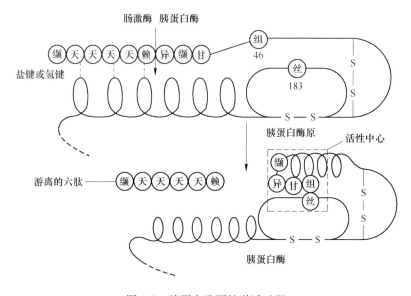

图 6-2　胰蛋白酶原的激活过程

　　胰蛋白酶一旦形成，既可水解食物蛋白，又能催化胰蛋白酶原的激活（自身激活）和小肠中其他蛋白酶原的激活，形成一个逐级放大的连锁反应过程。

　　酶原的激活具有重要的生理意义，一方面保证合成酶的细胞本身的蛋白质不受蛋白酶的水解破坏，另一方面保证合成的酶在特定部位或环境中发挥其生理作用。例如胰腺细胞合成糜蛋白酶的作用是消化肠中的蛋白质，如在胰腺合成的糜蛋白酶即具活性，则胰腺本身的组织蛋白均会遭破坏，发生急性胰腺炎。又如，血液中存在有凝血酶原，但却不会在血管中引起大量凝血，只有当出血时通过一定的机制将凝血酶原激活成凝血酶，使血液凝固，以防止大量出血。

6.1.4 同工酶

　　同工酶（isoenzyme）是指催化相同的化学反应，而酶蛋白的分子结构、理化性质以及免疫学性质不同的一组酶。同工酶存在于同一种属或同一个体的不同组织或同一细胞的不同亚细胞结构中，对代谢调节有重要作用。

现已发现百余种酶具有同工酶，发现最早研究最多的同工酶是人和动物体内的乳酸脱氢酶（lactate dehydrogenase，LDH）。LDH 是四聚体酶，该酶的亚基有两型：骨骼肌型（M 型）和心肌型（H 型）。这两型亚基以不同的比例组成五种同工酶（见图 6-3）：LDH_1（H_4）、LDH_2（H_3M）、LDH_3（H_2M_2）、LDH_4（HM_3）、LDH_5（M_4）。由于分子结构上的差异，这五种同工酶具有不同的电泳速度（在电泳时，它们向正极的电泳速度从 LDH_1 到 LDH_5 递减），可借以鉴别这五种同工酶。

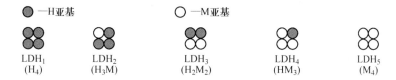

图 6-3　乳酸脱氢酶的同工酶

LDH 同工酶在不同组织器官中的含量和分布比例不同，从而形成各组织特有的同工酶谱，见表 6-2。近年来同工酶的测定已应用于临床疾病的诊断。当某一组织发生病变时，可能使某种同工酶释放入血，导致血清同工酶谱的改变。如心肌富含 LDH_1，故当急性心肌梗死或心肌细胞损伤时，血清中 LDH_1 水平增高。

表 6-2　人体各组织 LDH 同工酶的分布（占总活性的比例）　　　　　（％）

脏器或组织	LDH_1	LDH_2	LDH_3	LDH_4	LDH_5
心	67	29	4	<1	<1
肝	2	4	11	27	56
肾	52	28	16	4	<1
骨骼肌	4	7	21	27	41
红细胞	42	36	15	5	2

同工酶虽然催化相同的化学反应，但可有不同的功能，例如心肌富有 LDH_1，与 NAD^+ 的亲和力强，易受丙酮酸的抑制，倾向于乳酸脱氢生成丙酮酸，便于心肌利用乳酸氧化供能；骨骼肌则富含 LDH_5，对 NAD^+ 的亲和力弱，不易受丙酮酸的抑制，使丙酮酸加氢还原为乳酸，有利于骨骼肌产生乳酸。

6.2　酶促反应的特点与机制

6.2.1　酶促反应的特点

酶是生物催化剂，具有一般催化剂的特征：在化学反应前后没有质和量的改变；只能催化热力学上允许的化学反应；只能加速可逆反应的进程，而不改变反应的平衡常数，即反应的平衡点。然而酶是蛋白质，它又具有不同于一般催化剂的特点。

6.2.1.1　酶促反应具有极高的效率

酶的催化效率通常比非催化反应高 $10^8 \sim 10^{20}$ 倍，比一般催化剂高 $10^7 \sim 10^{13}$ 倍。例如，脲酶催化尿素的水解速度是 H^+ 催化作用的 7×10^{12} 倍。

6.2.1.2 酶促反应具有高度的特异性

与一般催化剂不同，酶对其所催化的底物具有较严格的选择性。即酶只能催化一种或一类化合物，或一定的化学键，催化一定的化学反应并生成一定的产物，这种现象称为酶的特异性或专一性。根据酶对其底物结构选择的严格程度不同，酶的特异性通常可分为以下三种类型。

（1）绝对特异性。有的酶只作用于特定结构的底物，进行一种专一的反应，生成特定结构的产物，这种特异性称为绝对特异性。如脲酶只能催化尿素水解生成 CO_2 和 NH_3。

（2）相对特异性。酶能作用于一类化合物或一种化学键，这种不太严格的选择性称为相对特异性。如磷酸酶对许多磷酸酯键都有水解作用；脂肪酶不仅能水解甘油三酯，也能水解简单的酯。

（3）立体异构特异性。有些酶仅作用于立体异构体的一种，这种特异性称为立体异构特异性。例如，乳酸脱氢酶仅催化 L-乳酸脱氢，而不作用于 D-乳酸；淀粉酶只能水解淀粉中的 α-1,4-糖苷键，而不能水解纤维素中 β-1,4-糖苷键。

6.2.1.3 酶促反应具有可调节性

酶促反应受许多因素的调控，以适应机体对不断变化的内外环境和生命活动的需要，其方式多种，有的可提高酶的活性，有的抑制酶的活性。

6.2.2 酶促反应的机制

6.2.2.1 酶可以更有效地降低反应的活化能

酶和一般催化剂加速反应的机制都是降低反应的活化能（activation energy）。因为任何一种热力学允许的反应体系中，底物分子所含能量的平均水平较低。在反应的任何一瞬间，只有那些能量较高，达到或超过一定能量水平的分子（即活化分子）才有可能发生化学反应。活化分子所需的高出平均水平的能量称为活化能，也就是底物分子从初态转变到活化态所需的能量。酶比一般催化剂更能有效地降低反应的活化能，反应体系中活化分子明显增多，反应速度显著加快，故具有极高的催化效率，如图6-4所示。

6.2.2.2 酶–底物复合物的形成

酶活性中心的结合基团能否有效地和底物结合，将底物转化为过渡态，并释放结合能，从而降低活化能，是酶能否发挥其催化作用的关键所在。酶可以通过以下几种机制达到此目的。

（1）诱导契合假说。酶在发挥催化作用时，必先与底物结合，生成酶-底物复合物（enzyme-substrate complex，ES）的中间

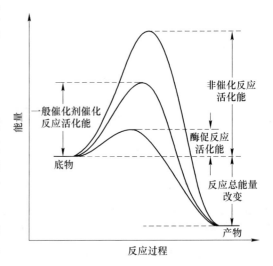

图6-4 酶促反应活化能的改变

产物，然后 ES 分解生成产物和酶。

$$E + S \rightarrow ES \rightarrow E + P$$

上述酶催化过程称为中间产物学说。酶与底物的结合不是过去提出的锁钥机械关系，而是在酶与底物相互接近时，二者结构相互诱导、相互变形、相互适应，进而相互结合。这就是诱导契合假说（induced-fit hypothesis）如图 6-5 所示。换句话说，酶分子的构象与底物的结构原来并不完全吻合，只有当底物与酶接近时，结构上才相互诱导适应，更密切地多点结合，此时酶与底物的结构均有变形。同时，酶在底物的诱导下，其活性中心进一步形成，

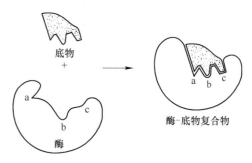

图 6-5　诱导契合学说示意图

并与底物受催化攻击的部位紧密靠近，易于反应进行。这种相互诱导的变形，还可使底物处于不稳定的过渡态，从而易受酶的催化攻击。

（2）邻近效应与定向排列。在两个以上的底物参加的反应中，底物之间必须按照正确的方向相互碰撞，才有可能发生反应。酶在反应中将诸底物结合到酶活性中心上，使它们相互接近形成有利于反应的正确定向关系。这种邻近效应与定向排列实际上是将分子间的反应变成类似分子内的反应，从而降低活化能，提高反应速率。

（3）多元催化。一般的催化剂进行催化反应时，通常仅有一种解离状态，只有酸催化，或只有碱催化。酶是两性电解质，同时具有酸和碱催化的特性。因为酶分子中含有多种不同的功能基团，它们有不同的 pK 值，故解离程度各异。即使同一种功能基团在不同的蛋白质分子中处于不同的微环境，其解离度也有差别。所以，同一种酶常常兼有酸、碱双重催化作用。这种多功能基团的协同作用可极大地提高酶的催化效率。

（4）表面催化。酶活性中心内部富含疏水性氨基酸，可形成疏水性"口袋"，疏水环境可排除高极性的水分子对酶和底物的干扰性吸引或排斥，防止在底物与酶之间形成水化膜，有利于酶与底物之间的密切接触，使酶的活性基团对底物的催化反应更加有效和强烈。

6.3　酶促反应动力学

酶促反应动力学是研究酶促反应速度及其影响因素的科学。这些因素包括底物浓度、酶浓度、温度、pH、抑制剂和激活剂等。通常酶促反应动力学中所研究的速度，是指反应开始时的速度，即初速度，这样可以避免反应进行过程中，因底物减少或产物增加等因素对反应速度的影响。在研究某一因素对酶促反应速度的影响时，应维持反应体系中其他因素不变。酶促反应动力学的研究为阐明酶的结构与功能的关系，了解有关酶在代谢中的作用及一些药物的作用机理等，具有重要的理论和实践意义。

6.3.1　底物浓度对酶促反应速度的影响

一般化学反应中，反应速度多随底物的增加而增高，呈直线关系。而在酶促反应中则是另一种图形，为矩形双曲线，如图 6-6 所示。

图 6-6 的曲线表明，在酶浓度及其他条件不变的情况下，当［S］较低时，反应速度 V 随［S］的增加而迅速上升，二者成正比例关系。随着［S］的继续增加，反应速度不再呈正比例增加，反应速度增加的幅度逐渐下降。如果继续加大［S］，反应速度不再增加，这时反应速度已达到极限，称最大反应速度（V_{max}）。

解释酶促反应中反应速度与底物浓度之间的关系，最合适的是中间产物学说。通过中间产物学说可知，反应速度直接取决于反应体系中的［ES］的量。当［S］很低时，酶还没有全部被底物所占有，尚有游离的酶分子存在，故随着［S］增高，ES 的量也随之正比例的增高，反应速度可随［S］的增高而呈直线上升，这是曲线的第一段；随之，当酶已大部分与底物结合，所余的游离酶不多了，所以，随着［S］的增高，ES 生成的速度就比反应之初时的幅度小，反应速度的增高也就趋缓，这是曲线的第二段；当［S］继续增高到一定程度后，所有的酶均与底物结合成 ES，反应速度也就达到了 V_{max} 这是曲线的平坦段（第三段）。

L. Michaelis 和 M. L. Menten 根据中间产物学说进行数学推导，得出了反应速度与［S］关系的公式，即著名的米-曼氏方程式，简称米氏方程式（Michaelis equation）。

$$V = \frac{V_{max}[S]}{K_m + [S]}$$

式中，K_m 为米氏常数，其意义有以下几方面：

（1）K_m 值含义。等于酶促反应速度为最大速度一半时的底物浓度。

（2）K_m 值可以近似地表示酶与底物的亲和力。K_m 值越大，酶与底物的亲和力越小；K_m 值越小，酶与底物的亲和力越大。K_m 值小，表示不需要很高的底物浓度，便可达到最大反应速度。

（3）K_m 值是酶的特征性常数。各种酶的 K_m 不同，K_m 值只与酶的结构、酶所催化的底物和反应环境（如温度、pH、离子强度）有关，与酶的浓度无关。对于同一底物，不同的酶有不同的 K_m 值，多底物反应的酶对其不同底物的 K_m 值也各不相同。大多数酶的 K_m 值在 $10^{-6} \sim 10^{-2}$ mol/L 之间。

6.3.2　酶浓度对酶促反应速度的影响

在酶促反应过程中，当底物浓度远远超过酶的浓度，即底物浓度达饱和时，反应速度与酶的浓度变化成正比例关系，如图 6-7 所示。即酶的浓度越大，反应速度越快。

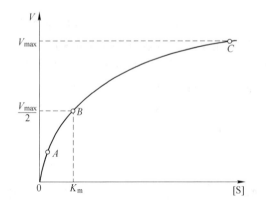

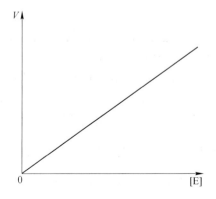

图 6-6　底物浓度对酶促反应速度的影响　　　　图 6-7　酶浓度对酶促反应速度的影响

6.3.3 温度对酶促反应速度的影响

酶是生物催化剂，温度对酶促反应速度具有两种相反的影响。在低温状态下，升高温度可加速酶促反应进程。由于酶的化学本质是蛋白质，随着温度的升高，使酶逐步变性，从而降低酶的反应速度。综合上述两种效应，酶促反应速度最快时的环境温度称为酶促反应的最适温度，温血动物组织中酶的最适温度在 35～40℃ 之间。环境温度低于最适温度时，温度加速反应进程这一效应起主导作用，温度每升高 10℃，反应速度可加快 1～2 倍。温度高于最适温度时，反应速度则因酶变性而降低，如图 6-8 所示。许多酶在60℃以上变性，80℃时多数酶的变性不可逆。

酶的最适温度不是酶的特征性常数，它与反应进行的时间有关，酶可以在短时间内耐受较高的温度。相反，延长反应时间，则最适温度降低。

低温可降低酶的活性，但一般不使酶变性破坏，当温度回升时酶活性又可恢复。临床上低温麻醉即利用酶的这一性质以减慢细胞代谢速度，从而提高人体对氧和营养物缺乏的耐受性。低温保存菌种，也是基于这一原理。由于温度对酶活性的显著影响，所以，在测定酶活性时，应严格控制反应液的温度。

6.3.4 pH 对酶促反应速度的影响

环境 pH 对酶活性影响很大，每一种酶在一定 pH 时活性最大，催化能力最强，此 pH 称为酶的最适 pH，如图 6-9 所示。

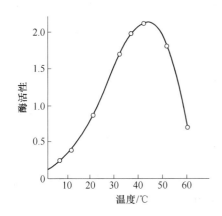

图 6-8　温度对唾液淀粉酶活性的影响

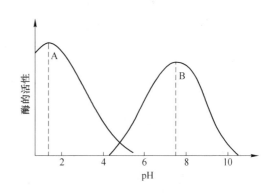

图 6-9　pH 对某些酶活性的影响
A—胃蛋白酶；B—葡萄糖-6-磷酸酶

pH 能影响酶和底物的解离，也影响酶分子活性中心上必需基团的解离，从而影响酶与底物的结合。各种酶在最适 pH 时，酶的活性中心、底物等均处于最合适的解离状态，有利于酶与底物结合并催化底物释放出产物，因此酶活性最高，酶促反应速度最大。最适 pH 不是酶的特征性常数，它因底物浓度、缓冲液的种类及浓度不同而有差异。各种酶的最适 pH 不同，如胃蛋白酶的最适 pH 约为 1.8，肝精氨酸酶最适 pH 约为 9.8，但动物体内多数酶的最适 pH 接近中性，见表 6-3。

表6-3 一些酶的最适 pH

酶	最适 pH	酶	最适 pH
胃蛋白酶	1.8	延胡索酸酶	7.8
过氧化氢酶	7.6	核糖核酸酶	7.8
胰蛋白酶	7.7	精氨酸酶	9.8

溶液的 pH 高于或低于最适 pH 时，酶的活性降低，远离 pH 时甚至会使酶变性失活。因此，在测定酶活性时，要选择适宜的缓冲溶液，以保持酶活性的相对恒定。

6.3.5 抑制剂对酶促反应速度的影响

凡能使酶活性下降而不引起酶蛋白变性的物质，统称为酶的抑制剂（inhibitor，I）。抑制剂多与酶的活性中心内、外的必需基团相结合，从而抑制酶的催化活性。去除抑制剂后，酶仍可表现其原有活性。加热、强酸等因素使酶发生不可逆的破坏而变性失活，不属于抑制作用的范畴。

酶的抑制作用在医学中具有十分重要的意义。许多药物就是通过对体内某些酶的抑制来发挥治疗作用的。另外，有些毒物中毒，实质上就是毒素对酶抑制的结果。根据抑制剂与酶结合的紧密程度差异，酶的抑制作用分为可逆性抑制与不可逆性抑制两类。

6.3.5.1 不可逆性抑制

此类抑制剂通常以共价键与酶活性中心上的必需基团结合，使酶失活，这种抑制不能用透析、超滤等物理方法除去抑制剂而恢复酶的活性。如 1059、敌百虫等有机磷农药能特异地与胆碱酯酶活性中心丝氨酸残基的羟基结合，使酶失活。这样乙酰胆碱不能被胆碱酯酶水解而蓄积，使迷走神经兴奋，呈现中毒状态。

$$
\begin{array}{ccccc}
\text{R—O} & \text{O} & & \text{R—O} & \text{O} \\
\diagdown \text{P} \diagup & + \text{HO—E} \longrightarrow & \diagdown \text{P} \diagup & + \text{HX} \\
\text{R'—O} & \text{X} & & \text{R'—O} & \text{O—E}
\end{array}
\tag{6-1}
$$

有机磷化合物　羟基酶　　　失活的酶　　酸

某些重金属离子（Hg^{2+}、Ag^+、Pb^{2+} 等）及 As^{3+} 可与酶分子的巯基（—SH）结合，使酶失活。化学毒气路易士气（Lewisite）是一种含砷的化合物，它能抑制体内的巯基酶而使人畜中毒。

$$
\begin{array}{ccc}
\text{Cl} & \text{SH} & \text{S} \\
\diagdown \text{As—CH=CHCl} + \text{E} & \longrightarrow \text{E} & \diagup \diagdown \text{As—CH=CHCl} + 2\text{HCl} \\
\diagup & \diagdown & \diagup \\
\text{Cl} & \text{SH} & \text{S}
\end{array}
\tag{6-2}
$$

路易士气　　　巯基酶　　　　失活的酶　　　酸

临床上可用药物对这些中毒进行防护和解毒。解磷定可解除有机磷化合物对羟基酶的抑制作用。重金属盐中毒可用二巯基丙醇（BAL）解毒，因其分子中含有二个巯基，在体内达到一定浓度后，可与毒剂结合，使酶活性恢复。

$$\underset{\text{失活的酶}}{\overset{S}{\underset{S}{E}}}As\!-\!CH\!=\!CHCl + \underset{\text{BAL}}{\overset{CH_2\!-\!SH}{\underset{CH_2\!-\!OH}{CH\!-\!SH}}} \longrightarrow \underset{\text{巯基酶}}{\overset{SH}{\underset{SH}{E}}} + \underset{\text{BAL与砷剂结合物}}{\overset{CH_2\!-\!S}{\underset{CH_2OH}{CH\!-\!S}}}As\!-\!CH\!=\!CHCl \tag{6-3}$$

6.3.5.2 可逆性抑制

此类抑制剂以非共价键与酶结合，而引起酶活性的降低或丧失，结合是可逆的，可用透析、超滤等物理方法除去抑制剂而使酶活性恢复。可逆性抑制的类型可主要分为下列三种。

（1）竞争性抑制作用。抑制剂与底物结构相似，能与底物竞争酶的活性中心，从而阻碍酶与底物结合成中间产物，由于抑制是可逆的，这种抑制作用称为竞争性抑制作用。抑制程度主要取决于抑制剂与酶的相对亲和力和与底物浓度的相对比例，在竞争性抑制中，可以通过增加底物浓度来解除这种抑制。其抑制作用可用式（6-4）表示：

$$\begin{array}{c}E + S \rightleftharpoons ES \longrightarrow E + P\\ +\\ I\\ \updownarrow\\ EI\end{array} \tag{6-4}$$

酶与抑制剂结合，形成复合物 EI 后，就不能与底物结合，也不能生成产物。在竞争性抑制时 V_{max} 可以不变，即把 [S] 增加到很高的程度时，仍然可以达到 V_{max}；竞争性抑制剂存在时，酶与底物的亲和力变小，K_m 增大，即达到最大反应速度一半时所需的底物浓度比没有抑制剂时大。

丙二酸对琥珀酸脱氢酶的抑制作用是竞争性抑制的典型例子。丙二酸与琥珀酸脱氢酶的底物琥珀酸结构相似，丙二酸是琥珀酸脱氢酶的竞争性抑制剂。当琥珀酸浓度增大，则抑制减弱，若丙二酸浓度增大，则抑制增强。

$$\underset{\text{丙二酸}}{\overset{COOH}{\underset{COOH}{\overset{|}{CH_2}}}} \qquad\qquad \underset{\text{琥珀酸}}{\overset{COOH}{\underset{COOH}{\overset{|}{\underset{|}{\overset{CH_2}{CH_2}}}}}}$$

竞争性抑制的原理可用来阐述某些药物的作用机制，磺胺类药物是典型的代表，对磺胺类药物敏感的细菌在生长繁殖时，不能利用环境中的叶酸，而是在细菌体内二氢叶酸合成酶的催化下，由对氨基苯甲酸（PABA）、二氢蝶呤及谷氨酸合成二氢叶酸（FH_2），FH_2 再进一步还原成四氢叶酸（FH_4），FH_4 是细菌合成核苷酸不可缺少的辅酶。

磺胺类药的化学结构与对氨基苯甲酸的结构相似，是细菌体内二氢叶酸合成酶的竞争性抑制剂，抑制 FH_2 的合成，进而减少 FH_4 的生成，细菌则因核酸合成受阻而影响其生长繁殖。人类能直接利用食物中的叶酸，所以人类核酸合成不受磺胺类药物的干扰。根据竞争性抑制的特点，服用磺胺类药物时必须保持血液中药物的高浓度，以发挥其有效的竞争性抑菌作用。

$$H_2N—\!\!\left\langle\ \ \right\rangle\!\!—COOH$$
对氨基苯甲酸

$$H_2N—\!\!\left\langle\ \ \right\rangle\!\!—SO_2NHR$$
磺胺类药物

$$(6\text{-}5)$$

$$\left.\begin{array}{l}\text{对氨苯甲酸}\\ \text{二氢蝶呤}\\ \text{谷氨酸}\end{array}\right\}\ \xrightarrow[\text{磺胺类药物}(-)]{\text{二氢叶酸合成酶}}\ \text{二氢叶酸}\ \xrightarrow[\text{TMP}(-)]{\text{二氢叶酸还原酶}}\ \text{四氢叶酸}$$

许多属于抗代谢物的抗癌药物，如氨甲蝶呤（MTX）、5-氟尿嘧啶（5-FU）、6-巯基嘌呤（6-MP）等均属竞争性抑制剂，它们分别抑制四氢叶酸、脱氧胸苷酸及嘌呤核苷酸的合成，以抑制肿瘤的生长。

（2）非竞争性抑制作用。抑制剂可与酶活性中心外的必需基团可逆地结合，不影响底物与酶的结合，酶与底物的结合也不影响酶与抑制剂的结合。但形成的底物、酶、抑制剂复合物（ESI）不能进一步释放产物，抑制剂与底物同酶的结合无竞争关系。这种抑制作用称为非竞争性抑制作用。其抑制作用的反应见式（6-6）：

$$\begin{array}{ccccc}\text{E}+\text{S} & \rightleftharpoons & \text{ES} & \longrightarrow & \text{E}+\text{P}\\ + & & + & &\\ \text{I} & & \text{I} & &\\ \updownarrow & & \updownarrow & &\\ \text{EI}+\text{S} & \rightleftharpoons & \text{EIS} & &\end{array}\qquad(6\text{-}6)$$

在非竞争性抑制中底物与酶的亲和力不变，故 K_m 不变，但 ESI 不能释放出产物，故 V_{max} 下降。

（3）反竞争性抑制作用。此类抑制剂仅与酶和底物形成的中间产物（ES）结合，使 ES 的量下降。这样，既减少从 ES 转化为产物的量，也减少 ES 解离出游离酶和底物的量，这种抑制作用称为反竞争性抑制作用。该抑制作用的反应见式（6-7）：

$$\begin{array}{ccccc}\text{E}+\text{S} & \rightleftharpoons & \text{ES} & \longrightarrow & \text{E}+\text{S}\\ & & + & &\\ & & \text{I} & &\\ & & \updownarrow & &\\ & & \text{ESI} & &\end{array}\qquad(6\text{-}7)$$

在反竞争性抑制中可转变成产物的 ES 的量减少，所以 V_{max} 下降；由于抑制剂只能与 ES 结合，使酶与底物的亲和力增大，所以 K_m 减小。

6.3.6 激活剂对酶促反应速度的影响

凡能提高酶活性的物质，都称为酶的激活剂。其中大部分是离子或简单的有机化合物，按其对酶促反应速度影响的程度，可将激活剂分为必需激活剂和非必需激活剂。

必需激活剂对酶促反应是不可缺少的，使酶由无活性变为有活性。必需激活剂大多为金属离子，例如 Mg^{2+} 是激酶的必需激活剂。而非必需激活剂不存在时，酶仍有一定的催化活性，但催化效率较低，加入激活剂后，酶的催化活性显著提高，许多有机化合物类激活剂都属此列，如胆汁酸盐对胰脂肪酶的激活，Cl^- 对唾液淀粉酶的作用。

6.3.7　酶活性测定与酶活性单位

酶活性测定，就是酶定量测定，即检查组织提取液、体液或纯化酶液中酶的存在及含量。由于酶蛋白的含量极微，一般很难测定其蛋白质的含量，且在生物组织中，酶蛋白又多与其他蛋白质混合存在，将其提纯是非常困难的。因此，通常以测定酶活性来确定酶含量多寡。酶活性是指酶催化化学反应的能力，是反映酶促反应速度大小的衡量标准。

酶活性单位是指酶在特定的条件下，酶促反应在单位时间（s、min 或 h）内生成一定量（mg、μg、μmol 等）的产物或消耗一定数量的底物所需的酶量，是衡量酶活力大小的尺度。为了统一标准，1976 年国际生化学会（IUB）酶学委员会规定：在特定的条件下，每分钟催化 1μmol 底物转化为产物所需的酶量为一个国际单位（U）。1979 年该学会又推荐以催量单位（katal）来表示酶的活性。1 催量（1kat）是指在特定条件下，每秒钟使 1mol 底物转化为产物所需的酶量。$1U = 16.67 \times 10^{-9} kat$。

6.4　酶的命名与分类

6.4.1　酶的命名

过去按照习惯，酶的命名原则是：

（1）绝大多数酶依据其催化的底物命名。如催化水解淀粉的酶称为淀粉酶，催化水解蛋白质的酶称为蛋白酶。

（2）根据酶所催化的底物和反应性质命名。如乳酸脱氢酶、丙氨酸氨基转移酶。

（3）根据酶的来源或酶的其他特点。如胃蛋白酶及胰蛋白酶、碱性磷酸酶及酸性磷酸酶等。

习惯命名比较简单，应用历史较长，但缺乏系统性，常常出现一酶数名或一名数酶的情况。鉴于已发现的酶达数千种，随着新酶的不断发现，为了避免酶名称的重复，必须对酶进行科学的分类命名。

1961 年国际酶学委员会制定了酶的系统命名法。系统命名法强调必须标明酶的底物及催化反应的性质。如果底物不止一个，则在酶两底物之间用"："隔开，系统命名由酶的名称加酶的分类编号组成，使每一种酶只有一个名称和一个由四个数字组成的酶的分类编号。在国际科学文献中，为严格起见，规定使用酶的系统名称，但由于系统命名比较繁琐，目前仍沿用习惯命名法。

6.4.2　酶的分类

按照酶催化反应的性质，可将酶分为 6 大类：

（1）氧化还原酶类。催化底物进行氧化还原反应的酶类，如乳酸脱氢酶、琥珀酸脱氢酶、异柠檬酸脱氢酶等。

（2）转移酶类。催化底物分子之间某些基团转移的酶类，如丙氨酸氨基转移酶、蛋白激酶、糖原磷酸化酶等。

（3）水解酶类。催化底物进行水解反应的酶类，如淀粉酶、蛋白酶、磷酸酶等。

（4）裂解酶类。催化从底物移去一个基团而留下双键的反应或其逆反应的酶类，如醛缩酶、水化酶、脱羧酶及脱氨酶等。

（5）异构酶类。催化各种同分异构体之间相互转化的酶类。如磷酸丙糖异构酶等。

（6）合成酶类。催化两分子底物合成为一分子化合物，同时偶联有 ATP 的磷酸键断裂释放能量的酶类。例如，谷氨酰胺合成酶、氨基酰-tRNA 合成酶等。

国际酶学委员会根据酶所催化的化学键的特点、参加反应的底物、转移基团的不同，每个酶都有一个由四个阿拉伯数字组成的分类编号，数字间由"·"隔开，第一个数字指明该酶属于六个大类中的哪一类；第二个数字指出酶属于哪一个亚类；第三个数指出该酶属于哪一个亚亚类；第四个数字则表明该酶在亚亚类中的排号。编号之前冠以 EC，EC 为 Enzyme Commision（酶学委员会）之缩写。例如乳酸脱氢酶的编号为（EC1.1.1.27）。

 **科学典故**

酶与疾病的发生

有些疾病的发生是由于某种酶在体内的生成或作用发生障碍所致。现已发现 140 多种先天性代谢缺陷中，多与酶的先天性或遗传性缺损相关。例如，酪氨酸酶缺乏引起白化病。苯丙氨酸羟化酶缺乏使苯丙氨酸和苯丙酮酸在体内堆积，高浓度的苯丙氨酸可抑制 5-羟色胺（一种脑内神经递质）的生成，导致精神幼稚化。积聚的苯丙酮酸经肾排出，表现为苯丙酮酸尿症。6-磷酸葡萄糖脱氢酶缺陷可引起蚕豆病。

许多疾病也可引起酶的异常，这种异常又使病情加重。如急性胰腺炎时，胰蛋白酶原在胰腺中被激活，导致胰腺组织被水解破坏。许多炎症都可以使弹性蛋白酶从浸润的白细胞或巨噬细胞中释放，对组织产生破坏作用，如肺部长期慢性炎症，浸润的白细胞释放弹性蛋白酶，破坏肺泡壁的弹性纤维，导致肺气肿。

激素代谢障碍或维生素缺乏可引起某些酶异常。例如，维生素 K 缺乏时，肝合成的凝血酶原、凝血因子不能进一步羧化生成成熟的凝血因子，使血液凝固发生障碍。

酶活性受到抑制多见于中毒性疾病，例如，前述的有机磷农药中毒是由于抑制了胆碱酯酶的活性；重金属盐中毒是由于抑制了巯基酶的活性；氰化物、一氧化碳中毒是由于抑制了呼吸链中的细胞色素氧化酶的活性。

【小 结】

酶是由活细胞合成的，对其特异底物起高效催化作用的蛋白质。生物体内几乎所有的化学反应都需酶催化。核酶是近年来发现的具有催化作用的核酸。单纯酶是仅由氨基酸残基组成的酶，结合酶也称全酶，由酶蛋白和非蛋白部分即辅助因子组成。酶蛋白决定酶催化反应的特异性，辅助因子决定酶催化反应的种类和性质。辅助因子是金属离子或小分子有机化合物。小分子有机化合物作为酶的辅助因子称为辅酶，分子结构中常含有 B 族维生素。辅酶的主要作用是参与酶的催化过程，在反应中传递电子、质子或一些基团。与酶蛋白共价结合较紧密的辅酶又称为辅基。

酶的活性中心是由酶分子中一些必需基团，在空间结构上彼此靠近，组成一定的空间结构，能与底物特异地结合并将底物转化为产物的区域，是酶发挥催化作用的关键部位。有些酶以无活性的酶原形式存在，在发挥作用时才被激活形成有活性的酶。酶原的激活实质是酶的活性中心形成或暴露的过程。同工酶是指催化相同的化学反应，而酶蛋白的分子结构、理化性质以及免疫学性质不同的一组酶。

酶促反应具有高效率、高度特异性和可调节性。酶实现其高效率的催化作用原理是，酶与底物间相互诱导契合形成过渡态复合物，通过邻近效应、定向排列，多元催化及表面催化使酶发挥其催化作用。

酶促反应动力学研究酶促反应速度及其影响因素，影响因素包括底物浓度、酶浓度、温度、pH、抑制剂及激活剂等。底物浓度对酶促反应速度 V 的影响可用米氏方程式表示。在最适温度和最适 pH 时，酶活性最大。酶的抑制作用主要分为不可逆性抑制和可逆性抑制两大类。竞争性抑制使 V_{max} 不变，K_m 增大，而非竞争性抑制则使 V_{max} 下降，K_m 不变，反竞争性抑制使 V_{max} 下降，K_m 减小。

【思考题】

6-1 试述 K_m 的意义。

6-2 举例说明什么是酶的竞争性抑制。

6-3 试比较三种可逆性抑制作用酶促反应的特点。

【拓展训练】

单项选择题

（1）下列对酶的叙述，哪一项是正确的？（　　）

　　A. 所有的蛋白质都是酶

　　B. 所有的酶均以有机化合物作为作用物

　　C. 所有的酶均需特异的辅助因子

　　D. 所有的酶对其作用物都是有绝对特异性

　　E. 少数 RNA 具有酶一样的催化活性

（2）有关酶的不正确论述是（　　）。

　　A. 酶的化学本质是蛋白质

　　B. 酶在体内可以更新

　　C. 一种酶可催化体内所有的化学反应

　　D. 酶不能改变反应的平衡点

　　E. 酶是由活细胞合成的具有催化作用的蛋白质

（3）关于酶的正确论述是（　　）。

　　A. 酶的活性是不可调节的　　　　　　B. 所有酶的催化反应都是单向反应

　　C. 酶的活性中心只能与底物结合　　　D. 单体酶具有四级结构

　　E. 酶活性中心的维持需要活性中心外的必需基团

（4）酶与一般催化剂的共同点是（　　）。

A. 增加产物的能量水平　　　　　　　B. 降低反应的自由能变化

C. 降低反应的活化能　　　　　　　　D. 降低反应物的能量水平

E. 增加反应的活化能

（5）以下哪项不是酶的特点？（　　）

A. 多数酶是细胞制造的蛋白质

B. 易受 pH，温度等外界因素的影响

C. 能加速反应，也能改变反应平衡点

D. 催化效率极高

E. 有高度特异性

（6）加热使酶失活是因为（　　）。

A. 酶的一级结构和空间结构同时遭到破坏

B. 酶的一级结构遭到破坏

C. 酶的空间结构遭到破坏

D. 酶不再溶于水

E. 酶的沉淀

（7）下列哪种酶为结合酶？（　　）

A. 淀粉酶　　　B. 酯酶　　　　　　C. 转氨酶　　　　　D. 核糖核酸酶

E. 脲酶

（8）结合酶在下列哪种情况下才有活性？（　　）

A. 酶蛋白单独存在　　　　　　　　　B. 辅酶单独存在

C. 亚基单独存在　　　　　　　　　　D. 全酶形式存在

E. 有激动剂存在

（9）有关酶的辅助因子的不正确描述是（　　）。

A. 金属离子多为辅基　　　　　　　　B. 维生素的衍生物多为辅酶

C. 辅助因子不参与酶活性中心的形成　D. 可用透析的方法除去辅酶

E. 酶蛋白决定反应的特异性

（10）下列哪种辅酶中不含核苷酸？（　　）

A. FAD　　　　B. FMN　　　　　　C. FH_4　　　　　D. $NADP^+$

E. CoASH

【技能训练】

底物浓度对酶活性的影响

〔实验目的〕

（1）掌握底物浓度对酶促反应速度的影响机制。

（2）掌握米氏常数测定的方法。

〔实验原理〕

酶促反应速度与底物浓度的关系可用米氏方程来表示：

$$V = \frac{V_{max}[S]}{K_m + [S]}$$

式中，V 为反应初速度，$\mu mol/(L \cdot min)$；V_{max} 为最大反应速度，$\mu mol/(L \cdot min)$；$[S]$ 为底物浓度，mol/L；K_m 为米氏常数，mol/L。

这个方程表明当已知 K_m 及 V_{max} 时，酶反应速度与底物浓度之间的定量关系。K_m 值等于酶促反应速度达到最大反应速度一半时所对应的底物浓度，是酶的特征常数之一。不同的酶 K_m 值不同，同一种酶与不同底物反应 K_m 值也不同，K_m 值可近似地反映酶与底物的亲和力大小：K_m 值大，表明亲和力小；K_m 值小，表明亲和力大。

测 K_m 值是酶学研究的一个重要方法。大多数纯酶的 K_m 值在 $0.01 \sim 100mmol/L$。Linewaeaver—Burk 作图法（双倒数作图法）是用实验方法测 K_m 值的最常用的简便方法，实验时可选择不同的 $[S]$，测对应的 V；本实验以胰蛋白酶消化酪蛋白为例，采用 Linewaeaver—Burk 双倒数作图法测定 K_m 值。胰蛋白酶催化蛋白质中碱性氨基酸（L-精氨酸和 L-赖氨酸）的羧基所形成的肽键水解。水解时有自由氨基生成，可用甲醛滴定法判断自由氨基增加的数量而跟踪反应，求得初速度。

〔试剂和器材〕

（1）试剂。

1）$0 \sim 40g/L$ 酪蛋白溶液（pH8.5）。分别取 10g、20g、30g、40g 酪蛋白溶于约 900mL 水中，加 20mL 1N NaOH 连续振荡，微热直至溶解，以 1N HCl 或 1N NaOH 调 pH 至 8.5，定容至 1L，即生成四种不同 $[S]$ 的酪蛋白标准溶液。

2）中性甲醛溶液。75mL 分析纯甲醛加 15mL 0.25% 酚酞乙醇溶液，以 0.1mol/L NaOH 滴至微红，密闭于玻璃瓶中。

3）0.25% 酚酞加 50% 乙醇溶液。2.5g 酚酞以 50% 乙醇溶解，定容至 1L。

4）标准 0.1mol/L NaOH 溶液。

5）胰蛋白酶溶液。称取 2g 胰蛋白酶溶于 50mL 蒸馏水中，放入冰箱保存。

（2）器材。50mL 三角烧瓶（×16），150mL 三角烧瓶（×4），吸管 5mL（×1）、10mL（×5），量筒 100mL（×4），25mL 碱式滴定管及滴定台、蝴蝶夹、恒温水浴箱、滴管。

〔操作步骤〕

（1）取 50mL 三角瓶 4 个，加入 5mL 甲醛与 1 滴酚酞，以 0.1mol/L 标准 NaOH 滴定至微红色，4 个瓶颜色应当一致，编号。

（2）量取 40g/L 酪蛋白 50mL，加入一 150mL 三角瓶，37℃ 保温 10min，同时胰蛋白酶液也在 37℃ 保温 10min，然后吸取 5mL 酶液加到酪蛋白液中。（同时计时！）充分混合后立即取出 10mL 反应液（定为 0 时样品）加入一含甲醛的小三角瓶中（1 号）加 10 滴酚酞；以 0.1mol/L NaOH 滴定至微弱而持续的微红色。在接近终点时，按耗去的 NaOH 体积（mL），每毫升加一滴酚酞，再继续滴至终点，记下耗去的 0.1mol/L 标准 NaOH 体积（mL）。

（3）在 2min、4min、6min 时，分别取出 10mL 反应液，加入 2 号、3 号、4 号小三角

瓶，同上操作，记下耗去 NaOH 体积（mL）。

（4）以滴定度（即耗去的 NaOH 体积（mL））对时间作图，得一直线，其斜率即初速度 V_{40}（相对于 40g/L 的酪蛋白浓度）。

（5）然后分别量取 30g/L、20g/L、10g/L 的酪蛋白溶液，重复上述操作，分别测出 V_{30}、V_{20}、V_{10}。

（6）利用上述结果，以 $1/V$ 对 $1/[S]$ 作图，即求出 V 与 K_m 值。

〔注意事项〕

（1）实验表明，反应速度只在最初一段时间内保持恒定，随着反应时间的延长，酶促反应速度逐渐下降。原因有多种，如底物浓度降低，产物浓度增加而对酶产生抑制作用并加速逆反应的进行，酶在一定 pH 及温度下部分失活等。因此，研究酶的活力以酶促反应的初速度为准。

（2）本实验是一个定量测定方法，为获得准确的实验结果，应尽量减少实验操作中带来的误差。因此配制各种底物溶液时应用同一母液进行稀释，保证底物浓度的准确性。各种试剂的加量也应准确，并严格控制准确的酶促反应时间。

7 维 生 素

【学习目标】
☆ 掌握维生素的概念。
☆ 掌握 B 族维生素及其构成的辅酶的名称、功能、参与的反应。
☆ 掌握微量元素的概念。
☆ 熟悉脂溶性维生素的主要生化作用及缺乏症。
☆ 熟悉维生素 C。

【引导案例】
  维生素又名维他命，通俗来讲，即维持生命的物质，是维持人体生命活动必需的一类有机物质，也是保持人体健康的重要活性物质。维生素在体内的含量很少，但不可或缺。各种维生素的化学结构以及性质虽然不同，但它们却有着以下共同点：
  （1）维生素均以维生素原的形式存在于食物中。
  （2）维生素不是构成机体组织和细胞的组成成分，它也不会产生能量，它的作用主要是参与机体代谢的调节。
  （3）大多数的维生素，机体不能合成或合成量不足，不能满足机体的需要，必须经常通过食物中获得。
  （4）人体对维生素的需要量很小，日需要量常以毫克或微克计算，但一旦缺乏就会引发相应的维生素缺乏症，对人体健康造成损害。

7.1 概 述

7.1.1 维生素的概念

  维生素（vitamin）是维持机体正常生理功能所必需的营养素，在体内不能合成或合成量很少，必须由食物供给的一类小分子有机化合物。维生素每天的需要量很少，仅以微克或毫克计算。它们既不参与机体组织的构成，也不氧化供能，但许多维生素参与辅酶的组成，在调节人体正常的物质代谢及维持人体正常生理功能等方面都是必不可少的，其中任何一种长期缺乏，都会导致维生素缺乏病的发生。

7.1.2 维生素的命名与分类

7.1.2.1 维生素的命名

  维生素有三种命名系统：（1）按发现的先后顺序，以拉丁字母命名，如在"维生素"之后加上 A、B、C、D 等字母。有些维生素混合存在，便在字母右下注以 1、2、3 等数字加以区别，如 A_1 和 A_2、D_2 和 D_3、B_1 和 B_2 等。目前，有些维生素名称不连续，是由于当初发现，后来被证明不是维生素，或者期间有的维生素被重复命名。（2）按化学结构特点命名，如视黄醇、核黄素、吡多醛等。（3）根据其生理功能和治疗作用命名，如抗干眼病维生素、抗佝偻病维生素、抗坏血酸等。

7.1.2.2 维生素的分类

维生素的种类繁多，化学结构差异很大。通常按其溶解性质的不同，可将维生素分为脂溶性维生素和水溶性维生素两大类。脂溶性维生素包括 A、D、E、K。水溶性维生素分为 B 族维生素和维生素 C。B 族维生素包括 B_1、B_2、PP、B_6、泛酸、生物素、叶酸、B_{12} 等。

7.1.3 维生素缺乏的原因

维生素缺乏的常见原因如下：

（1）维生素摄入量不足。主要见于某些原因造成的食物供给的维生素严重不足。如膳食结构不合理或严重偏食；食物烹调方法不当；食物运输、加工、储藏不当造成的维生素大量破坏或丢失。

（2）吸收障碍。老人因牙齿的咀嚼功能降低或肝、胆、胃肠道等消化系统疾病患者，对维生素的消化、吸收与利用存在障碍；膳食中脂肪过少，纤维素过多，也会减少脂溶性维生素的吸收。

（3）维生素需要量增加而补充相对不足。孕妇、乳母、儿童、重体力劳动者及慢性消耗性疾病患者对维生素需要量相对增高，如仍按常规量供给即可引起维生素不足或产生维生素缺乏病。

（4）其他。长期服用广谱抗生素会抑制肠道细菌的生长，从而造成由肠道细菌合成的某些维生素（如 K_2、B_6、生物素、叶酸、B_{12}）的缺乏；日光照射不足，可引起维生素 D_3 缺乏。

7.2 脂溶性维生素

脂溶性维生素 A、D、E、K 不溶于水而溶于脂肪及有机溶剂（如乙醚、氯仿等），在食物中它们通常与脂类共同存在，在肠道与脂类物质一同被吸收。脂溶性维生素在体内有一定量的储存，主要储存在肝脏中，食用过量可引起中毒。

7.2.1 维生素 A

7.2.1.1 化学本质及性质

维生素 A 是一类含有 β-白芷酮环和两分子异戊二烯构成的二十碳多烯醇。从动物组织中提取的有活性的维生素 A 包括视黄醇、视黄醛和视黄酸。天然的维生素 A 有两种形式，即 A_1 和 A_2，A_1 又称视黄醇，视黄醇在体内可氧化成视黄醛，进一步氧化成视黄酸。A_1 主要存在于哺乳动物和咸水鱼的肝中；A_2 在 3 位上多一个双键，又称 3-脱氢视黄醇，主要存在于淡水鱼的肝中，其生物活性约为维生素 A_1 的 40%。

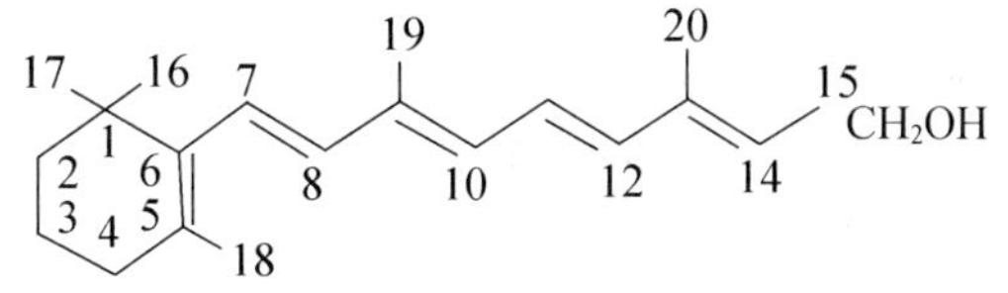

维生素A$_1$(全反型)

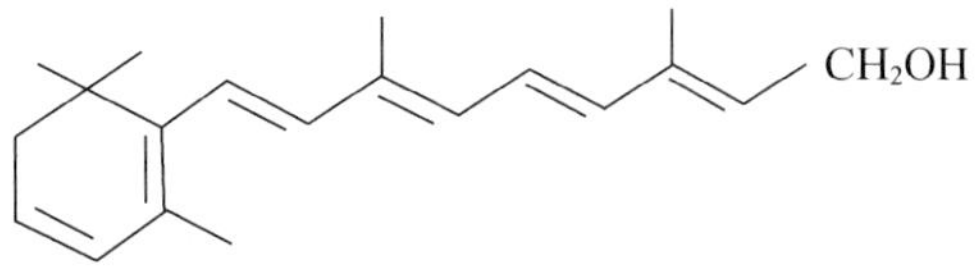

维生素A$_2$(全反型)

植物中不存在维生素 A，但含有多种胡萝卜素，称维生素 A 原，包括 α、β、γ 等多种，其中以 β-胡萝卜素最为重要。胡萝卜素本身并无生理活性，但在人和动物的小肠黏膜胡萝卜素加双氧酶作用下，β-胡萝卜素可生成两分子视黄醇，如图 7-1 所示。β-胡萝卜素的吸收率远低于维生素 A，仅为摄入量的 1/3，而吸收后在体内可转变为维生素 A 的转换率为 1/2。视黄醇在小肠黏膜上皮细胞吸收后重新酯化并参与生成乳糜微粒。乳糜微粒通过淋巴循环，被肝摄取，在肝细胞中又水解出游离的视黄醇。在血浆中视黄醇与视黄醇结合蛋白（retinol binding protein，RBP）结合，RBP 再与前清蛋白结合，防止低分子量的 RBP 由肾滤出。在细胞内，视黄醇与细胞视黄醇结合蛋白结合。肝细胞内多余视黄醇则进入星形细胞，以视黄醇酯的形式储存，其储存量高达 100mg，占体内视黄醇总量的 50% ~ 80%。

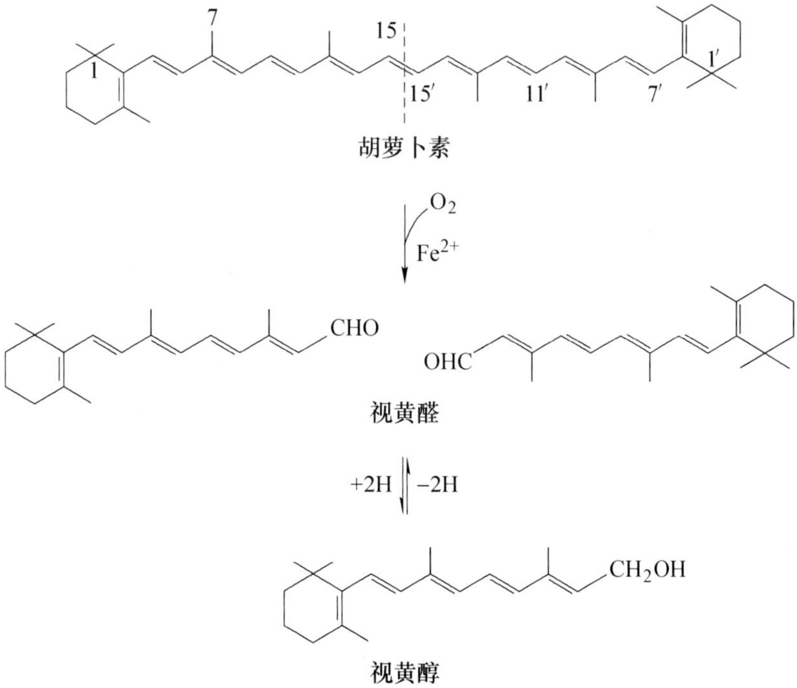

图 7-1 胡萝卜素的氧化及视黄醛与视黄醇的互变

7.2.1.2 生化作用及缺乏病

（1）构成视觉细胞内的感光物质。人视网膜中有对弱光或暗光敏感的视杆细胞。在视杆细胞内全反视黄醇被异构成11-顺视黄醇，进而氧化为11-顺视黄醛。11-顺视黄醛作为辅基与光敏感视蛋白结合构成视紫红质（rhodopsin）。视紫红质在感受弱光或暗光时，11-顺视黄醛发生构象和构型改变，转变为全反视黄醛，并引起视蛋白变构。视蛋白是 G 蛋白偶联的跨膜受体，通过一系列反应产生视觉神经冲动，而后视紫红质分解，全反视黄醛和视蛋白分离，构成视循环，如图7-2所示。

维生素 A 能促进视觉细胞内感光物质的合成与再生，以维持正常视觉。当维生素 A 缺乏时，视循环的关键物质11-顺视黄醛产生不足，引起视紫红质合成减少，视网膜对弱光敏感性下降，暗适应能力减弱，严重时会造成夜盲症。

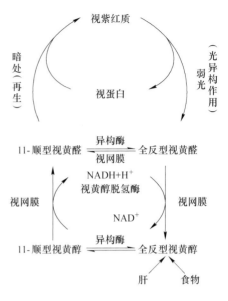

图 7-2　视紫红质的视循环

（2）视黄酸对基因表达和组织分化的调节作用。维生素 A 另一重要功能是调节细胞的生长和分化，以全反视黄酸和9-顺视黄酸最为重要。它们首先与细胞核内受体结合，再结合 DNA 反应元件，从而调节某些基因的表达。维生素 A 对维持上皮组织的生长和分化起重要作用。当维生素 A 缺乏时，可引起上皮组织细胞干燥、增生和角质化等，表现为皮肤粗糙、毛囊丘疹等。在眼部会出现眼结膜黏液分泌细胞的丢失和角化，或者糖蛋白分泌减少，导致角膜干燥，泪液分泌减少，泪腺萎缩，称为干眼病（xerphthalmia），故维生素 A 又称抗干眼病维生素。缺乏维生素 A 还可因眼部上皮组织发育不健全，容易受到微生物袭击而感染疾病，儿童、老人还易引起呼吸道炎症。

此外，β-胡萝卜素具有抗氧化作用，在氧分压较低的条件下直接消灭自由基，提高抗氧化防卫能力。流行病学研究表明：维生素 A 的摄入量与癌症的发生呈负相关。动物实验表明：维生素 A 有阻止肿瘤形成的抗启动基因的活性，故有防癌抑癌的作用。维生素 A 缺乏的动物，对化学致癌物更为敏感。

正常成人维生素 A 每日生理需要量为1mg。若一次服用200mg或长期每日服用40mg维生素 A，可引起中毒，出现恶心、呕吐、头痛、视觉模糊等症状以及肝细胞损伤、高脂血症等。正常膳食不会引起中毒。维生素 A 的最好来源是肝、蛋黄、奶油及全乳，胡萝卜、番茄等蔬菜也是提供胡萝卜素的佳品。

7.2.2 维生素 D

7.2.2.1 化学本质及性质

维生素 D 是类固醇衍生物，其种类很多，主要是维生素 D_2 和 D_3。维生素 D_2 又称麦角钙化醇，存在于植物中，维生素 D_3 又称胆钙化醇，存在于动物中，以维生素 D_3 最为重要。

　　酵母或植物油中的麦角固醇人体不能吸收，经紫外线照射后转变为能吸收的维生素 D_2，所以麦角固醇又称为维生素 D_2 原。人体从动物性食物中摄入或体内合成的胆固醇经转变为 7-脱氢胆固醇储存于皮下，在紫外线照射后转变为维生素 D_3，所以称 7-脱氢胆固醇为维生素 D_3 原，如图 7-3 所示。

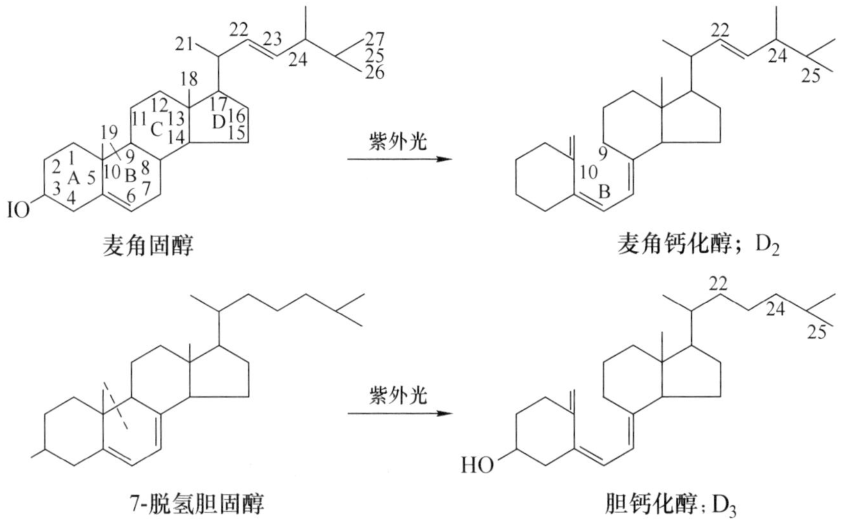

图 7-3　维生素 D_2 和维生素 D_3 的形成

　　维生素 D_3 在肝经 25-羟化酶的作用转变为 25-羟胆钙化醇——25-(OH)-D_3，经过血液循环到肾小管上皮细胞在 1-α-羟化酶的作用下生成维生素 D_3 的活性形式：1，25-二羟胆钙化醇——1,25-(OH)$_2$-D_3，如图 7-4 所示。

　　维生素 D_2 和 D_3 为白色晶体，其化学性质比较稳定，在酸性和碱性溶液中稳定、耐热、耐氧，不易被破坏，通常的烹调加工不会引起维生素 D_3 的损失。

7.2.2.2　生化作用及缺乏病

　　维生素 D_3 的活性型 1，25-(OH)$_2$-D_3，能调节体内的钙磷代谢，故被视为一种激素，其靶器官是小肠黏膜、骨、肾小管。

　　（1）调节血钙水平。维生素 D 的主要作用是促进小肠黏膜对钙、磷的吸收及肾小管对钙、磷的重吸收，维持血浆中钙磷浓度的正常水平，促进成骨和破骨细胞的形成，促使骨骼的重建，有利于新骨钙盐沉着。当维生素 D_3 缺乏时，儿童可发生佝偻病，因此，维生素 D 又称抗佝偻病维生素。佝偻病实质为钙化不良，结果形成软而易弯的骨，出现鸡胸、串珠肋及膝外翻等；成人易引起软骨病，使骨脱骨盐而易骨折。此外，1,25-(OH)$_2$-D_3 还能与靶细胞特异的核受体结合，调节相关基因的表达，如钙结合蛋白基因、骨钙蛋白基因等，或者通过信号传导系统使钙通道开放，来调节钙、磷代谢。

　　（2）影响细胞分化。大量研究表明：1,25-(OH)$_2$-D_3 具有调节皮肤、大肠、前列腺、乳腺等许多组织细胞分化的作用。1,25-(OH)$_2$-D_3 还能促进胰岛 β 细胞合成和分泌胰岛素，有抗糖尿病的功能。对某些肿瘤细胞也具有抑制增殖和促进分化的作用。

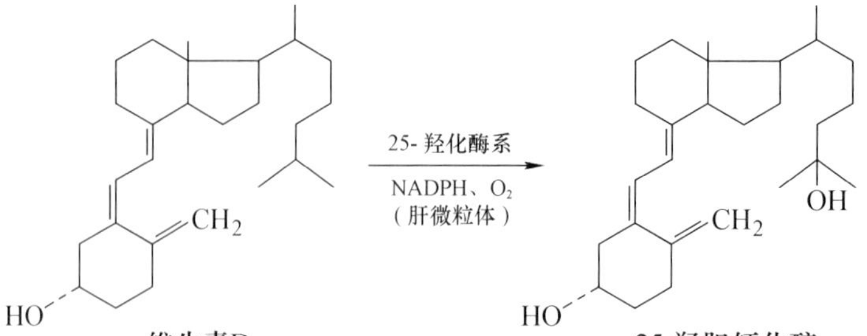

$$\text{维生素}D_3 \xrightarrow[\substack{\text{NADPH、}O_2 \\ (\text{肝微粒体})}]{25\text{-羟化酶系}} 25\text{-羟胆钙化醇}$$

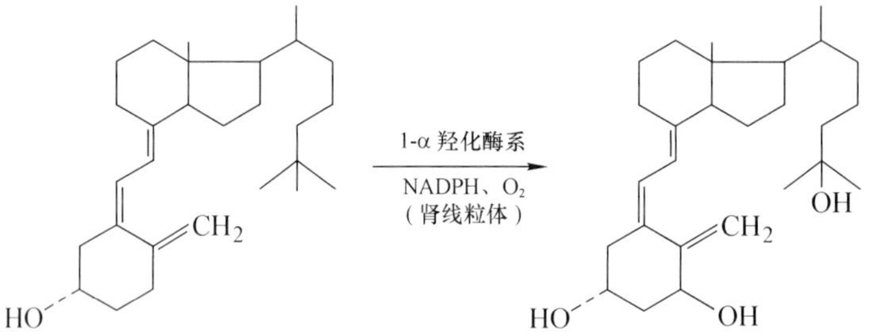

$$25\text{-羟胆钙化醇} \xrightarrow[\substack{\text{NADPH、}O_2 \\ (\text{肾线粒体})}]{1\text{-}\alpha\text{ 羟化酶系}} 1,25\text{-二羟胆钙化醇}$$

图 7-4　维生素 D_3 的羟化

维生素 D 的推荐量为每日 $10\mu g$。经常晒太阳是人体获得维生素 D_3 的最廉价而又最有效的方法。一般膳食条件下不会发生维生素 D 缺乏症。过量摄入维生素 D 也可引起中毒。在用维生素 D 强化食品时，应该慎重。若发现维生素 D 中毒，应立即停服维生素 D、限制钙的摄入等。

 **科学典故**

维生素 D 缺乏症（vitamin D deficiency rickets）

一种小儿常见病。本病系因体内维生素 D 不足引起全身性钙、磷代谢失常以致钙盐不能正常沉着在骨骼的生长部分，最终发生骨骼畸形。佝偻病虽然很少直接危及生命，但因发病缓慢，易被忽视，一旦发生明显症状时，机体的抵抗力低下，易并发肺炎、腹泻、贫血等其他疾病。

佝偻病。主要出现于儿童，由于缺乏维生素 D，使得骨质变软变形，导致 X、O 型腿、鸡胸、出牙迟及不齐、易龋齿、腹部肌肉发育差易膨出。

骨质软化病。成人缺乏维生素 D，使成熟的骨骼脱钙而发生骨质软化症，此症多见于妊娠、多产的妇女及体弱多病的老人。

骨质疏松症。50 岁以上老人由于肝肾功能降低，胃肠吸收欠佳、户外活动减少等原因，体内维生素 D 水平常常低于年轻人，变现为骨密度下降，易骨折。手足痉挛症。

7.2.3　维生素 E

7.2.3.1　化学本质及性质

维生素 E 又称生育酚，是含苯骈二氢吡喃结构的酚类化合物，包括生育酚和生育三烯酚，每类都分4种：α、β、γ、δ生育酚，其中α-生育酚的生理活性最高，分布最广，但就抗氧化作用来说，δ-生育酚最强，α-生育酚最弱。维生素E主要在植物油、油性种子、麦胚油和蔬菜中。在体内，维生素E主要存在于细胞膜、血浆脂蛋白和脂库中。

生育酚

维生素E无氧条件下对热稳定，对氧敏感，一般烹调维生素E损失不大，在空气中维生素E易被氧化。

7.2.3.2 生化作用及缺乏病

（1）抗氧化作用。维生素E本身极易被氧化，作为脂溶性抗氧化剂和自由基清除剂，主要避免生物膜上脂质过氧化物的产生，保护细胞免受自由基的损害，维持生物膜结构与功能。此外，维生素E能捕捉过氧化脂质自由基，生成维生素E自由基，进而被维生素C和谷胱甘肽作用生成生育酚，消除其引起的毒性损害。此外，维生素E在改善皮肤弹性，使性腺萎缩减弱，提高免疫力等方面均有作用，因此，维生素E在预防衰老中的作用被受到重视。

（2）调节基因表达。维生素E对细胞信号传导和基因表达具有调节作用。维生素E上调或下调生育酚的摄取和降解的相关基因、脂类摄取和动脉硬化相关基因、表达某些细胞外基质蛋白基因、细胞黏附和炎症等相关基因的表达，维生素E具有抗炎、维持正常免疫功能和抑制细胞增殖等作用。

（3）与生殖功能和精子生成有关。动物实验表明：维生素E可促进胚胎及胎盘发育，使性器官生长成熟。动物维生素E缺乏时，可出现睾丸萎缩及其上皮变性、孕育异常。临床上常用维生素E治疗先兆流产和习惯性流产，但尚未发现人类因缺乏维生素E而引起的不育症。

（4）促进血红素生成。维生素E能提高血红素合成的关键酶——δ-氨基-γ-酮戊酸（ALA）合酶和ALA脱水酶的活性，促进血红素的合成。新生儿维生素E缺乏可引起贫血。

维生素E的推荐量为每日8~10mg。维生素E不易缺乏，在严重的脂类吸收障碍和肝严重损伤时可出现缺乏症。维生素E缺乏表现为红细胞数量减少，脆性增加等溶血性贫血症。人类尚未发现维生素E中毒症。

7.2.4 维生素K

7.2.4.1 化学本质及性质

维生素K是2-甲基-1，4萘醌的衍生物，与凝血有关，故又称为凝血维生素。广泛天然的维生素K有K_1及K_2两种。K_1从深绿叶蔬菜和植物油中获得，K_2由肠道细菌合成。临床上常用的K_3（2-甲基-1，4萘醌）及K_4（亚硫酸钠钾萘醌）是人工合成的，K_3和K_4溶于水，可口服或注射，其活性高于K_1及K_2。

维生素K的吸收主要在小肠，需要胆汁酸盐和胰脂肪酶，随乳糜微粒代谢，经淋巴吸收入血，在血液中由 β-脂蛋白转运至肝储存。

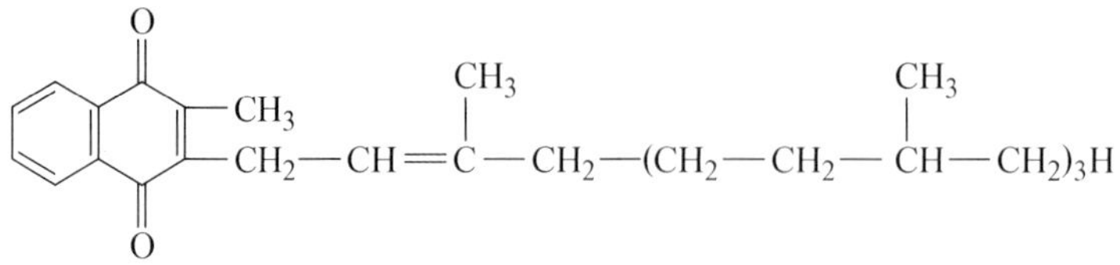

K_1

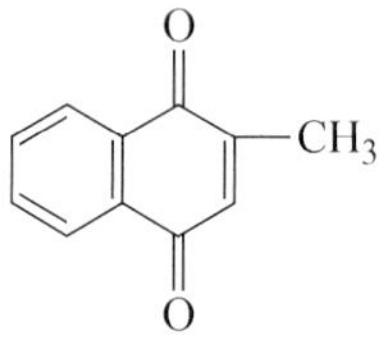

K_3

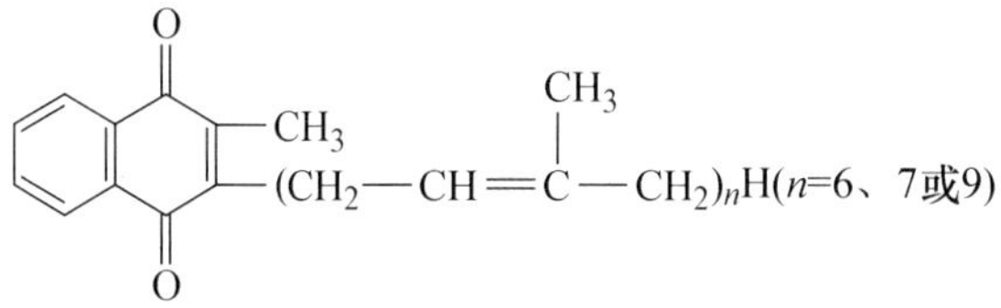

K_2 $(CH_2-CH=C-CH_2)_nH(n=6、7或9)$

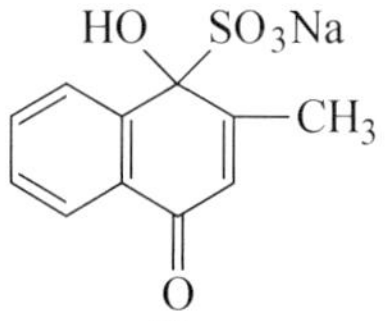

K_4

7.2.4.2 生化作用及缺乏病

维生素 K 的主要功能是促进凝血因子（Ⅱ、Ⅶ、Ⅸ、Ⅹ）的合成。这些凝血因子在肝脏合成时无活性，需要在 γ-谷氨酰羧化酶作用下转变成活性形式，参与凝血过程。维生素 K 是 γ-谷氨酰羧化酶的辅酶。此外，维生素 K 对骨代谢也具有重要作用。

维生素 K 的成人推荐量为每日 $100\mu g$，一般不易缺乏。当缺乏时，患者可出现出血症状，但对胆道、胰腺疾患、脂肪泻或长期服用抗生素药物的患者及术前应补充维生素 K，起预防作用。维生素 K 不能通过胎盘，新生儿肠道内又无细菌，故可能发生维生素 K 缺乏。

7.3 水溶性维生素

水溶性维生素包括 B 族维生素和维生素 C。除 B_{12} 外，在体内没有足够储存，必须经常从食物中摄取。人体对于水溶性维生素的需求量较少，在体液中过剩的部分超过肾阈值时由尿排出，一般不会发生中毒现象。

7.3.1 维生素 B_1

7.3.1.1 化学本质及性质

维生素 B_1 分子由含硫的噻唑环和含氨基的嘧啶环两部分组成，又称硫胺素（thiamine），在酸性环境中稳定，一般烹饪温度下破坏较少。维生素 B_1 在体内经硫胺素焦磷酸化酶作用转变成其活性形式焦磷酸硫胺素（thiamine pyrophosphate，TPP）。

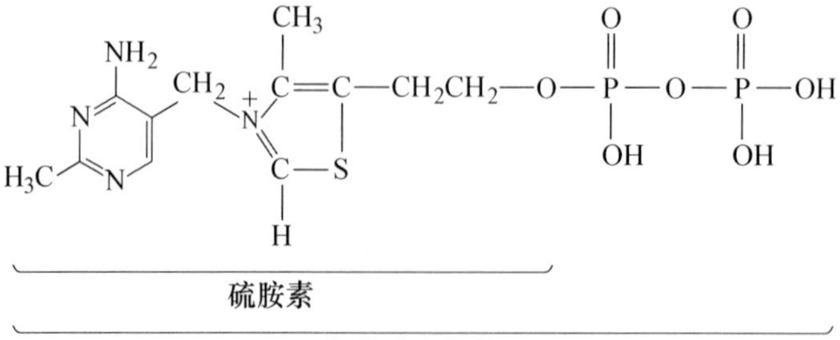

硫胺素

焦磷酸硫胺素 (TPP)

7.3.1.2 生化作用及缺乏病

TPP 是 α-酮酸氧化脱羧酶的辅酶，在体内供能代谢中具有重要地位。TPP 噻唑环上硫和氮原子之间的碳十分活跃，易释放 H^+，成为负碳离子。负碳离子与 α-酮酸的羧基结合，使之发生脱羧。此外，TPP 还是磷酸戊糖途径中转酮醇酶的辅酶。维生素 B_1 缺乏时，α-酮酸氧化脱羧障碍，使糖氧化受阻，影响能量的产生。丙酮酸在血中堆积，导致末梢神经炎和其他神经肌肉变性病变，即脚气病。严重者可发生浮肿及心力衰竭。

维生素 B_1 还可影响神经传导。乙酰胆碱的合成原料乙酰辅酶 A 主要来自丙酮酸的氧化脱羧，维生素 B_1 不足，乙酰辅酶 A 合成不足，乙酰胆碱合成减少。同时，维生素 B_1 还能抑制胆碱酯酶的活性，后者催化乙酰胆碱水解生成乙酸和胆碱。缺乏维生素 B_1，乙酰胆碱合成减少、分解加强，可出现肠蠕动变慢，消化不良，食欲不振等。

维生素 B_1 正常成人推荐量每日为 1.0～1.5mg。维生素 B_1 主要存在于种子的外皮中，加工过于精细的谷物可造成其大量丢失。测定红细胞中的转酮醇酶活性、尿中及血中的硫胺素浓度可了解 B_1 是否缺乏。

 **科学典故**

维生素 B_1（硫胺素）缺乏病又称脚气病

常见的营养素缺乏病之一。若以神经系统表现为主称干性脚气病，以心力衰竭表现为主则称湿性脚气病。前者表现为上升性对称性周围神经炎，感觉和运动障碍，肌力下降，部分病例发生足垂症及趾垂症，行走时呈跨阈步态等。后者表现为软弱、疲劳、心悸、气急等。

(1) 干性脚气病。表现为上升性对称性周围神经炎，感觉和运动障碍，肌力下降，肌肉酸痛以腓肠肌为重，部分病例发生足垂症及趾垂症，行走时呈跨阈步态。脑神经中迷走神经受损最为严重，其次为视神经、动眼神经等。重症病例可见出血性上部脑灰质炎综合征或脑性脚气病，表现为眼球震颤、健忘、定向障碍、共济失调、意识障碍和昏迷。还可与 Korsakoff 综合征并存，有严重的记忆和定向功能障碍。

(2) 湿性脚气病。表现为软弱、疲劳、心悸、气急。因右心衰竭患者出现厌食、恶心、呕吐、尿少及周围性水肿。体检阳性体征多为体循环静脉压高的表现。脉率快速但很少超过 120 次/min，血压低，但脉压增大，周围动脉可闻及枪击音。叩诊心脏相对浊音界可以正常，或轻至重度扩大。心尖部可闻及奔马律，心前区收缩中期杂音，两肺底湿啰音，可查见肝大、胸腔积液、腹腔积液和心包积液体征。

(3) 急性暴发性心脏血管型脚气病。表现为急性循环衰竭，气促，烦躁，血压下降，严重的周围型发绀，心率快速，心脏扩大明显，颈静脉怒张。患者可在数小时或数天内死于急性心力衰竭。

7.3.2 维生素 B_2

7.3.2.1 化学本质及性质

维生素 B_2 是核醇与 7,8-二甲基异咯嗪的缩合物，呈黄色，有荧光色素，故又称核黄素。在体内的活性形式是黄素单核苷酸（flavin mononucleotide，FMN）和黄素腺嘌呤二核苷酸（flavin adenine dinucleotide，FAD）。维生素 B_2 在小肠黏膜黄素激酶的催化下生成 FMN，FMN 进一步在焦磷酸化酶作用下生成 FAD。

7.3.2.2　生化作用及缺乏病

FMN 和 FAD 结构中，异咯嗪环上 1，10 位氮原子之间有活泼的共轭双键，可反复受氢和脱氢，分别作为各种黄素酶（氧化还原酶）的辅基，起传递氢的作用。维生素 B_2 缺乏时，常引起口角炎、舌炎、唇炎、阴囊炎、眼睑炎等症。

$$（7-1）$$

成人维生素 B_2 每日推荐量为 $1.2 \sim 1.5mg$。常用红细胞中的谷胱甘肽还原酶活性来检查体内维生素 B_2 的含量。

7.3.3　维生素 PP

7.3.3.1　化学本质及性质

维生素 PP 是吡啶的衍生物，包括尼克酸（又称烟酸，nicotinic acid）和尼克酰胺（又称烟酰胺，nicotinamide）两种，二者在体内可互相转化，并在胃肠道被迅速吸收。维生素 PP 除食物直接供给外，在体内可由色氨酸转变而来，其转变率为 1/60。

维生素 PP 在体内转变为尼克酰胺腺嘌呤二核苷酸（nicotinamide adenine dinucleotide，NAD^+）和尼克酰胺腺嘌呤二核苷酸磷酸（nicotinamide adenine dinucleotide phosphate，

$NADP^+$），后二者是维生素 PP 的活性形式。

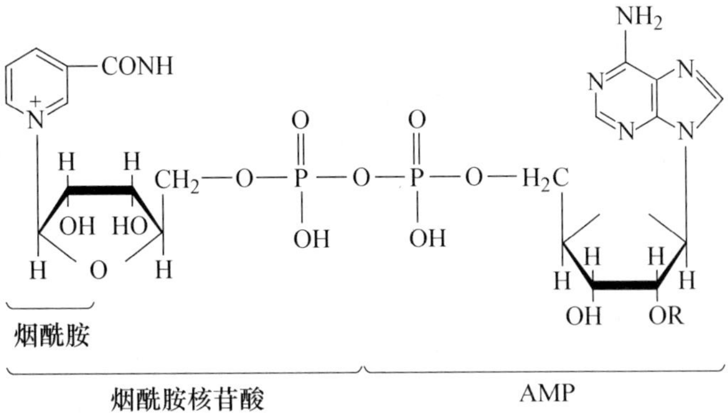

NAD$^+$ 的结构

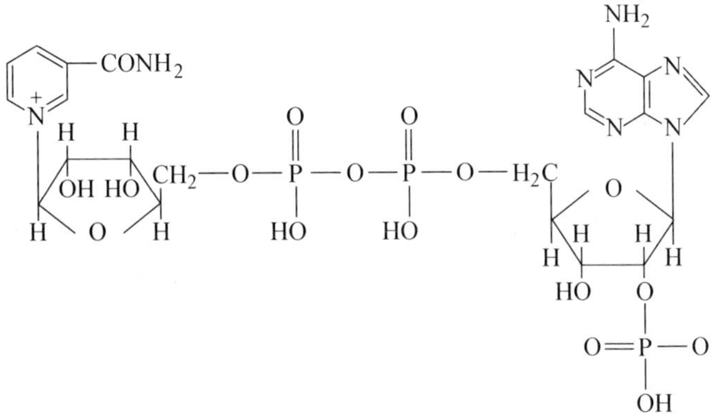

NADP$^+$ 的结构

7.3.3.2 生化作用及缺乏病

NAD^+ 和 $NADP^+$ 是体内多种不需氧脱氢酶的辅酶，分子中尼克酰胺部分有可逆的加氢、脱氢的特性，在酶促反应中起递氢体的作用。

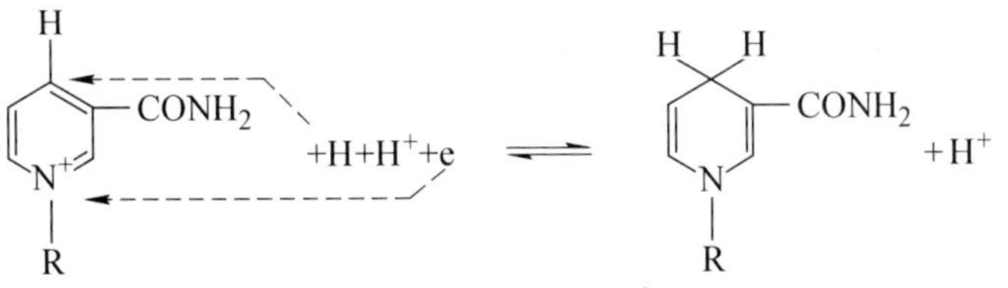

$$+H+H^++e \rightleftharpoons +H^+ \qquad (7-2)$$

NAD$^+$(或NADP$^+$)　　　　NADH(或NADPH)

维生素 PP 缺乏可表现为皮炎、腹泻及痴呆，称为癞皮病（或糙皮病）。皮炎常呈对称性出现在皮肤暴露部位。维生素 PP 又称抗癞皮病维生素。抗结核药异烟肼与维生素 PP 结构相似，两者具有拮抗作用，故使用异烟肼抗结核治疗时，应注意补充维生素 PP。近年来的研究发现，维生素 PP 可抑制脂肪组织的脂肪分解，从而抑制脂肪的动员，使肝中 VLDL 的合成下降，起到降低胆固醇的作用。

维生素 PP 的成人推荐量为每天 15～20mg。长期大量服用（＞500mg/d）可引起肝损伤。

7.3.4 维生素 B₆

7.3.4.1 化学本质及性质

维生素 B₆ 包括吡哆醇、吡哆醛、吡哆胺。在体内，吡哆醛和吡哆胺可互相转变。维生素 B₆ 吸收后，在肝内经磷酸化作用，可生成相应的磷酸吡哆醛与磷酸吡哆胺，它们是维生素 B₆ 的活性形式。

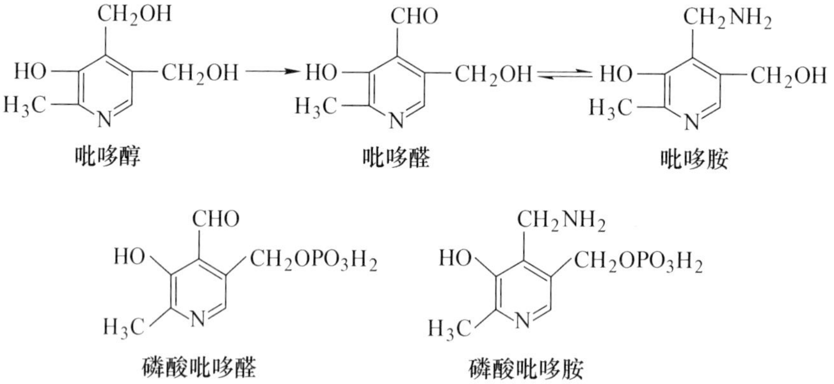

吡哆醇　　　　　吡哆醛　　　　　吡哆胺

$$(7-3)$$

磷酸吡哆醛　　　　磷酸吡哆胺

7.3.4.2 生化作用及缺乏病

磷酸吡哆醛是氨基酸转氨酶和脱羧酶的辅酶，起传递氨基和脱羧基作用。由于磷酸吡哆醛是血红素合成的关键酶 δ-氨基-γ-酮戊酸（ALA）合酶的辅酶，故与低色素小细胞性贫血有关。维生素 B₆ 每天推荐量为 $1.5 \sim 1.8 mg$。尚未发现维生素 B₆ 缺乏病，但异烟肼能与磷酸吡哆醛结合，故长期服用异烟肼时，易造成维生素 B₆ 缺乏，应补充维生素 B₆。过量服用维生素 B₆ 可引起中毒，表现为周围感觉神经病。

7.3.5 泛酸

7.3.5.1 化学本质及性质

泛酸（pantothenic acid）在自然界普遍存在，又称遍多酸。它经磷酸化并与巯基乙胺结合生成 4-磷酸泛酰巯基乙胺，后者参与组成辅酶 A（CoA）和酰基载体蛋白（acyl carrier protein，ACP），CoA 和 ACP 是泛酸在体内的活性形式。

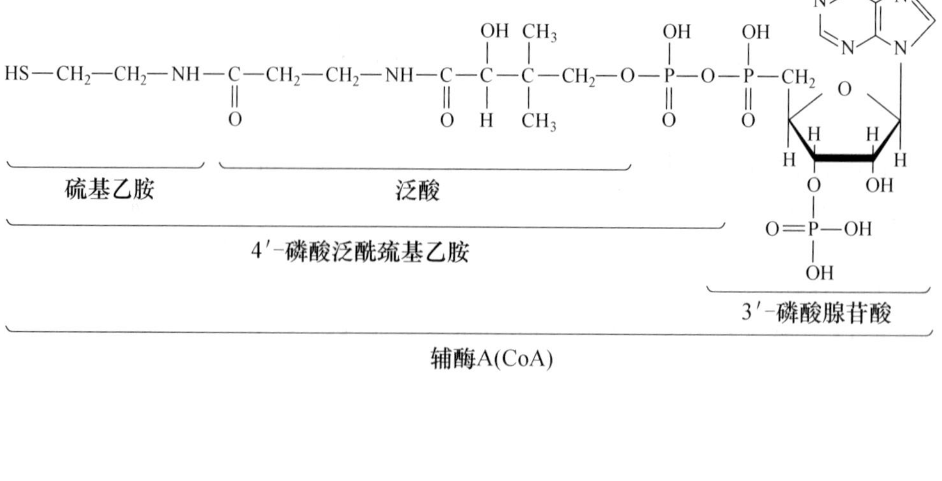

硫基乙胺　　　　泛酸

4′-磷酸泛酰巯基乙胺

3′-磷酸腺苷酸

辅酶A(CoA)

7.3.5.2 生化作用及缺乏病

辅酶 A 在物质代谢中起转移酰基的作用，是酰基转移酶的辅酶，广泛参与糖类、脂类和蛋白质代谢及肝的生物转化作用。如丙酮酸氧化脱羧生成乙酰 CoA。泛酸在动物组织、谷类、豆类中含量丰富，人类尚未发现泛酸缺乏病。

7.3.6 生物素

7.3.6.1 化学本质及性质

生物素（biotin）是由噻吩和尿素相结合的骈环并且有戊酸侧链的双环化合物。生物素为无色针状晶体，耐酸不耐碱，氧化剂及高温均可导致其失活。

生物素

7.3.6.2 生化作用及缺乏病

生物素是体内羧化酶的辅酶，参与羧化反应。生物素与羧化酶蛋白中赖氨酸残基的 ε-氨基通过共价键结合，形成生物胞素。在羧化反应中生物素可与 CO_2 结合，起 CO_2 载体的作用。如丙酮酸羧化酶的辅酶是生物素，使丙酮酸经羧化反应生成草酰乙酸。生物素在食物中含量丰富，而且肠道细菌也可以合成，一般不致缺乏，但长期服用抗生素药物患者需要补充生物素。新鲜鸡蛋中含抗生物素蛋白，与生物素结合而使生物素失活不被吸收。加热可破坏抗生物素蛋白，不再阻碍生物素的吸收。生物素缺乏表现为疲乏、恶心、呕吐、食欲不振及皮炎。

7.3.7 叶酸

7.3.7.1 化学本质及性质

叶酸（folic acid）以其在绿叶（如草及蔬菜）中含量丰富而得名，由 L-谷氨酸、对氨基苯甲酸（PABA）和 2-氨基-4-羟基-6-甲基蝶呤啶组成。叶酸为黄色晶体，微溶于水，易溶于乙醇，在醇溶液中不稳定、易被光破坏。

叶酸分子的 5, 6, 7, 8 位可被加氢还原成四氢叶酸（FH_4），FH_4 是叶酸的活性形式。

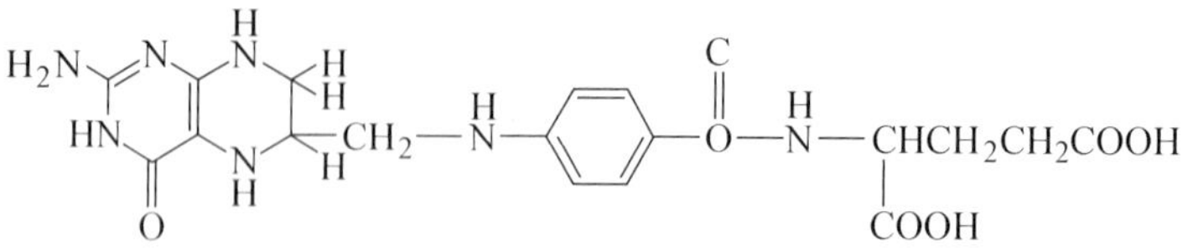

四氢叶酸

7.3.7.2　生化作用及缺乏病

FH_4 是一碳单位转移酶的辅酶，传递一碳单位，参与核苷酸代谢和氨基酸代谢。在胸腺嘧啶核苷酸和嘌呤核苷酸合成时，FH_4 提供一碳单位，故在核酸合成中至关重要。叶酸缺乏，一碳单位的转移受阻，核苷酸代谢障碍，使 DNA 合成受抑制，红细胞的发育和成熟受影响，骨髓幼红细胞 DNA 合成减少，细胞分裂速度降低，体积增大，核内染色质疏松，造成巨幼红细胞性贫血。

叶酸主要存在于肉类、鲜果及蔬菜中，肠道细菌也能合成，一般不会缺乏。孕妇及哺乳期妇女需适量补充叶酸。口服避孕药或抗惊厥药能干扰叶酸的吸收及代谢，长期服用此类药物时应补充叶酸，成人每日推荐量为 $400\mu g$。

7.3.8　维生素 B_{12}

7.3.8.1　化学本质及性质

维生素 B_{12} 含有金属元素钴，又称钴胺素，是唯一含金属元素的维生素。B_{12} 在体内有多种存在形式，如甲基钴胺素、5′-脱氧腺苷钴胺素、氰钴胺素和羟钴胺素等，前两种是维生素 B_{12} 在体内的活性形式，也是在血液中的主要存在形式。

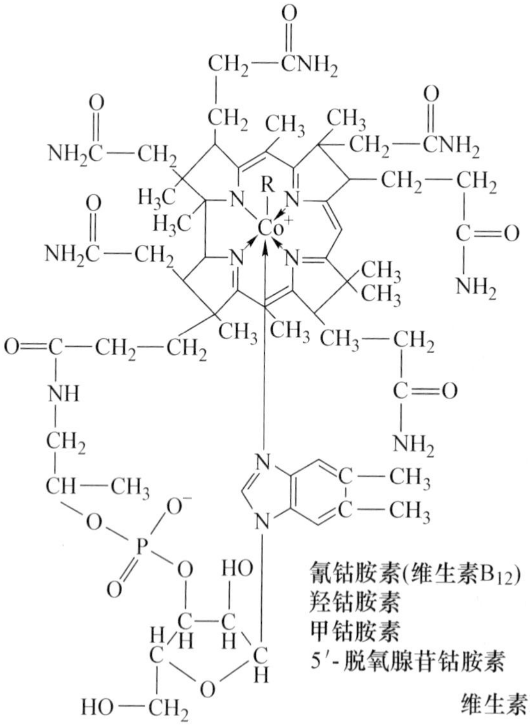

氰钴胺素（维生素B_{12}）　　R=—CN
羟钴胺素　　　　　　　　　R=—OH
甲钴胺素　　　　　　　　　R=—CH_3
5′-脱氧腺苷钴胺素　　　　R=—5′-脱氧腺苷

维生素B_{12}

7.3.8.2 生化作用及缺乏病

维生素 B_{12} 是甲硫氨酸合成酶的辅酶，参与同型半胱氨酸甲基化生成甲硫氨酸的反应。维生素 B_{12} 缺乏时，一方面，甲基转移受阻，同型半胱氨酸在体内堆积造成同型半胱氨酸尿症，增加动脉硬化、血栓生成和高血压的危险性。另一方面，使 FH_4 不能再生，组织中游离的 FH_4 含量减少，造成嘌呤、嘧啶及核酸、蛋白质生物合成障碍，影响细胞分裂，产生巨幼红细胞性贫血（即恶性贫血）。

5′-脱氧腺苷钴胺素是 L-甲基丙二酰 CoA 变位酶的辅酶，催化琥珀酰 4-磷酸泛酰巯基乙胺 CoA 的生成。维生素 B_{12} 缺乏时，L-甲基丙二酰 CoA 堆积，后者与丙二酰 CoA 结构相似，影响脂肪酸的正常合成，导致神经疾患的发生。

维生素 B_{12} 广泛存在于动物食物中，肠道细菌也可合成。维生素 B_{12} 必须与胃黏膜细胞分泌的内因子结合在回肠被吸收。肝中富含维生素 B_{12}，可供数年之需。

7.3.9 维生素C

7.3.9.1 化学本质及性质

维生素 C 又称抗坏血酸，是一种含己糖内酯的弱酸，其烯醇羟基的氢容易游离，因此而产生酸性及还原性。维生素 C 可发生自身氧化还原反应，和脱氢抗坏血酸之间互相转变，这种性质可用于维生素 C 的定量测定。还原型坏血酸是维生素 C 在体内的主要存在形式。

维生素 C 为无色片状结晶，味酸，维生素 C 耐酸不耐碱，对热不稳定，烹调不当可引起维生素 C 大量流失。

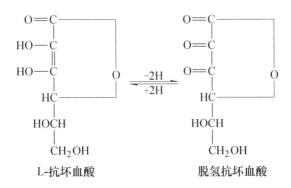

L-抗坏血酸　　　　　　　　脱氢抗坏血酸

维生素 C 广泛存在于新鲜蔬菜和水果中，植物中含有抗坏血酸氧化酶能将维生素 C 氧化为灭活的二酮古洛糖酸，所以蔬菜水果储存久后其维生素 C 会大量减少。干种子不含有维生素 C，经发芽后即可合成，故豆芽等是维生素 C 的重要来源。

7.3.9.2 生化作用及缺乏病

（1）参与体内氧化还原反应。维生素 C 能使氧化型谷胱甘肽还原成还原型谷胱甘肽，使巯基酶分子中的巯基保持还原状态；维生素 C 还可作为抗氧化剂清除自由基，有保护DNA、蛋白质和膜结构免遭损伤的重要作用；维生素 C 能使叶酸转变为有活性的四氢叶酸。所以维生素 C 有保护细胞和抗衰老作用。

（2）参与体内的羟化反应。维生素 C 是体内许多羟化酶的辅酶，参与多种羟化反应。

1）维生素 C 是胶原脯氨酸羟化酶及赖氨酸羟化酶的辅酶：维生素 C 促进胶原中脯氨酸和赖氨酸残基羟化生成羟脯氨酸和羟赖氨酸，羟脯氨酸和羟赖氨酸是维持胶原蛋白空间结构的关键成分，而胶原又是骨、毛细血管和结缔组织的重要组成部分。当维生素 C 缺乏时，胶原蛋白不足使细胞间隙增大，伤口不易愈合，毛细血管通透性和脆性增加，易破裂出血，骨骼脆弱易折断，牙齿易松动等，严重时可引起内脏出血，即坏血病。

2）维生素 C 促进胆固醇转变为胆汁酸：胆固醇经羟化反应转变成胆汁酸，维生素 C 是其限速酶——7α-羟化酶的辅酶。故维生素 C 有降低血中胆固醇的作用。

（3）其他作用。临床上维生素 C 具有良好的抗癌效果，这可能与维生素 C 所具有的阻断致癌物亚硝酸胺的生成、促进透明质酸酶抑制物合成、防止癌扩散、减轻抗癌药的副作用等功能有关。维生素 C 还可促进免疫球蛋白的合成与稳定，增强机体抵抗力。

维生素 C 对人体是很重要的，但长期大量使用可引起中毒。据报道，过量维生素 C 可引起疲乏、呕吐、荨麻疹、腹痛、尿路结石等。

体内重要维生素的来源、功能及缺乏病见表 7-1。

表 7-1   各种维生素的来源、功能和缺乏病

维生素	活性形式	来源	主要生理功用	缺乏症
维生素 A	视黄醇 视黄醛 视黄酸	肝、蛋黄、鱼肝油、乳汁、绿叶蔬菜、胡萝卜、玉米	（1）合成视紫红质，与视觉有关； （2）维持上皮组织结构完整； （3）促进生长发育； （4）抗氧化作用和防癌作用	夜盲症 干眼病 皮肤干燥
维生素 D	$1,25\text{-}(OH)_2\text{-}VD_3$	鱼肝油、肝、蛋黄、牛奶	（1）促进钙、磷的吸收； （2）影响细胞分化	儿童：佝偻病 成人：软骨病
维生素 E	生育酚	植物油	（1）与生殖功能有关； （2）抗氧化作用	人类未发现缺乏病
维生素 K		肝、绿色蔬菜、肠道细菌合成	促进肝脏合成凝血因子 II、VII、IX、X	皮下出血及胃肠道出血
维生素 B$_1$	TPP	酵母、蛋、瘦肉、谷类外皮及胚芽	（1）α-酮酸氧化脱羧酶辅酶； （2）抑制胆碱酯酶活性； （3）转酮醇酶的辅酶	脚气病、末梢神经炎
维生素 B$_2$	FMN、FAD	酵母、蛋黄、绿叶蔬菜肉、酵母、谷类、花生、胚芽、肝	各种黄素酶的辅基，起传递氢的作用	舌炎、唇炎、口角炎、阴囊炎
维生素 PP	NAD$^+$、NADP$^+$		多种不需氧脱氢酶的辅酶，起传递氢的作用	癞皮病
维生素 B$_6$	磷酸吡哆醛 磷酸吡哆胺	酵母、蛋黄、肝、谷类	（1）氨基酸脱羧酶和转氨酶的辅酶； （2）ALA 合成酶的辅酶	人类未发现缺乏病
泛酸	CoA、CAP	动植物组织	（1）构成辅酶 A 的成分，参与体内酰基的转移； （2）构成 ACP 的成分，参与脂肪酸合成	人类未发现缺乏病
生物素	生物素辅基	动植物组织、肠道细菌合成	羧化酶的辅酶，参 CO_2 的固定	人类未发现缺乏病

续表 7-1

维生素	活性形式	来源	主要生理功用	缺乏症
叶酸	四氢叶酸	肝、酵母、绿叶蔬菜、肠道细菌合成	参与一碳单位的转移，与蛋白质、核酸合成、红细胞、白细胞成熟有关	巨幼红细胞性贫血
维生素 B_{12}	甲钴胺素、5′-脱氧腺苷钴胺素	肝、肉、肠道细菌合成	(1) 促进甲基的转移；(2) 促进 DNA 合成；(3) 促进红细胞成熟	巨幼红细胞性贫血
维生素 C	抗坏血酸	新鲜水果、蔬菜，特别是番茄、橘子、鲜枣等	(1) 参与体内的氧化还原反应；(2) 参与羟化反应	坏血病

【小　结】

　　维生素是维持机体正常生理功能所必需的营养素，在体内不能合成或合成量很少，必须由食物供给的一类小分子的有机化合物。它们既不参与机体组织的构成，也不氧化供能，但许多维生素参与辅酶的组成，在调节人体正常的物质代谢及维持人体正常生理功能等方面都是必不可少的，其中任何一种长期缺乏，都会导致维生素缺乏病的发生。根据其溶解性质不同而分为脂溶性维生素和水溶性维生素两大类。脂溶性维生素在体内有一定量的储存，食用过量可引起中毒。人体对于水溶性维生素的需求量较少，在体液中过剩的部分超过肾阈值时通常由尿排出，一般不会发生中毒现象，应不断从食物中摄取。

　　脂溶性维生素有维生素 A、D、E、K，均不溶于水，可伴随脂类物质的吸收而吸收。动物性食物中含有较多的维生素 A，多种植物中含有重要的 β-胡萝卜素，为维生素 A 原，它以视黄醛的形式与视蛋白结合成感光物质，感受弱光；维生素 A 对维持上皮组织的健康也起着重要作用。维生素 D_3 活性形式为 1,25-$(OH)_2$-D_3，可调节钙磷代谢，若缺乏则导致佝偻病或软骨病。维生素 E 是体内最重要的抗氧化剂，具有抗氧化和维持生殖机能作用。维生素 K 则与血液凝固有关。水溶性维生素包括 B 族维生素和维生素 C。B 族维生素多构成酶的辅酶，参与体内物质代谢。硫胺素在体内转变成 TPP，是 α-酮酸氧化脱羧酶及转酮醇酶的辅酶；维生素 B_2 参与 FMN 和 FAD 的组成，作为黄素酶的辅基；维生素 PP 参与 NAD^+ 和 $NADP^+$ 的组成，为多种脱氢酶的辅酶；泛酸存在于 CoA 和 ACP 中，参与转运酰基的作用；磷酸吡哆醛含有维生素 B_6，是氨基酸转氨酶和脱羧酶的辅酶；生物素是多种羧化酶的辅酶，起 CO_2 的固定作用；维生素 B_{12} 和叶酸在核酸和蛋白质合成中起重要作用；维生素 C 具有还原性，并参与羟化反应。

【思考题】

7-1　什么是维生素，根据溶解度不同可将维生素分为哪几类？

7-2　试述 B 族维生素与辅酶的关系。

7-3　试述各种维生素缺乏会出现哪些疾病？

【拓展训练】

　　单项选择题

　　（1）下列关于维生素的叙述中，正确的是（　　　　）。

　　A. 维生素是一类高分子有机化合物

　　B. 维生素是构成机体组织细胞的原料之一

　　C. 酶的辅酶或辅基都是维生素

　　D. 引起维生素缺乏的唯一原因是摄入量不足

　　E. 维生素在机体内不能合成或合成量不足

（2）脂溶性维生素（　　）。

　　A. 是一类需要量很大的营养素　　　　B. 易被消化道吸收

　　C. 体内不能储存，余者由尿排出　　　D. 过少或过多都可能引起疾病

　　E. 都是构成辅酶的成分

（3）维生素 A 除从食物中吸收外，还可在体内由（　　）。

　　A. 肠道细菌合成　　　　　　　　　　B. 肝细胞内氨基酸转变生成

　　C. β 胡萝卜素转变而来　　　　　　　D. 由脂肪酸转变而来

　　E. 由叶绿素转变而来

（4）维生素 A 参与视紫红质的形式是（　　）。

　　A. 全反视黄醇　　　　　　　　　　　B. 11-顺视黄醇

　　C. 全反视黄醛　　　　　　　　　　　D. 11-顺视黄醛

　　E. 9-顺视黄醛

（5）下列类胡萝卜素物质在动物体内转为维生素 A 的转变率最高的是（　　）。

　　A. α 胡萝卜素　　　　　　　　　　　B. β 胡萝卜素

　　C. γ 胡萝卜素　　　　　　　　　　　D. 玉米黄素

　　E. 新玉米黄素

（6）指出下列哪种物质属于维生素 D 原？（　　）

　　A. 胆钙化醇　　　　　　　　　　　　B. 7-脱氢胆固醇

　　C. 谷固醇　　　　　　　　　　　　　D. 25-羟胆钙化醇

　　E. 24，25-羟胆钙化醇

（7）儿童缺乏维生素 D 时易患（　　）。

　　A. 佝偻病　　B. 骨质软化症　　　C. 坏血病　　　D. 恶性贫血

　　E. 癞皮病

（8）维生素 D 被列为激素的依据是（　　）。

　　A. 维生素 D 与类固醇激素同由胆固醇转变而来

　　B. 维生素 D 与类固醇结构上类似

　　C. 维生素 D 能在体内合成

　　D. 维生素 D 能溶于脂肪和有机溶剂

　　E. 维生素 D 能在体内羟化转变成有生物活性的物质

（9）下列哪种维生素是一种重要的天然抗氧化剂？（　　）

　　A. 硫胺素　　B. 核黄素　　　　　C. 维生素 E　　　D. 维生素 K

　　E. 维生素 D

（10）长期服用广谱抗生素可导致缺乏的维生素是（　　）。

　　A. 维生素 K　　B. 维生素 D　　　　C. 维生素 A　　　D. 维生素 B_2

　　E. 维生素 PP

【技能训练】

维生素 C 的性质及含量测定

〔实验目的〕

(1) 了解维生素 C 的化学性质。

(2) 掌握维生素 C 的测定原理和计算。

〔实验原理〕

维生素 C 又称抗坏血酸，属水溶性维生素，具有较强的还原性，能使 2,6-二氯酚靛酚还原褪色。因此利用氧化型 2,6-二氯酚靛酚可测定还原型维生素 C 的含量。

氧化型 2,6-二氯酚靛酚在中性或碱性溶液中呈蓝色，在酸性溶液中呈红色。所以当溶液从无色转变为红色时，即表示维生素 C 已全部被氧化，此为滴定终点。从 2,6-二氯酚靛酚的消耗量即可计算出维生素 C 的含量。

〔仪器材料和试剂药品〕

仪器材料：小烧杯，乳钵，石英砂，纱布，微量滴定管，上皿天平，剪刀及玻璃棒。

试剂药品：

(1) 0.1% 维生素 C。

(2) 2% 草酸溶液。

(3) 1mol/L 碳酸钠溶液。

(4) 5% 硫酸铜溶液。

(5) 2,6-二氯酚靛酚溶液：称取 2.5g 氧化型 2,6-二氯酚靛酚和 2.1g 碳酸氢钠，溶解于 1000mL 蒸馏水中，充分摇匀后装入棕色瓶内，置冰箱中过夜。临用前过滤，用标准维生素 C 标定其浓度，置冰箱中可保存一周。

(6) 维生素 C 标准溶液：精确称取分析纯维生素 C 50mg，置于容量瓶中，用 2% 草酸溶液溶解并定容至 100mL，此溶液每毫升含 0.5mg 维生素 C。

〔实验内容〕

(1) 维生素 C 的化学性质。

1) 抗坏血酸氧化酶的制备。用玻璃片刮取黄瓜（或南瓜皮），置于乳钵中，加少许石英砂，在冰浴中充分研磨至糜状，再加 2 倍体积的蒸馏水，研磨均匀后用纱布过滤，滤液置冰浴中备用。

2) 取 2 个小烧杯，按表 7-2 进行操作，依次观察各因素对维生素 C 的影响。

室温下放置 10min，加热条件为 100℃水浴 10min。

混匀后用 2,6-二氯酚靛酚滴定，至出现微红色半分钟不褪色为止。记录所消耗的 2,6-二氯酚靛酚的毫升数，取两次滴定的平均值，按下式计算维生素 C 被破坏的概率：

$$维生素 C 被破坏的概率(\%) = (V_1 - V_2)/V_1 \times 100\%$$

式中，V_1 和 V_2 分别为酸性条件和其他条件下滴定消耗的 2,6-二氯酚靛酚的体积（mL）。

表 7-2 操作要求

试 剂	条 件				
	酸	碱	加热	加铜加热	酶
0.1% 维生素 C 溶液/mL	0.5	0.5	0.5	0.5	0.5
蒸馏水/mL	2	2	2	2	2
2% 草酸溶液/mL	3.5	—	—	—	—
1mol/L 碳酸钠溶液/滴	—	3	—	—	—
5% 硫酸铜溶液/滴	—	—	—	5	—
抗坏血酸氧化酶液/滴	—	—	—	—	10
2% 草酸溶液/mL	—	3.5	3.5	3.5	3.5

(2) 维生素 C 含量的测定。

1) 2,6-二氯酚靛酚的标定。取小烧杯两个，各加维生素 C 标准液 1mL，2% 草酸溶液 1mL，用微量滴定管以 2,6-二氯酚靛酚滴定之。小心、缓慢滴定至终点，以微红色半分钟不消失为准，以两次消耗量的平均值，计算 1mL 2,6-二氯酚靛酚相当于多少毫克维生素 C。

2) 样品中维生素 C 含量的测定。用上皿天平称取大头菜或白菜 10g，剪碎放入乳钵中，加 2% 草酸 5~10mL，研磨后倒入 50mL 量筒中，用少量 2% 草酸冲洗乳钵 2~3 次，一并倒入量筒中，最后用 2% 草酸加至刻度，混匀，纱布过滤后倒入锥形瓶中，取上清液两份，各为 10mL，用 2,6-二氯酚靛酚滴定至终点，记录结果，求出平均值 (v)。

3) 计算：

$$100g \text{ 样品中维生素 C 的含量(mg)} = c \times v \times 50 \times 100/10 \times 10$$

式中，c 为 1mL 2,6-二氯酚靛酚相当于维生素 C 的质量（mg）；v 为 2,6-二氯酚靛酚的体积（mL）。

8 生 物 氧 化

【学习目标】
☆ 掌握生物氧化的概念及生物学意义。
☆ 掌握 ATP 的结构、生成、利用、循环和贮存方式。
☆ 掌握呼吸链的概念以及两条主要呼吸链的传递顺序。
☆ 熟悉呼吸链组成及各成分的作用。
☆ 熟悉底物水平磷酸化的概念和例子。
☆ 掌握氧化磷酸化的概念、偶联部位及电子传递抑制剂的作用部位。
☆ 熟悉两种穿梭机制的过程、特点和意义。
☆ 了解 P/O 比值的意义。
☆ 了解生物氧化的方式、阶段和特点。
☆ 了解体内 CO_2 生成的主要方式。
☆ 了解非线粒体氧化体系的类型、特点、组成及功能。
☆ 了解线粒体与微粒体氧化体系在能量代谢中的差别。

【引导案例】
  解偶联剂大部分是脂溶性物质，最早被发现的是 2,4-二硝基苯酚（DNP），它可以将质子从膜间隙带到线粒体基质中，从而破坏质子梯度，影响了 ADP 磷酸化生成 ATP，使 ATP 的合成停止。尽管没 ATP 合成，但电子的传递并没有抑制，使产能过程与 ATP 的生成脱离，刺激线粒体对氧的需要，呼吸链的氧化作用加强，能量以热的形式释放。因此，给动物 DNP 后，产生的主要现象是体温升高、氧耗增加、P/O 比值下降、ATP 的合成减少。

  物质在生物体内进行的氧化分解称为生物氧化（biological oxidation），主要是糖、脂肪、蛋白质等在体内分解时逐步释放能量，最终生成二氧化碳和水的过程。生物氧化在细胞的线粒体内及线粒体外均可进行，但氧化过程不同。线粒体内的氧化伴有 ATP 的生成，而在线粒体外如内质网、过氧化物酶体、微粒体等的氧化是不伴有 ATP 生成的，主要和代谢物或药物、毒物的生物转化有关。细胞在进行生物氧化的同时，主要表现为摄取 O_2，并释出 CO_2，故又称生物氧化为细胞呼吸或组织呼吸。本章将主要介绍线粒体内的氧化，即糖、脂肪、蛋白质等氧化分解时逐步释放能量，最终生成 CO_2 和水的过程。

8.1 概 述

8.1.1 生物氧化的方式和特点

8.1.1.1 生物氧化的方式
生物氧化中物质的氧化方式遵循氧化还原反应的一般规律，有加氧、脱氢、失电子的反应，同时还存在加水脱氢反应。通过加水脱氢反应能使代谢物间接获得氧，从而增加了代谢物脱氢的数量。

（1）加氧反应。底物分子中直接加入氧原子或氧分子，见式（8-1）：

$$\text{苯} + 1/2O_2 \longrightarrow \text{苯酚}-OH \tag{8-1}$$

（2）脱氢反应。底物分子脱下一对氢原子，见式（8-2）：

$$CH_3CH(OH)COOH \longrightarrow CH_3COCOOH + 2H \tag{8-2}$$
乳酸　　　　　　　　　　　丙酮酸

（3）加水脱氢反应。底物先与水结合，然后再脱下一对氢原子，见式（8-3）：

$$CH_3CHO + H_2O \longrightarrow CH_3COOH + 2H \tag{8-3}$$
乙醛　　　　　　　　乙酸

（4）脱电子反应。从底物分子上脱去一个电子，见式（8-4）：

$$Fe^{2+} \longrightarrow Fe^{3+} + e \tag{8-4}$$

8.1.1.2 生物氧化的特点

物质在体内外氧化时所消耗的氧量、最终产物（CO_2、H_2O）和释放能量均相同。但体内的氧化反应又有以下特点：（1）生物氧化是在细胞内温和的环境中（体温，pH 接近中性），在一系列酶的催化下逐步进行的；（2）物质中的能量是逐步释放，有利于机体捕获能量，提高 ATP 生成的效率；（3）生物氧化中生成的水是由脱下的氢与氧结合产生的，CO_2 由有机酸脱羧产生。

8.1.2 参与生物氧化的酶类

催化生物氧化的酶统称为氧化还原酶类，按其作用特点分为氧化酶类、需氧脱氢酶类、不需氧脱氢酶类等。

8.1.2.1 氧化酶类

氧化酶催化代谢物脱氢氧化，将脱下的氢直接交给氧生成水。如细胞色素氧化酶、抗坏血酸氧化酶、儿茶酚胺氧化酶等。此类酶的亚基常含有铁和铜等金属离子，作用方式概括见式（8-5）：

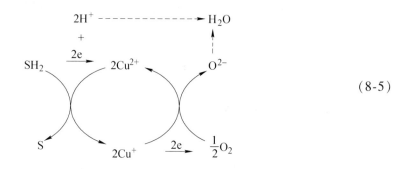

$$\tag{8-5}$$

8.1.2.2　需氧脱氢酶

需氧脱氢酶催化代谢物脱氢氧化，将脱下的氢经其辅基 FMN 或 FAD 传递给氧生成过氧化氢，如黄嘌呤氧化酶、单胺氧化酶等。

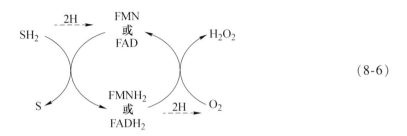

$$(8-6)$$

8.1.2.3　不需氧脱氢酶

不需氧脱氢酶是生物氧化最主要的酶类，催化代谢物脱氢，并将脱下的氢经一系列传递体的传递交给氧生成水。如线粒体内三羧酸循环中的脱氢酶、胞液中的乳酸脱氢酶等。

8.1.2.4　其他酶类

除上述酶类，体内还有其他氧化还原酶类，如加单氧酶、加双氧酶、过氧化氢酶和过氧化物酶等。

8.1.3　生物氧化过程中 CO_2 的生成

生物氧化中生成的 CO_2 不是代谢物的碳原子与氧的直接化合，而是来源于有机酸的脱羧基反应，按被脱羧基在有机酸中的位置及是否伴有脱氢反应，可将脱羧基作用分为以下类型。

（1）α-单纯脱羧：

$$R —\overset{\alpha}{CH}—\boxed{COO}H \xrightarrow{\text{氨基酸脱羧酶}} R — CH_2NH_2 + CO_2$$
$$\underset{NH_2}{|}$$

$$(8-7)$$

α-氨基酸　　　　　　　　　　　　　　　　胺

（2）α-氧化脱羧：

$$CH_3\overset{\alpha}{CO}\boxed{COO}H + HSCoA \xrightarrow[NAD^+]{\text{丙酮酸脱氢酶系}}{NADH + H^+} CH_3CO \sim SCoA + CO_2$$

$$(8-8)$$

丙酮酸　　　　　　　　　　　　　　乙酰辅酶A

（3）β-单纯脱羧：

$$
\begin{array}{l}
\overset{\beta}{CH_2}-\boxed{COO}H \\
\overset{\alpha}{|} \\
COCOOH
\end{array}
\xrightleftharpoons{\text{丙酮酸羧化酶}}
CH_3COCOOH + CO_2
\qquad (8\text{-}9)
$$

草酰乙酸　　　　　　　　　　　　　丙酮酸

（4）β-氧化脱羧：

$$
\begin{array}{l}
\overset{\alpha}{CHOH}-COOH \\
| \\
CH-\boxed{COO}H \\
\overset{\beta}{|} \\
CH_2-COOH
\end{array}
\xrightarrow[NAD^+ \quad NADH+H^+]{\text{异柠檬酸脱氢酶}}
\begin{array}{l}
CO-COOH \\
| \\
CH_2 \\
| \\
CH_2-COOH
\end{array}
+ CO_2
\qquad (8\text{-}10)
$$

异柠檬酸　　　　　　　　　　　　　　　α-酮戊二酸

8.2　生物氧化过程中 H_2O 的生成

生物氧化过程中，代谢物脱下的成对氢原子（2H）通过多种酶和辅酶所催化的连锁反应逐步传递，最终与氧结合生成水。由于此过程与细胞呼吸有关，所以将此传递链称为呼吸链（respiratory chain）。在呼吸链中，酶和辅酶按一定顺序排列在线粒体内膜上。其中传递氢的酶或辅酶称之为递氢体，传递电子的酶或辅酶称之为电子传递体。不论递氢体还是电子传递体都起传递电子的作用（$2H \rightleftharpoons 2H^+ + 2e$），所以呼吸链又称电子传递链（electrontransfer chain）。

8.2.1　呼吸链的组成成分及作用

现已发现组成呼吸链的成分有多种，主要可分为以下五大类。

8.2.1.1　烟酰胺腺嘌呤二核苷酸

烟酰胺腺嘌呤二核苷酸（NAD^+）或称辅酶Ⅰ（CoⅠ）是多种不需氧脱氢酶的辅酶，是连接代谢物与呼吸链的重要环节。分子中除含烟酰胺（维生素PP）外，还含有核糖、磷酸及一分子腺苷酸（AMP），其结构见维生素一章。

在生理pH条件下，烟酰胺中的吡啶氮为五价氮，它能可逆地接受电子而成为三价氮，与氮对位的碳也较活泼，能可逆地加氢还原，故可将 NAD^+ 视为递氢体。反应时，NAD^+ 中的烟酰胺部分可接受一个氢原子及一个电子，尚有一个质子（H^+）留在介质中。

$$
\qquad (8\text{-}11)
$$

NAD$^+$（或 NADP$^+$）　　　　　　　　NADH（或 NADPH）

8.2.1.2　黄素蛋白

黄素蛋白种类很多，其辅基有两种：一种为黄素单核苷酸（FMN），另一种为黄素腺嘌呤二核苷酸（FAD）。两者均含核黄素（维生素 B$_2$），此外 FMN 尚含一分子磷酸，而 FAD 则比 FMN 多含一分子腺苷酸（AMP），其结构见维生素一章。

黄素蛋白是以 FMN 或 FAD 为辅基的不需氧脱氢酶。催化代谢物脱下的氢，可逆地由辅基 FMN 或 FAD 的异咯嗪环上的 1 位和 10 位 2 个氮原子接受，接受氢生成还原态的 FMNH$_2$ 或 FADH$_2$，故 FMN 和 FAD 是递氢体。

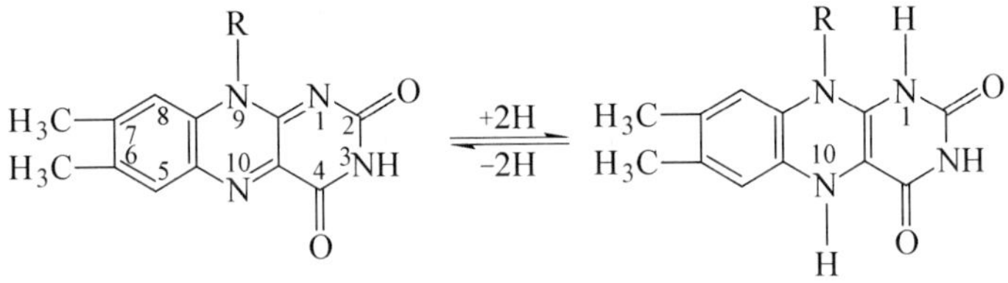

$$\text{氧化型FMN或FAD} \qquad \xrightleftharpoons[-2H]{+2H} \qquad \text{还原型FMN或FAD} \tag{8-12}$$

8.2.1.3　铁硫蛋白

铁硫蛋白（iron-sulfur protein，Fe-S）又称铁硫中心，其特点是分子中含铁原子和硫原子，铁与无机硫原子及蛋白质多肽链上半胱氨酸残基的硫相结合。铁硫蛋白在线粒体内膜上往往和其他递氢体或递电子体（黄素蛋白或细胞色素 b）结合成复合物而存在。根据所含铁原子和硫原子的数目不同，分为单个铁原子与半胱氨酸的巯基硫相连、2Fe-2S、4Fe-4S 等类型。

铁硫蛋白是通过铁原子的氧化还原反应来传递电子的，故是递电子体，如图 8-1 所示。

8.2.1.4　泛醌

泛醌（ubiquinone UQ 或 Q）又称辅酶 Q（CoQ），是一种脂溶性的苯醌类化合物，广泛存在于生物界。分子结构中带有一很长的侧链，是由多个异戊二烯单位构成，不同来源的泛醌其异戊二烯单位的数目不同，在哺乳动物组织中最多见的泛醌的侧链由 10 个异戊二烯单位组成。

泛醌因侧链的疏水作用，它能在线粒体内膜中迅速扩散，接受一个电子和一个质子还原成半醌，再接受一个电子和一个质子还原成二氢泛醌，后者又可脱去电子和质子而被氧化为泛醌。因此，它在呼吸链中是一种递氢体。

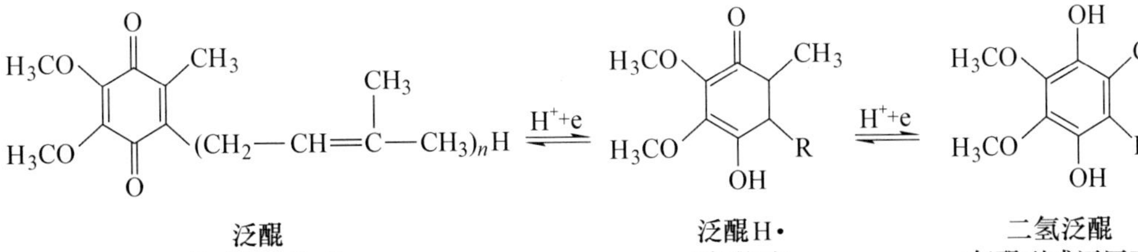

$$\text{泛醌} \qquad \xrightleftharpoons{H^++e} \qquad \text{泛醌H·} \qquad \xrightleftharpoons{H^++e} \qquad \text{二氢泛醌}$$
（醌型或氧化型）　　　　（半醌型）　　　　（氢醌型或还原型）

$$\tag{8-13}$$

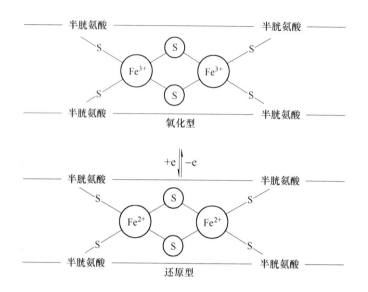

图 8-1 铁硫蛋白传递电子示意图

8.2.1.5 细胞色素类

细胞色素（cytochromes，Cyt）是结合蛋白质，其辅基为铁卟啉，铁原子处于卟啉结构的中心。根据它们不同的吸收光谱细胞色素分为三类，即 a、b、c，每一类中又因其最大吸收峰的微小差别再分为几种亚类。线粒体的呼吸链至少含有五种不同的细胞色素，即 Cytb、c、c_1、a、a_3。各种细胞色素的主要差别在于铁卟啉辅基的侧链以及铁卟啉与蛋白质部分的连接方式的不同。Cytb 的铁-原卟啉Ⅸ与血红素相同，Cytc 的铁-原卟啉环Ⅸ上的乙烯侧链与蛋白质部分的半胱氨酸残基相连接，Cyta 中与原卟啉Ⅸ环相连的一个甲基被甲酰基取代、一个乙烯基侧链被多聚异戊烯长链取代，如图 8-2 所示。

细胞色素a辅基   细胞色素b辅基

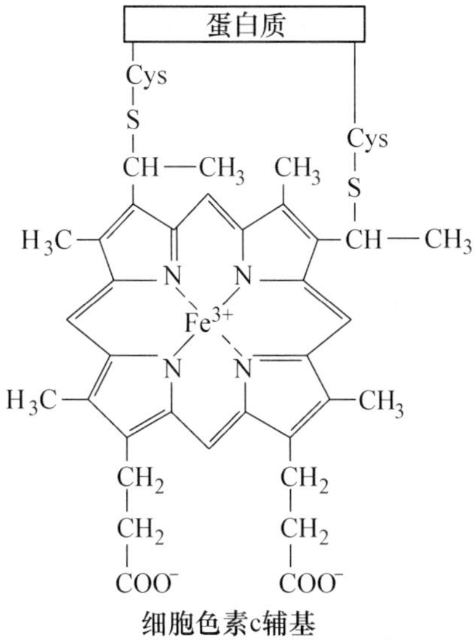

细胞色素c辅基

图 8-2 细胞色素辅基

细胞色素 a 和 a_3 结合紧密，用一般分离方法尚不能将其分离，故称为细胞色素 aa_3。 $Cytaa_3$ 中含有 2 个铁卟啉辅基和 2 个铜离子，铜离子可通过 $Cu^+ \rightleftharpoons Cu^{2+} + e$ 反应传递电子。细胞色素是通过铁卟啉辅基中铁原子的氧化还原反应来传递电子的。故是递电子体。

8.2.2 主要呼吸链的组成及排列

呼吸链的组分及排列顺序是由实验确定的：（1）根据呼吸链各组分的标准氧化还原电位，由低到高的顺序排列（电位低则容易失去电子，电位高容易得到电子）见表 8-1；（2）在体外将呼吸链拆开和重组，鉴定电子传递复合物的组成与排列，分离得到四种仍具有传递电子功能的酶复合体，见表 8-2。

表 8-1 呼吸链中各氧化还原对的标准氧化还原电位

氧化还原对	$E^0{}'/V$	氧化还原对	$E^0{}'/V$
$NAD^+/NADH + H^+$	-0.32	Cyt c_1 Fe^{3+}/Fe^{2+}	0.23
$FMN/FMNH_2$	-0.30	Cyt c Fe^{3+}/Fe^{2+}	0.25
$FAD/FADH_2$	-0.06	Cyt a Fe^{3+}/Fe^{2+}	0.29
$Q_{10}/Q_{10}H_2$	0.04（或 0.01）	Cyt a_3 Fe^{3+}/Fe^{2+}	0.55
Cyt b Fe^{3+}/Fe^{2+}	0.07	$1/2O_2/H_2O$	0.82

注：$E^0{}'$ 值为 pH7.0，25℃，1mol/L 底物浓度条件下，和标准氢电极构成的化学电池的测定值。

表 8-2 人线粒体呼吸链复合体

复合体	酶 名 称	多肽链数	辅 基
复合体 I	NADH-泛醌还原酶	39	FMN，Fe-S
复合体 II	琥珀酸-泛醌还原酶	4	FAD，Fe-S
复合体 III	泛醌-细胞色素 c 还原酶	10	铁卟啉，Fe-S
复合体 IV	细胞色素 c 氧化酶	13	铁卟啉，Cu

目前已知线粒体内膜上存在两条主要的呼吸链，即 NADH 氧化呼吸链与琥珀酸氧化呼吸链。

8.2.2.1 NADH 氧化呼吸链

NADH 氧化呼吸链由复合体 I、CoQ、复合体 III、Cyt c、复合体 IV 构成。各组分的排列顺序如图 8-3 所示。

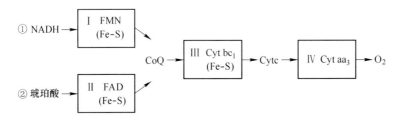

图 8-3 两条呼吸链组成与排列顺序
①—NADH 氧化呼吸链；②—琥珀酸氧化呼吸链；I ～ IV—复合体

生物氧化中大多数脱氢酶如乳酸脱氢酶、苹果酸脱氢酶都以 NAD^+ 为辅酶，代谢物脱下来的氢由 NAD^+ 接受生成 $NADH + H^+$，在复合体 I（NADH-CoQ 还原酶）等成分的催化下，氢原子及电子经 NADH 氧化呼吸链依次传递，最后将 2 个电子交给氧使之激活，激活氧与 $2H^+$ 结合生成 H_2O。

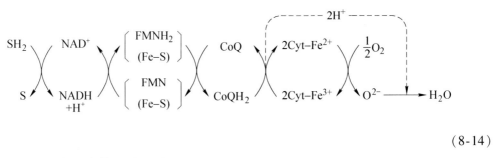

$$(8-14)$$

8.2.2.2 琥珀酸氧化呼吸链

琥珀酸氧化呼吸链由复合体 II、CoQ、复合体 III、Cyt c、复合体 IV 构成。各组分的排列顺序如图 8-3 所示。

琥珀酸氧化呼吸链与 NADH 氧化呼吸链相比，代谢物脱下的氢不经过 NAD^+ 传递，而传递给复合体 II，然后经 CoQ 等一些与 NADH 氧化呼吸链相同成分的依次传递给氧生成 H_2O。

$$(8-15)$$

在线粒体中营养物质的脱氢氧化，大部分由 NAD^+ 接受 2H 生成 $NADH + H^+$，进入 NADH 氧化呼吸链传递给氧生成水，同时释放能量。少数代谢物（如琥珀酸、线粒体内的甘油磷酸、脂肪酰 CoA）脱氢由 FAD 接受，生成 $FADH_2$ 进入琥珀酸氧化呼吸链氧化为 H_2O。

线粒体中几种重要代谢物氧化时的呼吸链总结如图8-4所示。

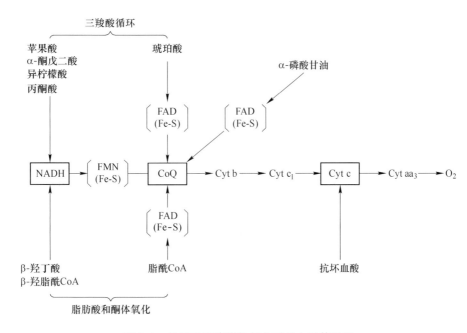

图 8-4　几种重要代谢物氧化时的电子传递链

8.2.3　胞液中 NADH 的氧化

线粒体内生成的 NADH 可直接进入呼吸链氧化，但胞液中的代谢物（如 3-磷酸甘油醛和乳酸）脱氢生成的 NADH 上的氢需通过 α-磷酸甘油穿梭或苹果酸-天冬氨酸穿梭系统，转运至线粒体内，然后进入呼吸链氧化。

8.2.3.1　α-磷酸甘油穿梭

哺乳动物的脑和骨骼肌等组织中存在 α-磷酸甘油穿梭系统，胞液中的 NADH 可在 α-磷酸甘油脱氢酶的催化下，使磷酸二羟丙酮还原成 α-磷酸甘油，后者通过线粒体外膜，再经线粒体内膜的 α-磷酸甘油脱氢酶催化，氧化生成磷酸二羟丙酮和 $FADH_2$。磷酸二羟丙酮可穿出线粒体内膜至胞液，继续进行穿梭。$FADH_2$ 则进入琥珀酸氧化呼吸链，氧化生成 H_2O，同时产生 2 分子 ATP，如图8-5所示。

由图8-5可见，α-磷酸甘油穿梭系统的实质是通过 α-磷酸甘油将胞液中 NADH 携带的氢运入线粒体内琥珀酸氧化呼吸链，氧化生成水。脑和肌肉组织葡萄糖有氧氧化过程中，由于 3-磷酸甘油醛脱氢氧化生成的 NADH 上的氢通过 α-磷酸甘油穿梭进入线粒体，故 1 分子葡萄糖有氧氧化时，只能净生成 36 分子 ATP。

8.2.3.2　苹果酸-天冬氨酸穿梭

苹果酸-天冬氨酸穿梭系统主要存在于肝和心肌中。胞液中的 NADH 在苹果酸脱氢酶

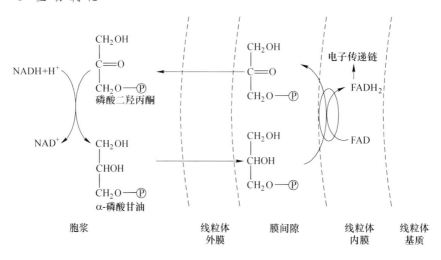

图 8-5 α-磷酸甘油穿梭作用

的作用下，使草酰乙酸还原成苹果酸，后者进入线粒体内，再经线粒体内的苹果酸脱氢酶的催化，重新生成草酰乙酸和 NADH。NADH 进入其氧化呼吸链氧化生成 H_2O，同时产生 3 分子 ATP。线粒体内生成的草酰乙酸不能自由通过线粒体内膜，可经谷草转氨酶催化生成天冬氨酸，然后穿出线粒体，进入胞液后，重新生成草酰乙酸，继续进行穿梭，如图 8-6 所示。

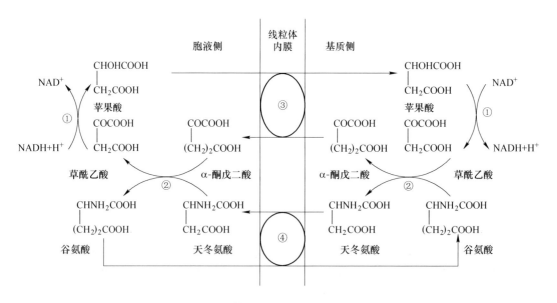

图 8-6 苹果酸-天冬氨酸穿梭作用

①—苹果酸脱氢酶；②—天门冬氨酸转氨酶；③，④—线粒体内膜上不同的转位酶

由图可见，苹果酸-天冬氨酸穿梭的实质是通过苹果酸将胞液中 NADH 携带的氢运入线粒体内 NADH 氧化呼吸链，氧化生成水。肝和心肌细胞葡萄糖有氧氧化过程中，由于 3-磷酸甘油醛脱氢氧化生成的 NADH 上的氢通过苹果酸-天冬氨酸穿梭进入线粒体，故 1 分子葡萄糖有氧氧化时，净生成 38 分子 ATP。

8.3 生物氧化中 ATP 的生成

生物氧化消耗氧，产生 CO_2 和 H_2O，同时释放能量。生物氧化过程中释放的能量，一部分以热能形式用来维持体温或散发到环境中；一部分则以化学能的形式储存于高能化合物如 ATP 中，以供生命活动的需要。

8.3.1 高能化合物

水解时释放出的自由能大于 21kJ/mol 的物质称为高能化合物，被水解的化学键称高能键，常用"～"表示。实际上高能键水解时释放的能量是整个高能化合物分子释放的能量，并不存在键能特别高的化学键，故"高能键"的名称不够确切。但为了叙述方便，目前仍被采用。在体内所有高能化合物中，以 ATP 最为重要。此外体内还存在其他高能化合物，见表 8-3。

表 8-3　几种常见的高能化合物

通　式	举　例	释放能量（pH7.0, 25℃）/kJ·mol^{-1}（kcal·mol^{-1}）
NH ‖ R—C—N ～ PO$_3$H$_2$ | H	磷酸肌酸	-43.9（-10.5）
CH$_2$ ‖ R—C—O ～ PO$_3$H$_2$	磷酸烯醇式丙酮酸	-61.9（-14.8）
O ‖ RC—O ～ PO$_3$H$_2$	乙酰磷酸	-41.8（-10.1）
O　　O ‖　　‖ —P—O ～ P—OH |　　| OH　OH	ATP, GTP, UTP, CTP	-30.5（-7.3）
O ‖ RC ～ SCoA	乙酰 CoA	-31.4（-7.5）

8.3.2 ATP 的生成

体内 ATP 的生成方式主要有底物水平磷酸化和氧化磷酸化，其中以氧化磷酸化为主。

8.3.2.1 底物水平磷酸化

物质在体内分解代谢过程中，由于脱氢或脱水反应，使代谢物分子内部能量重新分布形成高能化合物，然后直接将高能键转移给 ADP（或 GDP），生成 ATP（或 GTP）的反应，称为底物水平磷酸化。目前所知体内代谢过程中有三步底物水平磷酸化反应。

磷酸烯醇式丙酮酸 + ADP ——→ 烯醇式丙酮酸 + ATP

1,3 二磷酸甘油酸 + ADP ——→ 3-磷酸甘油酸 + ATP

琥珀酰 CoA + Pi + GDP ——→ 琥珀酸 + CoA + GTP

8.3.2.2 氧化磷酸化

糖、脂肪、蛋白质在体内氧化分解过程中，最主要的氧化反应是脱氢反应，代谢物脱下的氢原子主要由相应的呼吸链传递给分子氧生成水，同时释放能量，此能量在 ATP 合酶催化下使 ADP 磷酸化为 ATP，这一过程称为氧化磷酸化。氧化过程与磷酸化过程紧密偶联，它是体内生成 ATP 的最主要的方式。

A 氧化磷酸化的偶联部位

根据下述实验结果可大致确定氧化磷酸化的偶联部位，即 ATP 产生的部位。

(1) $n(P)/n(O)$ 比值的测定。$n(P)/n(O)$ 比值是指每消耗 1mol 氧原子所需消耗的无机磷的物质的量，即生成 ATP 的物质的量。在氧化磷酸化过程中，无机磷酸是用于 ADP 磷酸化生成 ATP 的，所以 $n(P)/n(O)$ 比值可反映 ATP 的生成数。通过测定离体线粒体内几种物质氧化时的 $n(P)/n(O)$ 比值，可以大体推测出偶联部位。已知 β-羟丁酸的氧化是通过 NADH 进入呼吸链，2H 经 FMN、CoQ、Cytb、c_1、c，最后由 $Cytaa_3$ 传到氧而生成水。测得 $n(P)/n(O)$ 比值接近于 3，即可生成 3 分子 ATP。琥珀酸氧化时，测得 $n(P)/n(O)$ 比值接近 2，即能生成 2 分子 ATP。后者与前者不同在于琥珀酸氧化直接经黄素蛋白（辅基为 FAD）进入 CoQ，因此表明，在 NADH 至 CoQ 之间存在一个偶联部位。此外，测得抗坏血酸氧化 $n(P)/n(O)$ 比值接近 1，还原型 Cytc 氧化时 P/O 比值也接近 1，即两者氧化时生成 1 分子 ATP。此两者的不同在于，抗坏血酸是通过 Cytc 进入呼吸链被氧化的，而还原型 Cytc 只经 $Cytaa_3$ 被氧化，如此表明，在 $Cytaa_3$ 到氧之间存在一偶联部位。从琥珀酸、抗坏血酸及还原型 Cytc 的氧化可以表明在 CoQ 至 Cytc 间存在另一偶联部位，见表 8-4。

表 8-4 线粒体离体实验测得的一些底物的 $n(P)/n(O)$ 比值

底 物	呼吸链的组成	$n(P)/n(O)$ 比值	可能生成的 ATP 数
β-羟丁酸	NAD^+→复合体 I →CoQ→复合体 III→Cytc→复合体 IV→O_2	2.4～2.8	3
琥珀酸	复合体 II→CoQ→复合体 III→Cytc→复合体 IV→O_2	1.7	2
抗坏血酸	Cytc→复合体 IV→O_2	0.88	1
细胞色素 c	复合体 IV→O_2	0.61～0.68	1

(2) 自由能变化。从 NAD^+ 到 CoQ 段测得的电位差约 0.36V，从 CoQ 到 Cytc 的电位差为 0.21V，而 $Cytaa_3$ 到分子氧为 0.55V。在电子传递过程中，自由能变化（$\Delta G_0'$）与电位变化（$\Delta E_0'$）之间存在以下关系：

$$\Delta G_0' = -nF\Delta E_0'$$

式中，n 为传递电子数；F 为法拉第常数，$F = 96.5 kJ/(mol \cdot V)$。

通过计算，它们相应的 $\Delta G_0'$ 分别约为 69.5kJ/mol、40.5kJ/mol、102.3kJ/mol，而生成 ATP 所需能量约 30.5kJ/mol，以上三处提供了足够合成 ATP 所需的能量，所以是氧化磷酸化的偶联部位，如图 8-7 所示。

B 氧化磷酸化偶联机制

化学渗透学说（chemiosmotic hypothesis）是 20 世纪 60 年代初由 Peter Mitchell 提出的，1978 年获诺贝尔化学奖。该学说基本要点是，电子经呼吸链传递时，可将质子（H^+）从线粒体内膜的基质侧泵到内膜外侧，产生膜内外质子电化学梯度（H^+ 浓度梯度和跨膜电位差），以此储存能量。当质子顺浓度梯度回流时，驱动 ADP 与 Pi 生成 ATP。具体内容说明如下：

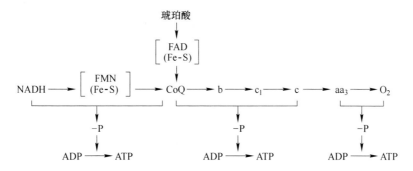

图 8-7　电子传递链中的偶联部位

　　呼吸链在线粒体内膜中构成 3 个回路，每个回路均有质子泵的作用。首先由 NADH 提供 1 个 H^+ 和 2 个 e，加上线粒体基质内 1 个 H^+ 使 FMN 还原成 $FMNH_2$，$FMNH_2$ 向内膜胞液侧释出 2 个 H^+，将 2 个 e 还原铁硫簇（Fe-S）；第 2 个回路开始时 Fe-S 放出 2 个 e 重新被氧化，将 2 个 e 加上基质内的 2 个 H^+ 传递给 CoQ，使 CoQ 还原为 $CoQH_2$，$CoQH_2$ 移至内膜胞液侧释出 2 个 H^+，而将 2 个 e 交给 Cyt b（Cyt b 是跨膜蛋白，1 条多肽链上结合 2 个辅基 b_{566} 和 b_{562}）；第 3 个回路开始时还原型 Cyt b 将 2 个 e 交给给 CoQ，加上基质内的 2 个 H^+ 又使 CoQ 还原成 $CoQH_2$，$CoQH_2$ 将 2 个 H^+ 从胞液侧释出，2 个 e 依次通过 Fe-S、c_1、c、a、a_3 传递给分子氧，氧被激活为 O^{2-}，并与基质内 2 个 H^+ 结合生成水，如图 8-8 所示。

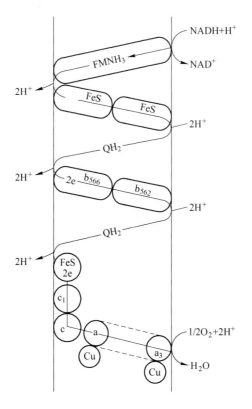

图 8-8　化学渗透学说

这三个质子泵每传递 2 个电子共向胞液侧泵出 6 个 H^+，形成了三处质子梯度，当 H^+ 从胞液侧由 ATP 合酶的质子通道回流至基质时，这部分势能即转变为化学能，活化 ATP 合酶催化合成 ATP。

 科学典故

化学渗透学说

化学渗透学说（chemiosmotic theory）由英国的米切尔（Mitchell 1961）经过大量实验后提出。该学说假设能量转换和偶联机构具有以下特点：(1) 由磷脂和蛋白多肽构成的膜对离子和质子具有选择性；(2) 具有氧化还原电位的电子传递体不匀称地嵌合在膜内；(3) 膜上有偶联电子传递的质子转移系统；(4) 膜上有转移质子的 ATP 酶。在解释光合磷酸化机理时，该学说强调：当氧化进行时，呼吸链起质子泵作用，质子被泵出线粒体内膜之外侧（膜间隙），造成了膜内外两侧间跨膜的电化学势差，后者被膜上 ATP 合成酶所利用，使 ADP 与 Pi 合成 ATP（光合电子传递链的电子传递会伴随膜内外两侧产生质子动力（proton motive force，pmf），并由质子动力推动 ATP 的合成）。每 2 个质子顺着电化学梯度，从膜间隙进入线粒体基质中所放出的能量可合成一个 ATP 分子。一个 $NADH + H^+$ 分子经过电子传递链后，可积累 6 个质子，因而共可生成 3 个 ATP 分子；而一个 $FADH_2$ 分子经过电子传递链后，只积累 4 个质子，因而只可以生成 2 个 ATP 分子。许多实验都证实了这一学说的正确性。

8.3.2.3 影响氧化磷酸化的因素

A ADP 的调节作用

氧化磷酸化的速率主要受 ADP 的调节。当机体利用 ATP 增加使 ADP 浓度升高时，氧化磷酸化速度加快；反之 ADP 含量降低时，氧化磷酸化速度减慢。这种调节作用可使 ATP 的生成速度适应生理需要，以保证能量代谢速度与机体需要的统一。

B 甲状腺素的作用

甲状腺素是调节氧化磷酸化的重要激素，它可以加快氧化磷酸化的速度，其机制是能诱导细胞膜上 Na^+，K^+-ATP 酶的生成，催化 ATP 水解为 ADP 和 Pi，ADP 的浓度增加，促进氧化磷酸化。因此甲状腺功能亢进患者机体的耗氧量和产热量都增加，致使基础代谢率增高。

 科学典故

甲状腺功能亢进

甲状腺功能亢进症简称"甲亢"，是由于甲状腺合成释放过多的甲状腺激素，造成机体代谢亢进和交感神经兴奋，引起心悸、出汗、进食和便次增多和体重减少的病症。多数

患者还常常同时有突眼、眼睑水肿、视力减退等症状。

甲亢病因包括弥漫性毒性甲状腺肿（也称 Graves 病），炎性甲亢（亚急性甲状腺炎、无痛性甲状腺炎、产后甲状腺炎和桥本甲亢）、药物致甲亢（左甲状腺素钠和碘致甲亢）、hCG 相关性甲亢（妊娠呕吐性暂时性甲亢）和垂体 TSH 瘤甲亢。

临床上 80% 以上甲亢是 Graves 病引起的，Graves 病是甲状腺自身免疫病，患者的淋巴细胞产生了刺激甲状腺的免疫球蛋白-TSI，临床上我们测定的 TSI 为促甲状腺素受体抗体:TRAb。

Graves 病的病因目前并不清楚，可能和发热、睡眠不足、精神压力大等因素有关，但临床上绝大多数患者并不能找到发病的病因。Graves 病常常合并其他自身免疫病，如白癜风、脱发、1 型糖尿病等。

C　氧化磷酸化抑制剂

氧化磷酸化抑制剂分为三类。

（1）呼吸链抑制剂。可抑制呼吸链中的不同环节，它们可以与呼吸链中不同组分相结合，使这些组分失去传递电子的功能，从而阻断电子传递过程。按其作用部位可分为以下几种：1）阻断 NADH-CoQ 还原酶的电子传递，如阿米妥、鱼藤酮、粉蝶霉素 A 等，它们可以和该复合物中的 Fe-S 牢固结合，从而阻断电子传递；2）阻断细胞色素之间的电子传递，如抗霉素 A 可阻断 Cyt b 与 Cyt c_1 间的电子传递；3）抑制 Cyt aa_3 的作用，如氰化物、一氧化碳和叠氮化合物都与 Cyt aa_3 辅基中的铁离子具有高度的亲和力，可与其牢固结合阻断电子传至分子氧。因此该类抑制剂可使细胞呼吸停止，细胞生命活动停止，引起机体迅速死亡，如图 8-9 所示。

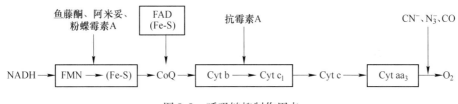

图 8-9　呼吸链抑制作用点

（2）解偶联剂。解偶联剂存在时呼吸链的氧化过程照常进行，但氧化时泵到胞液侧的 H^+ 不通过 ATP 合酶回流，而是通过解偶联剂回流，H^+ 电化学梯度储存的能量不能用于 ATP 合成，氧化与磷酸化偶联过程脱离，阻断 ADP 磷酸化为 ATP。2,4 二硝基苯酚（dinitrophenol，DNP）是典型的解偶联剂，为脂溶性物质，在线粒体内膜中可自由移动，进入基质侧时释放 H^+，返回胞质侧时结合 H^+，从而破坏了电化学梯度，氧化时释放的能量不能合成 ATP，以热能的形式散发。

（3）氧化磷酸化抑制剂。这类抑制剂对电子传递及 ADP 磷酸化均有抑制作用。例如，寡霉素可阻止 H^+ 从质子通道回流，抑制 ATP 生成，同时由于线粒体内膜两侧电化学梯度增高，影响呼吸链质子泵的功能，继而抑制电子传递。

8.3.3　高能化合物的存储和利用

机体各种生命活动主要靠 ATP 供能，如肌肉收缩、腺体分泌、神经传导、生物合成、维持体温等。体内某些物质合成除利用 ATP 外，还需其他高能化合物，如糖原合成、磷脂合成、蛋白质合成中有的反应步骤的直接供能物质是 UTP、CTP 和 GTP。

在肌酸激酶催化下，ATP 可将高能磷酸键转移给肌酸生成磷酸肌酸（creatine phosphate，C~P），作为肌肉和脑组织中能量的一种贮存形式。磷酸肌酸所含高能键不能被直接利用，但它可以防止脑、肌肉组织 ATP 的突然缺乏。当脑、肌肉组织活动增加，ATP 消耗过多而致 ADP 增多时，磷酸肌酸将 ~P 转移给 ADP 生成 ATP，以维持肌细胞、脑细胞中的 ATP 水平。

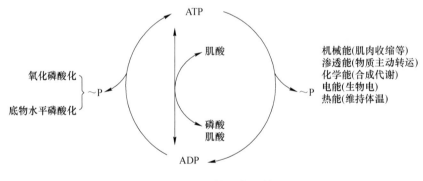

$$\text{(8-16)}$$

总之，在机体生命活动中，能量的释放、贮存和利用都以 ATP 为中心，如图 8-10 所示。

图 8-10　ATP 的生成和利用

8.4　其他不生成 ATP 的氧化体系

除线粒体外，细胞的微粒体和过氧化物酶体也是生物氧化的重要场所，存在一些不同于线粒体的氧化酶类，组成特殊的氧化体系，其特点是氧化过程中不偶联磷酸化，不能生成 ATP。

8.4.1　微粒体中的氧化酶类

8.4.1.1　加单氧酶

加单氧酶催化 O_2 的一个氧原子加到底物分子上生成羟化物，另一个氧原子则被 $NADPH + H^+$ 还原生成水，因此该酶又称为混合功能氧化酶或羟化酶。其反应式如下：

$$RH + NADPH + H^+ + O_2 \longrightarrow ROH + NADP^+ + H_2O$$

加单氧酶系催化的反应与体内许多生理活性物质的生成有关，如 $1,25\text{-}(OH)_2\text{-}D_3$ 的生成。另外，还与体内的非营养物的生物转化密切相关。

8.4.1.2 加双氧酶

加双氧酶催化氧分子中的两个氧原子加到底物中带双键的 2 个碳原子上。如色氨酸吡咯酶催化的反应。

$$\text{色氨酸} \xrightarrow{(O_2)} \text{甲酰犬尿酸原} \tag{8-17}$$

色氨酸　　　　　　　　　　　　　　甲酰犬尿酸原

8.4.2 过氧化物酶体中的氧化酶类

过氧化物酶体是一种特殊的细胞器，存在于动物组织的肝、肾、中性粒细胞和小肠黏膜细胞中。过氧化物酶体中含多种催化生成 H_2O_2 的酶，同时含有分解 H_2O_2 的酶。

8.4.2.1 过氧化氢的生成

过氧化物酶体内含有多种氧化酶，可以催化 H_2O_2 以及超氧离子的生成。如氨基酸氧化酶、胺氧化酶、黄嘌呤氧化酶等，它们都属黄素蛋白酶。能直接作用于底物而获得两个氢原子，然后将氢交给氧生成 H_2O_2。

生理量的 H_2O_2 对机体有一定生理功能。例如，在粒细胞和吞噬细胞中，H_2O_2 可氧化杀死入侵的细菌；甲状腺细胞中产生的 H_2O_2 可使 $2I^-$ 氧化成 I_2，进而使酪氨酸碘化生成甲状腺激素。过多的 H_2O_2 可以氧化巯基酶和具有活性巯基的蛋白质，使之丧失生理活性。但体内有催化效率极高的过氧化氢酶，在正常情况下不会发生 H_2O_2 的蓄积。

8.4.2.2 过氧化氢酶

过氧化氢酶（catalase）又称触酶，广泛分布于血液、骨髓、黏膜、肾及肝等组织。其辅酶分子含 4 个血红素，催化的反应如下：

$$2H_2O_2 \longrightarrow 2H_2O + O_2$$

8.4.2.3 过氧化物酶

过氧化物酶（peroxidase）分布在乳汁、白细胞、血小板等体液或细胞中。该酶的辅基也是血红素，与酶蛋白结合疏松，这和其他血红素蛋白有所不同。它催化 H_2O_2 直接氧化酚类或胺类化合物，反应如下：

$$R + H_2O_2 \longrightarrow RO + H_2O \quad \text{或} \quad RH_2 + H_2O_2 \longrightarrow R + 2H_2O$$

临床上判断粪便中有无隐血时，就是利用白细胞中含有过氧化物酶的活性，将联苯胺氧化成蓝色化合物。

8.4.3 超氧化物歧化酶

呼吸链电子传递过程中及体内其他物质氧化时可产生超氧离子，超氧离子可进一步生

成 H_2O_2 和羟自由基（·OH），统称反应氧族。其化学性质活泼，可使磷脂分子中不饱和脂肪酸氧化生成过氧化脂质，损伤生物膜。过氧化脂质与蛋白质结合形成的复合物，积累成棕褐色的色素颗粒，称为脂褐素，与组织老化有关。

超氧物歧化酶（superoxide dismutase，SOD）可催化一分子超氧离子氧化生成 O_2，另一分子超氧离子还原生成 H_2O_2：

$$2O_2^- + 2H^+ \xrightarrow{SOD} H_2O_2 + O_2$$

在真核细胞胞液中，该酶以 Cu^{2+}、Zn^{2+} 为辅基，称为 CuZn-SOD；线粒体内以 Mn^{2+} 为辅基，称 Mn-SOD。生成的 H_2O_2 可被活性极强的过氧化氢酶分解。SOD 是人体防御内、外环境中超氧离子损伤的重要酶。

此外，在红细胞及其他一些组织中存在谷胱甘肽过氧化物酶，此酶含硒，它利用还原型谷胱甘肽（GSH）使 H_2O_2 或过氧化脂质（ROOH）等还原生成水或醇类，从而保护生物膜脂质及血红蛋白等免受氧化。

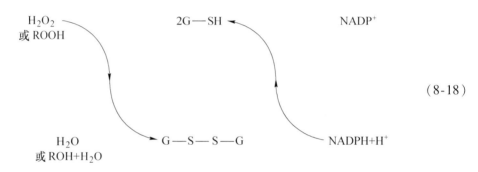

$$(8\text{-}18)$$

【小　结】

物质在生物体内进行的氧化作用称为生物氧化。主要指营养物质在生物体内氧化分解，逐步释放能量，最终生成 CO_2 和 H_2O 的过程。

生物氧化中物质的氧化方式遵循氧化还原反应的一般规律，其特点是在细胞内温和的环境中（体温，pH 接近中性），在一系列酶的催化下逐步进行的；物质中的能量是逐步释放；水是由代谢物脱下氢与氧结合产生的，CO_2 由有机酸脱羧产生。

能源物质在体内氧化的主要方式是脱氢氧化，脱下的氢需经呼吸链传递给氧生成水。呼吸链是指多种酶与辅酶按一定顺序排列在线粒体内膜上，构成连锁的电子传递链。呼吸链的组分有：NADH-泛醌还原酶（复合物Ⅰ）、琥珀酸-泛醌还原酶（复合物Ⅱ）、泛醌-细胞色素 c 还原酶（复合物Ⅲ）、细胞色素 c 氧化酶（复合物Ⅳ）、辅酶 Q 及细胞色素 c。以上成分按一定顺序排列组成两条呼吸链，分别是 NADH 氧化呼吸链和琥珀酸氧化呼吸链。

ATP 的产生有两种方式，氧化磷酸化是体内产生 ATP 的主要方式，即代谢物脱下的氢经呼吸链传递并最终与氧结合生成水，氧化过程释放的能量使 ADP 磷酸化反应并生成 ATP。NADH 氧化呼吸链存在三个氧化磷酸化偶联部位，故代谢物脱下 2 个 H 进入该呼吸链氧化为水的同时可生成 3 分子 ATP；琥珀酸氧化呼吸链存在两个氧化磷酸化偶联部位，所以代谢物脱下 2 个 H 进入琥珀酸氧化呼吸链氧化为水时，只产生 2 分子 ATP。此外体内还有底物水平磷酸化方式产生 ATP，即代谢物分子中的高能键直接转移给 ADP（GDP）

生成 ATP（GTP）。

化学渗透学说是解释氧化磷酸化偶联机制的主要学说。其基本原理是：电子经呼吸链传递释放的能量，可将 H^+ 从线粒体内膜的基质侧泵到内膜外侧，产生质子电化学梯度储存能量，质子顺梯度经质子通道回流时，ATP 合酶催化 ADP 与 Pi 生成 ATP。

氧化磷酸化可受一些抑制剂的影响。呼吸链抑制剂阻断呼吸链某一部位使电子不能传给氧；解偶联剂使氧化磷酸化偶联过程脱离；氧化磷酸化抑制剂对电子传递和磷酸化均有抑制作用。此外，氧化磷酸化还受 ADP 及甲状腺素的调控。

生物体内能量的释放、储存和利用都以 ATP 为中心，各种生理、生化活动所需能量主要由 ATP 供给。在肌肉和脑组织中，磷酸肌酸可作为 ATP 高能磷酸键的贮存形式。

胞液中生成的 NADH 不能直接进入线粒体，必须通过 α-磷酸甘油穿梭或苹果酸-天冬氨酸穿梭作用，进入线粒体后才能氧化为 H_2O，同时分别生成 2 分子或 3 分子 ATP。

除线粒体的氧化体系外，在微粒体、过氧化物酶体及其他部位还存在一些氧化体系，参与呼吸链以外的氧化过程，其特点是不伴有磷酸化、不能生成 ATP，主要与体内代谢物、药物和毒物的生物转化有关。

【思考题】

8-1　体内主要的电子传递链有哪些，其中递氢体、电子传递体的排列顺序及 ATP 生成的部位和数量如何？

8-2　体内 ATP 生成及储存的方式是什么？

8-3　简述 CO、氰化物中毒的机理。

8-4　什么是高能化合物，所学的高能化合物有哪些？

8-5　1mol 葡萄糖在肝脏与肌肉组织中彻底氧化分解，分别产生多少 ATP？请解释为何有此差别。

【拓展训练】

单项选择题

（1）关于生物氧化与体外氧化燃烧的比较，正确的是（　　）。

    A. 反应条件相同　　　　　　　　B. 终产物相同

    C. 产生 CO_2 方式相同　　　　　　D. 能量释出方式相同

    E. 均需催化剂

（2）能使氧化磷酸化加速的物质是（　　）。

    A. ATP　　　　　B. ADP　　　　　C. CoA　　　　　D. NAD^+

    E. 2,4-二硝基苯酚

（3）能作为递氢体的物质是（　　）。

    A. $Cytaa_3$　　　B. Cytb　　　　　C. Cytc　　　　　D. FAD

    E. 铁硫蛋白

（4）下列有关生物氧化的叙述，错误的是（　　）。

    A. 三大营养素为能量主要来源

    B. 生物氧化又称组织呼吸或细胞呼吸

    C. 物质经生物氧化或体外燃烧产能相等

  D. 生物氧化中 CO_2 经有机酸脱羧生成

  E. 生物氧化中主要为机体产生热能

（5）人体内能量生成和利用的中心是（　　）。

  A. 葡萄糖 B. ATP   C. GTP   D. 磷酸肌酸

  E. 脂肪酸

（6）下列哪种酶属于氧化酶？（　　　）

  A. NADH 脱氢酶   B. 琥珀酸脱氢酶

  C. Cytaa$_3$ D. 铁硫蛋白

  E. CoQ

（7）不以复合体形式存在而能在线粒体内膜碳氢相中扩散的是（　　　）。

  A. Cytc   B. CoQ   C. Cytc   D. NAD^+

  E. FAD

（8）高能化合物水解释放能量大于（　　　）。

  A. 10kJ/mol B. 15kJ/mol C. 21kJ/mol D. 25kJ/mol

  E. 30kJ/mol

（9）肌肉组织中能量贮藏的主要形式是（　　　）。

  A. ATP   B. GTP   C. UTP   D. 磷酸肌酸

  E. 磷酸肌醇

（10）生物氧化中（　　　）。

  A. CO_2 为有机酸脱羧生成 B. 能量全部以热的形式散发

  C. H_2O 是有机物脱水生成 D. 主要在胞液中进行

  E. 最主要的酶为加单氧酶

【技能训练】

过氧化物酶的催化作用

〔实验目的〕

  了解过氧化物酶的作用。

〔实验原理〕

  过氧化物酶能催化过氧化氢释放出新生氧以氧化某些酚类和胺类物质。例如，氧化溶于水中的焦性没食子酸生成不溶于水的焦性没食子橙（橙红色）；氧化愈创木脂中的愈创木酸成为蓝色的臭氧化物。

$$H_2O_2 \xrightarrow{\text{过氧化物酶}} H_2O + [O]$$

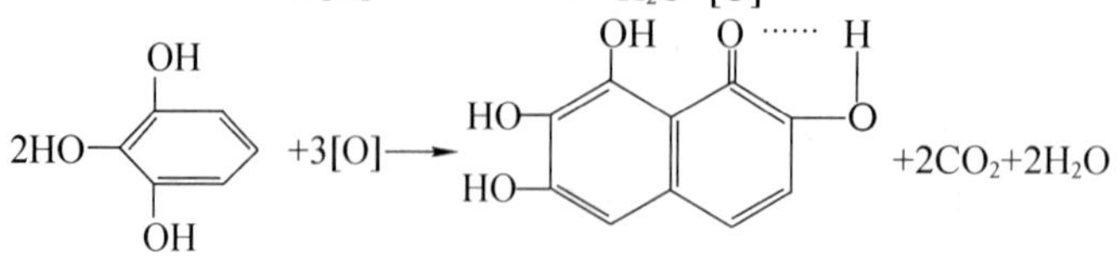

$$2\text{焦性没食子酸} + 3[O] \longrightarrow \text{焦性没食子橙} + 2CO_2 + 2H_2O$$

焦性没食子酸   焦性没食子橙

〔试剂和器材〕

（1）试剂。

1）1%焦性没食子酸水溶液。焦性没食子酸1g，溶于1000mL蒸馏水。

2）2%过氧化氢溶液。

3）白菜梗提取液。白菜梗约5g，切成细块，置研钵内，加蒸馏水约15mL，研磨成浆，经棉花或纱布过滤，滤液备用。

（2）器材。棉花或纱布，吸管2.0mL（×4），胶头滴管，研钵，漏斗ϕ8cm，试管1.5cm×15cm（×4），天平，酒精灯，石棉网，烧杯10mL。

〔操作步骤〕

（1）取4支干净试管，按表8-5编号及加入试剂。

表8-5　试剂

试　　剂	1	2	3	4
1%焦性没食子酸/mL	2	2	2	2
2%过氧化氢/滴	2	—	2	2
蒸馏水/mL	2	—	—	—
白菜梗提取液/mL	—	2	2	—
煮沸的白菜梗提取液/mL	—	—	—	2

（2）摇匀后，观察并记录各管颜色变化和沉淀的出现。

〔注意事项〕

本实验中涉及氧化还原反应，实验过程中应注意意外的氧化还原对反应结果的影响。

9 氨基酸代谢

【学习目标】

　　☆ 掌握蛋白质的生理功能、必需氨基酸的概念和种类以及蛋白质的营养互补作用。

　　☆ 掌握三种脱氨基方式的反应过程、典型酶类及其辅酶成分，尤其是 ALT(GPT)和 AST(GOT)的组织分布特点和意义。

　　☆ 掌握尿素合成（鸟氨酸循环）的过程及其调节。

　　☆ 掌握一碳单位的概念、来源、代谢、相互转化和生理功能。

　　☆ 掌握生酮和生糖兼生酮氨基酸。

　　☆ 熟悉 γ-谷氨酸循环在氨基酸吸收和转运中的意义。

　　☆ 熟悉氨基酸的代谢概况。

　　☆ 熟悉血氨来源与去路。

　　☆ 了解肝性脑病的氨中毒学说。

　　☆ 了解蛋白质腐败的概念和意义。

　　☆ 了解氮平衡的概念和意义。

　　☆ 了解 α-酮酸的代谢去路。

　　☆ 了解苯丙氨酸和酪氨酸的重要代谢产物。

【引导案例】

　　蛋白质营养不良又称水肿性营养不良或低蛋白血症。蛋白质是机体组织细胞的基本成分，人体的一切组织细胞都含有蛋白质。身体的生长发育，衰老细胞的更新，组织损伤后的修复都离不开蛋白质。蛋白质还是酶、激素和抗体等不可缺少的重要成分。由于蛋白质是两性离子，它具有缓冲作用。蛋白质还是保持体内水分和控制水分分布的决定因素，也是热能的来源之一，1g 蛋白质在体内可以产生 16.6kJ 热能。如儿童蛋白质营养不足，不仅影响其身体发育和智力发育，还会使整个生理处于异常状态，免疫功能低下，对传染病的抵抗力下降。

　　蛋白质是生命活动的物质基础，氨基酸是蛋白质的基本组成单位。由于蛋白质在体内首先分解为氨基酸然后进一步代谢，所以氨基酸代谢是蛋白质分解代谢的核心内容。氨基酸代谢包括合成代谢和分解代谢两方面，本章重点论述分解代谢。

9.1 概　　述

9.1.1 蛋白质的生理功能

9.1.1.1 维持组织的生长、更新和修补

蛋白质是组织细胞的主要组成成分，个体的生长和发育、组织细胞的更新和修补都需

要从食物中摄取足够质和量的蛋白质，才能维持正常的生理平衡。对于处在生长发育期的儿童或营养需要量增加的孕妇以及疾病（或损伤）恢复期的患者，供给足量、优质的蛋白质尤为重要。

9.1.1.2 参与体内多种重要的生理活动

体内具有多种特殊功能的蛋白质，例如酶、某些激素、抗体和某些调节蛋白等。肌肉的收缩、物质的运输、血液的凝固等许多重要的生理活动均由蛋白质完成。此外氨基酸代谢过程中还可产生胺类、神经递质、嘌呤和嘧啶等重要的含氮化合物。因此，蛋白质是生命活动的物质基础。

9.1.1.3 氧化供能

蛋白质可作为能源物质在体内氧化分解过程中释放出能量（约 17kJ/g）供机体利用。但是，蛋白质的这种功能可由糖和脂肪代替。因此，供能是蛋白质的次要功能。

9.1.2 蛋白质的需要量和营养价值

9.1.2.1 氮平衡

氮平衡（nitrogen balance）是一种通过测定摄入氮与排出氮量，间接反映体内蛋白质代谢状况的实验。蛋白质的元素组成特点是氮含量较为恒定，蛋白质的含氮量平均约为16%。食物中的含氮物质绝大部分是蛋白质，非蛋白含氮物的含量很少，可以忽略不计，故测定食物的含氮量可以估算出所摄入蛋白质的量。排出的氮量主要来源于粪便和尿液中的含氮化合物，主要是蛋白质分解代谢的终产物。所以，测定每天蛋白质氮的摄入量与尿及粪便中的排氮量，即可以反映人体蛋白质的代谢概况。人体氮平衡有三种情况，即氮的总平衡、氮的正平衡及氮的负平衡。

（1）氮的总平衡。摄入氮 = 排出氮，反映体内蛋白质的合成与分解处于动态平衡，即氮的"收支"平衡，见于正常成人。

（2）氮的正平衡。摄入氮 > 排出氮，反映体内蛋白质的合成大于分解。常见于婴幼儿、青少年、孕妇、乳母及疾病恢复期患者。

（3）氮的负平衡。摄入氮 < 排出氮，反映体内蛋白质的合成小于分解。常见于膳食中蛋白质供应量不足或体内蛋白质长期大量耗损情况，如饥饿、严重烧伤、出血及消耗性疾病患者。

9.1.2.2 生理需要量

根据氮平衡实验计算，正常成人在不进食蛋白质 8～10d 后，每日蛋白质最低分解量约为20g。由于食物蛋白质与人体蛋白质组成有差异，不可能全部被利用，故正常成人每日最低需要 30～50g 蛋白质。我国营养学会推荐正常成人每日蛋白质需要量为80g。

9.1.2.3 蛋白质的营养价值

人体内有 8 种氨基酸不能合成，必须由食物供给。这些体内需要而又不能自身合成的氨基酸，称为营养必需氨基酸（essential amino acid）。它们是缬氨酸、异亮氨酸、亮氨酸、苏氨酸、甲硫氨酸、赖氨酸、苯丙氨酸和色氨酸。其余 12 种氨基酸体内可以合成，称为非必需氨基酸（non-essential amimo acid）。组氨酸和精氨酸虽能在人体内合成，但合成量不多，若长期缺乏也能造成负氮平衡，因此有人将这两种氨基酸也归为营养必需氨基酸。

蛋白质的营养价值是指食物蛋白质在体内的利用率。蛋白质营养价值的高低主要取决于食物蛋白质中必需氨基酸的种类、数量和比例。一般来说，含有必需氨基酸种类多、数量足的蛋白质，其营养价值高，反之营养价值低。由于动物性蛋白质所含必需氨基酸的种类和比例与人体需要接近，故营养价值高。植物蛋白质往往有一种或几种必需氨基酸含量较低或缺乏，故单独食用时营养价值较低。如将几种营养价值较低的蛋白质混合食用，则必需氨基酸可以互相补充，从而提高其营养价值，称为食物蛋白质的互补作用。例如谷类蛋白质中赖氨酸较少而色氨酸较多，而大豆蛋白质与之相反，两者混合食用，可使必需氨基酸互相补充，以提高营养价值。故提倡食物多样化，并注意合理搭配。

9.1.3 氨基酸的代谢概况

食物蛋白质经消化而被吸收的氨基酸（外源性氨基酸）与体内组织蛋白质降解产生的氨基酸及体内合成的非必需氨基酸（内源性氨基酸）混在一起，分布于体内各处，参与代谢，称为氨基酸代谢库。氨基酸代谢库通常以游离氨基酸总量计算。由于氨基酸不能自由通过细胞膜，所以各种组织中氨基酸含量并不相同。例如，肌肉中氨基酸占总代谢库的50%以上，肝脏约占10%，肾脏约占4%，血浆占1%～6%。由于肝、肾体积较小，所以实际上它们所含游离氨基酸的浓度很高，氨基酸的代谢也很旺盛。消化吸收的大多数氨基酸主要在肝中分解，但支链氨基酸的分解主要在骨骼肌中进行。血浆氨基酸是体内各组织之间氨基酸转运的主要形式。肌肉和肝在维持血浆氨基酸浓度的相对稳定中起重要作用。

体内氨基酸的主要功用是合成蛋白质和多肽，也可以转变成其他含氮化合物。正常人尿中排出的氨基酸极少。各种氨基酸具有共同的结构特点，故它们有共同的代谢途径，如氨基酸的脱氨基作用。但不同的氨基酸由于结构的差异，也有不同的代谢方式。现将体内氨基酸代谢概况总结如图9-1所示。

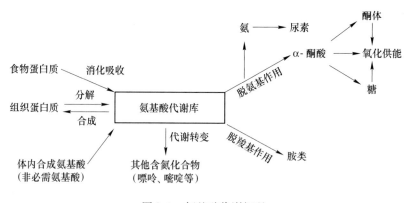

图9-1 氨基酸代谢概况

9.2 氨基酸的一般代谢

9.2.1 氨基酸的脱氨基作用

氨基酸分解代谢的最主要反应是脱氨基作用。氨基酸的脱氨基作用在体内大多数组织中均可进行。氨基酸可以通过转氨基、氧化脱氨基、联合脱氨基等方式脱去氨基生成 α-酮酸，其中以联合脱氨基最重要。

9.2.1.1 转氨基作用

在转氨酶催化下，α-氨基酸的氨基转移至 α-酮酸的酮基上，生成相应的 α-氨基酸，原来的氨基酸则转变成 α-酮酸，此反应称为转氨基作用。

$$
\begin{array}{c}
R_1 \\
| \\
H-C-NH_2 \\
| \\
COOH
\end{array}
+
\begin{array}{c}
R_2 \\
| \\
C=O \\
| \\
COOH
\end{array}
\xrightleftharpoons{\text{转氨酶}}
\begin{array}{c}
R_1 \\
| \\
C=O \\
| \\
COOH
\end{array}
+
\begin{array}{c}
R_2 \\
| \\
H-C-NH_2 \\
| \\
COOH
\end{array}
\tag{9-1}
$$

上述反应可逆。转氨基作用既是氨基酸分解代谢过程，也是体内某些氨基酸合成的重要途径。

转氨酶的辅酶为维生素 B_6 的磷酸酯，即磷酸吡哆醛。它结合于转氨酶活性中心赖氨酸的 ε-氨基上，在转氨基过程中起传递氨基的作用。磷酸吡哆醛从氨基酸分子中接受氨基转变成磷酸吡哆胺，氨基酸脱下氨基则生成 α-酮酸。磷酸吡哆胺进一步将氨基转给另一 α-酮酸又形成磷酸吡哆醛，α-酮酸则转变成相应的 α-氨基酸，如图 9-2 所示。

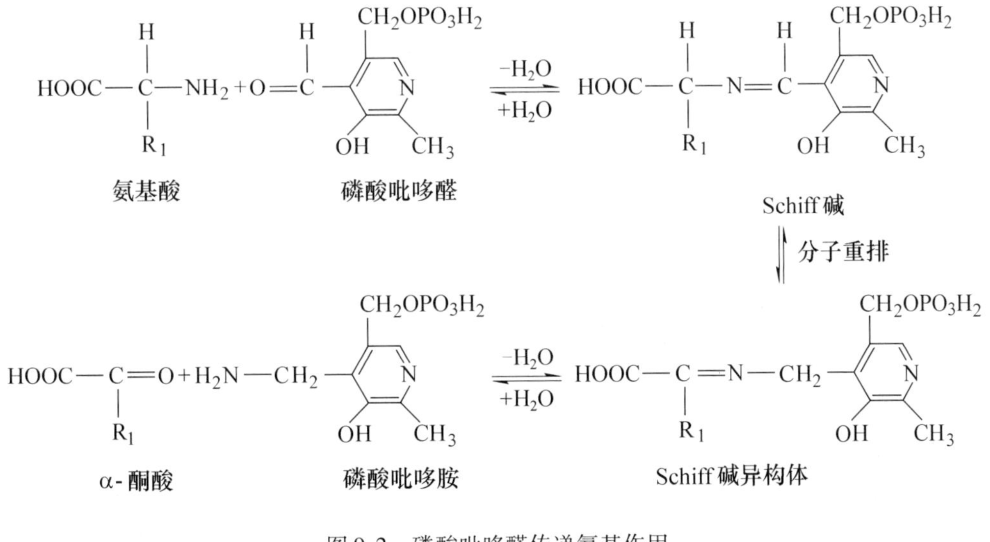

图 9-2　磷酸吡哆醛传递氨基作用

体内大多数氨基酸可以进行转氨基作用，但赖氨酸、苏氨酸、脯氨酸和羟脯氨酸除外。

体内存在着多种转氨酶，其中以 L-谷氨酸与 α-酮酸的转氨酶最重要。例如，谷氨酸氨基转移酶（glutamic pyruvic transaminase，GPT）又称丙氨酸转氨酶（alanine transaminase，ALT）和谷草转氨酶（glutamic oxaloacetic transaminase，GOT）又称天冬氨酸转氨酶（aspartate transaminase，AST）在体内广泛存在，但在各种组织中的含量不同，见表 9-1。

表 9-1　正常成人各组织中 GOT 及 GPT 活性（U/g 湿组织）

组织	GOT	GPT	组织	GOT	GPT
心	156000	7100	胰腺	28000	2000
肝	142000	44000	脾	14000	1200
骨骼肌	99000	4800	肺	10000	700
肾	91000	19000	血清	20	16

正常时，转氨酶主要存在于细胞内，血清中活性很低。当某些原因使细胞膜通透性增高或细胞被破坏时，可有大量转氨酶逸入血清，使血清中转氨酶活性明显升高。例如，急性肝炎患者血清 GPT 活性显著升高；心肌梗死患者血清中 GOT 明显上升。临床可以此作为疾病诊断的参考指标之一。

9.2.1.2　L-谷氨酸氧化脱氨基作用

氨基酸在酶的催化下进行伴有氧化的脱氨反应，称为氧化脱氨基作用。体内有 L-谷氨酸脱氢酶和氨基酸氧化酶类所催化的反应，其中以 L-谷氨酸脱氢酶的作用最为重要。L-谷氨酸脱氢酶是以 NAD^+ 或 $NADP^+$ 为辅酶的不需氧脱氢酶，可以催化 L-谷氨酸氧化脱氨生成 α-酮戊二酸和 NH_3，反应是可逆的。

$$
\begin{array}{l}
\text{COOH} \\
|\ \\
\text{CH}_2 \\
|\ \\
\text{CH}_2 \\
|\ \\
\text{CHNH}_2 \\
|\ \\
\text{COOH} \\
\text{L-谷氨酸}
\end{array}
\quad
\xrightleftharpoons[\text{NAD (P)}^+ \quad \text{NAD (P) H+H}^+]{\text{L-谷氨酸脱氢酶}}
\quad
\begin{array}{l}
\text{COOH} \\
|\ \\
\text{CH}_2 \\
|\ \\
\text{CH}_2 \\
|\ \\
\text{C=NH} \\
|\ \\
\text{COOH}
\end{array}
\quad
\xrightleftharpoons[-H_2O]{+H_2O}
\quad
\begin{array}{l}
\text{COOH} \\
|\ \\
\text{CH}_2 \\
|\ \\
\text{CH}_2 + \text{NH}_3 \\
|\ \\
\text{C=O} \\
|\ \\
\text{COOH} \\
\text{α-酮戊二酸}
\end{array}
\tag{9-2}
$$

L-谷氨酸脱氢酶广泛分布于肝、肾、脑等组织中，活性较强。它是一种变构酶，其活性可受一些物质的调节，ATP、GTP 是它的变构抑制剂，ADP、GDP 是变构激活剂。当 ATP、GTP 不足时，谷氨酸加速氧化，这对氨基酸氧化供能起着重要的调节作用。

9.2.1.3　联合脱氨基作用

（1）转氨酶与 L-谷氨酸脱氢酶的联合脱氨基作用。体内氨基酸的脱氨基作用主要是通过转氨酶和 L-谷氨酸脱氢酶的联合作用实现的。首先，氨基酸与 α-酮戊二酸在转氨酶催化下，生成相应的 α-酮酸和谷氨酸，然后谷氨酸在 L-谷氨酸脱氢酶的作用下，脱去氨基生成 α-酮戊二酸，并释放出 NH_3，如图 9-3 所示。

联合脱氨基作用是可逆的过程，因此，这一过程也是体内合成非必需氨基酸的主要途径。联合脱氨基作用主要在肝、肾等组织中进行。

（2）嘌呤核苷酸循环。肌肉组织是支链氨基酸分解的重要场所。骨骼肌和心肌中 L-谷氨酸脱氢酶的活性很低，难以进行上述的联合脱氨基作用，而是通过嘌呤核苷酸循环过程脱去氨基。在此过程中，氨基酸首先通过连续的转氨基作用将氨基转移给草酰乙酸，生成天冬氨酸；天冬氨酸与次黄嘌呤核苷酸（IMP）反应生成腺苷酸代琥珀酸，后者经裂

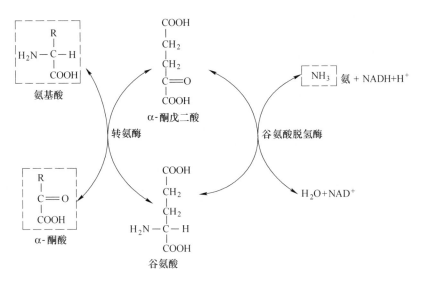

图 9-3 联合脱氨基作用

解，释放出延胡索酸并生成腺嘌呤核苷酸（AMP）。AMP 在腺苷酸脱氨酶作用下脱去氨基生成 IMP，最终完成了氨基酸的脱氨基作用。IMP 可以再参加循环，延胡索酸则可经三羧酸循环转变成草酰乙酸，再次参加转氨基反应，如图 9-4 所示。

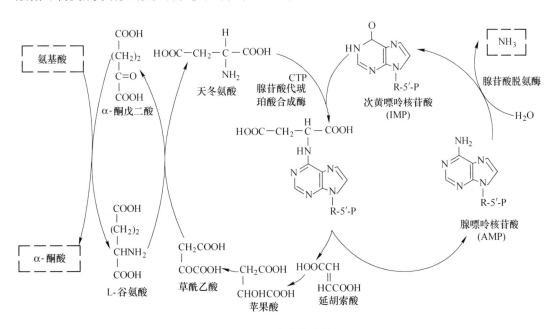

图 9-4 嘌呤核苷酸循环

9.2.2 α-酮酸的代谢

氨基酸经脱氨基作用，除产生氨外，还生成相应的 α-酮酸。α-酮酸主要有以下三方面代谢途径。

9.2.2.1　生成非必需氨基酸

体内的一些非必需氨基酸可通过相应的 α-酮酸经氨基化而生成。这些 α-酮酸可来自糖代谢和三羧酸循环的产物。例如，丙酮酸、草酰乙酸、α-酮戊二酸分别转变成丙氨酸、天冬氨酸和谷氨酸。

9.2.2.2　转变为糖或脂肪

分别用不同氨基酸饲养实验性糖尿病犬时，发现大多数氨基酸可使尿中葡萄糖排出增加；喂饲亮氨酸和赖氨酸则使尿中酮体增加；而异亮、苯丙、酪、苏和色氨酸可使尿中葡萄糖及酮体排出同时增加。上述结果已被同位素标记氨基酸的实验证明。因此，将在体内可以转变成糖的氨基酸称为生糖氨基酸，能转变成酮体者称为生酮氨基酸，二者兼有则称为生糖兼生酮氨基酸，见表 9-2。这是因为氨基酸脱氨基后生成的 α-酮酸有不同的代谢途径。生糖氨基酸相应的 α-酮酸可以转变为丙酮酸或三羧酸循环中的各种中间产物，这些物质可进一步异生为葡萄糖；生酮氨基酸对应的 α-酮酸，可以转变为乙酰 CoA 或乙酰乙酸，进一步转变为酮体或脂肪酸；而生糖兼生酮氨基酸对应的 α-酮酸，以上两种代谢方式兼而有之。

表 9-2　氨基酸生糖及生酮性质的分类

类　别	氨　基　酸
生酮氨基酸	亮氨酸、赖氨酸
生糖兼生酮氨基酸	异亮氨酸、苯丙氨酸、酪氨酸、苏氨酸、色氨酸
生糖氨基酸	丝氨酸、缬氨酸、组氨酸、精氨酸、半胱氨酸、脯氨酸、丙氨酸、谷氨酸、谷氨酰胺、天冬氨酸、天冬酰胺、甲硫氨酸、甘氨酸

9.2.2.3　氧化供能

α-酮酸在体内可以通过三羧酸循环与氧化磷酸化彻底氧化，产生 CO_2 和 H_2O，并释放能量供生理活动的需要。可见，氨基酸也是一类能源物质。

9.3　氨 的 代 谢

氨是一种有毒的物质，脑组织对氨的作用尤为敏感。实验证明，给动物注射一定量的 NH_4^+ 后，可使动物发生"昏迷"以致死亡。正常人生理情况下，血氨水平为 47~65μmol/L。

9.3.1　体内氨的来源

9.3.1.1　氨基酸脱氨基作用和胺类的分解

氨基酸的脱氨基作用产生的氨是体内氨的主要来源。其他内源性氨还可来自胺类的氧化分解。

9.3.1.2　肠道吸收的氨

肠道吸收的氨有两个来源：肠内细菌腐败作用产生的氨；扩散入肠道的尿素经细菌尿素酶的水解也可以产生氨。肠道产氨量较多，每日约为 4g。当肠内腐败作用增强时，氨的产生增加。NH_3 比 NH_4^+ 易于穿过细胞膜而被吸收入细胞。在碱性环境中，NH_4^+ 偏向于

转变成 NH_3。因此，肠道 pH 偏碱性时，氨的吸收增强。临床上对高血氨患者宜采用弱酸性透析液做结肠透析，而禁止用碱性肥皂水灌肠，就是为了减少氨的吸收。

9.3.1.3 肾脏泌氨

在肾远曲小管上皮细胞中，谷氨酰胺在谷氨酰胺酶的催化下，水解生成谷氨酸和 NH_3。正常情况下这部分氨主要被分泌到肾小管管腔中，与 H^+ 结合成 NH_4^+，并以铵盐形式由尿排出。酸性尿有利于 NH_3 转为 NH_4^+，有利于肾小管细胞的氨扩散入尿。而碱性尿不利于氨的排出，氨可被吸收入血，引起血氨升高。因此，临床上对肝硬化腹水的患者，不宜使用碱性利尿药，以免血氨升高。

9.3.2 体内氨的转运

氨是毒性代谢产物，各组织产生的氨必须以无毒的方式经血液运输至肝合成尿素，或运输到肾以铵盐的形式随尿排出。氨在血液中主要有两种运输形式。

9.3.2.1 丙氨酸-葡萄糖循环

肌肉中的氨基酸经转氨基作用将氨基转移给丙酮酸，丙酮酸接受氨基生成丙氨酸，丙氨酸经血液循环运至肝脏，在肝中通过联合脱氨基作用脱下氨合成尿素。脱氨后生成的丙酮酸异生为葡萄糖。葡萄糖由血液运至肌肉组织，在其中分解为丙酮酸，供再次接受氨基生成丙氨酸。如此循环地将氨从肌肉转运到肝，将这一途径称为丙氨酸-葡萄糖循环，如图 9-5 所示。通过这个循环，既可使肌肉中的氨以无毒的丙氨酸形式运输到肝脏，同时，肝又为肌肉提供了生成丙酮酸的葡萄糖。

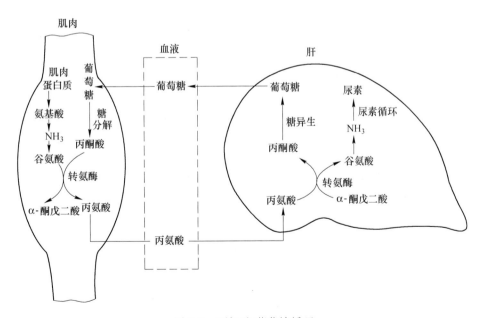

图 9-5 丙氨酸-葡萄糖循环

9.3.2.2 谷氨酰胺的运氨作用

谷氨酰胺是从脑、肌肉等组织向肝或肾运输氨的另一种形式。氨与谷氨酸在谷氨酰胺合成酶的作用下合成谷氨酰胺，经血液运到肝或肾，再经谷氨酰胺酶水解为谷氨酸及氨，氨在肝可合成尿素，在肾则以铵盐的形式由尿排出。谷氨酰胺的合成与分解是由不同酶催化的不可逆反应，其合成需消耗 ATP。

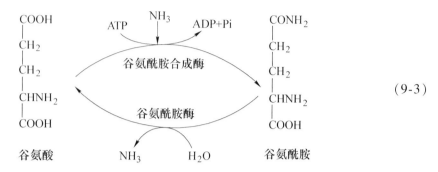

$$(9-3)$$

谷氨酰胺可被认为是氨的解毒产物，也是氨的贮存和运输形式。脑组织对氨的毒性极为敏感，谷氨酰胺的生成对控制脑中氨的浓度起重要作用。临床上对肝性脑病患者可服用或输入谷氨酸盐以降低血氨浓度。

9.3.3 体内氨的去路

由于氨有毒性，必须及时转变成无毒或毒性较小的物质，再排出体外。体内氨的主要去路是在肝合成尿素；少部分氨在肾以铵盐形式由尿排出；一部分氨可以用来合成氨基酸及某些含氮物质。正常成人尿素占排氮总量的 80%～90%，可见肝在氨解毒中起着重要作用。体内氨的来源和去路保持动态平衡，使血氨浓度相对稳定。

9.3.3.1 尿素的生成——鸟氨酸循环

（1）肝是合成尿素的重要器官。根据实验，将犬切除肝后，可观察到血及尿中尿素含量显著降低。这些动物如给予氨基酸，会加快血氨升高而中毒死亡。临床上急性肝坏死患者血及尿中几乎没有尿素而血氨增多。实验及临床观察都证明尿素主要在肝生成。

（2）尿素合成的鸟氨酸循环。1932 年 Krebs 等根据一系列实验，首先提出了尿素合成的鸟氨酸循环（ornithine cycle）。实验根据如下：将大鼠肝脏切片加铵盐保温数小时后，铵盐含量减少，而同时尿素增多。在此切片中，加入鸟氨酸、瓜氨酸或精氨酸能加速尿素的合成。根据这三种氨基酸的结构推断，鸟氨酸可能是瓜氨酸的前体，而瓜氨酸又是精氨酸的前体。当大量鸟氨酸与 NH_4^+ 及肝切片保温时，确有瓜氨酸生成，实验证明，肝含有精氨酸酶，能催化精氨酸水解生成鸟氨酸和尿素。基于以上事实，提出了一个循环机制，即：鸟氨酸与氨及 CO_2 结合生成瓜氨酸；瓜氨酸再接受 1 分子氨而生成精氨酸；精氨酸水解产生尿素，并重新生成鸟氨酸参与第二轮循环，如图 9-6 所示。通过鸟氨酸循环，2 分子氨与 1 分子 CO_2 结合生成 1 分子尿素。

用同位素标记的 $^{15}NH_4Cl$ 及 $NaH^{14}CO_3$ 饲养犬，随尿排出的尿素中含有 ^{15}N 及 ^{14}C，进一步证明了尿素可由氨及 CO_2 合成。

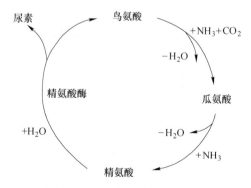

图 9-6 尿素生成的鸟氨酸循环

（3）鸟氨酸循环的详细过程。

1）氨基甲酰磷酸的合成。氨与 CO_2 在肝细胞线粒体的氨基甲酰磷酸合成酶 I（carbamoyl phosphate synthetase I，CPS-I）催化下，合成氨基甲酰磷酸。其辅助因子有 Mg^{2+} 与 N-乙酰谷氨酸。此反应消耗 2 分子 ATP，是不可逆反应。CPS-I 是鸟氨酸循环启动的限速酶，N-乙酰谷氨酸是其变构激活剂。

$$NH_3 + CO_2 + H_2O + 2ATP \xrightarrow[Mg^{2+}, \ N\text{-}乙酰谷氨酸]{氨基甲酰磷酸合成酶} H_2N\text{—}COO \sim PO_3H_2 + 2ADP + Pi \qquad (9\text{-}4)$$

2）瓜氨酸的合成。在鸟氨酸氨基甲酰转移酶催化下，氨基甲酰磷酸与鸟氨酸缩合生成瓜氨酸。

$$
\begin{array}{c}
NH_2 \\
| \\
(CH_2)_3 \\
| \\
CHNH_2 \\
| \\
COOH
\end{array}
+ H_2N\text{—}COO \sim \textcircled{P}
\xrightarrow[\text{酰基转移酶}]{\text{鸟氨酸氨甲}}
\begin{array}{c}
NH_2 \\
| \\
C\text{=}O \\
| \\
NH \\
| \\
(CH_2)_3 \\
| \\
CHNH_2 \\
| \\
COOH
\end{array}
+ H_3PO_4 \qquad (9\text{-}5)
$$

鸟氨酸　　　　　　　　　　　　　　　　　　　　瓜氨酸

此反应在线粒体内完成。瓜氨酸合成后，由线粒体内膜上的载体运至胞液。

3）精氨酸的合成。在胞液内，瓜氨酸与天冬氨酸在精氨酸代琥珀酸合成酶催化下，由 ATP 供能合成精氨酸代琥珀酸，后者在精氨酸代琥珀酸裂解酶催化下，分解为精氨酸和延胡索酸。

$$
\begin{array}{c}
NH_2 \\
| \\
C\text{=}O \\
| \\
NH \\
| \\
(CH_2)_3 \\
| \\
CHNH_2 \\
| \\
COOH
\end{array}
+
\begin{array}{c}
COOH \\
| \\
CHNH_2 \\
| \\
CH_2 \\
| \\
COOH
\end{array}
\xrightarrow[\text{ATP H}_2\text{O} \quad \text{AMP+PPi}]{\substack{\text{精氨酸代琥}\\\text{珀酸合成酶}}}
\begin{array}{c}
NH_2 \quad COOH \\
| \qquad | \\
C\text{=}N\text{—}CH \\
| \qquad | \\
NH \quad CH_2 \\
| \qquad | \\
(CH_2)_3 \quad COOH \\
| \\
CHNH_2 \\
| \\
COOH
\end{array}
\xrightarrow[]{\substack{\text{精氨酸代琥}\\\text{珀酸裂解酶}}}
\begin{array}{c}
NH_2 \\
| \\
C\text{=}NH \\
| \\
NH \\
| \\
(CH_2)_3 \\
| \\
CHNH_2 \\
| \\
COOH
\end{array}
+
\begin{array}{c}
COOH \\
| \\
CH \\
\| \\
CH \\
| \\
COOH
\end{array}
$$

瓜氨酸　　天冬氨酸　　　　　　　　　　精氨酸代琥珀酸　　　　　　　精氨酸　　　延胡索酸

$$(9\text{-}6)$$

上述反应所需的氨基不直接来自 NH_3，而是来自天冬氨酸的氨基，天冬氨酸可由草酰乙酸与谷氨酸经转氨基作用而生成，而谷氨酸的氨基又可来自体内多种氨基酸。由此可见多种氨基酸的氨基可通过天冬氨酸的形式参加尿素合成。

参与尿素合成的酶系中，精氨酸代琥珀酸合成酶的活性最低，是尿素合成的关键酶，可调节尿素的合成速度。

4）精氨酸水解生成尿素。精氨酸在胞液中精氨酸酶的作用下，水解生成尿素和鸟氨酸。鸟氨酸再进入线粒体参与瓜氨酸的合成，如此反复循环，尿素不断合成。

$$
\begin{array}{c}
NH_2 \\
| \\
C=NH \\
| \\
NH \\
| \\
(CH_2)_3 \\
| \\
CHNH_2 \\
| \\
COOH
\end{array}
\quad
\xrightarrow[H_2O]{\text{精氨酸酶}}
\quad
\begin{array}{c}
NH_2 \\
| \\
C=O \\
| \\
NH_2
\end{array}
\quad + \quad
\begin{array}{c}
NH_2 \\
| \\
(CH_2)_3 \\
| \\
CHNH_2 \\
| \\
COOH
\end{array}
\qquad (9\text{-}7)
$$

精氨酸　　　　　　　　　尿素　　鸟氨酸

现将尿素合成的详细过程总结如图9-7所示。

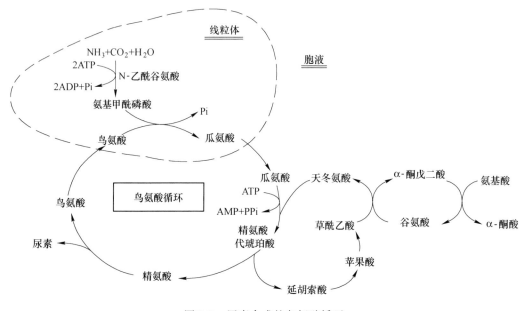

图9-7　尿素合成的鸟氨酸循环

从图9-7可见，尿素分子中的两个氮原子，一个来自氨，另一个则由天冬氨酸提供。天冬氨酸可由多种氨基酸通过转氨基反应而生成。另外，尿素合成是一个耗能过程，每合成1分子尿素需消耗3分子ATP（4个高能磷酸键）。

 **科学典故**

Krebs 与鸟氨酸循环

鸟氨酸循环指氨与二氧化碳通过鸟氨酸、瓜氨酸、精氨酸生成尿素的过程。1932年Krebs等人利用大鼠肝切片作体外实验，发现在供能的条件下，可由 CO_2 和氨合成尿素。若在反应体系中加入少量的精氨酸、鸟氨酸或瓜氨酸可加速尿素的合成，而这种氨基酸的含量并不减少。为此，Krebs 等人提出了鸟氨酸循环（ornithine cycle）学说。其实验主要依据如下：

（1）大鼠肝切片与 NH_4^+ 保温数小时，NH_4^+ 下降，尿素上升；

（2）加入鸟氨酸、瓜氨酸和精氨酸后，尿素上升；

（3）上述三种氨基酸结构上彼此相关；

（4）早已证实肝中有精氨酸酶。

（4）高血氨症和氨中毒。正常生理情况下，血氨的来源与去路保持动态平衡。当肝功能严重受损时，氨合成尿素的过程发生障碍，使血氨浓度升高，称为高血氨症。氨进入脑组织，可与脑中 α-酮戊二酸结合生成谷氨酸，氨也可与谷氨酸结合生成谷氨酰胺。因此，脑中氨的增加可使 α-酮戊二酸减少，三羧酸循环减弱，ATP 生成减少，引起大脑功能障碍。严重时可发生昏迷，即肝性脑病。

9.3.3.2　谷氨酰胺的生成

氨与谷氨酸在谷氨酰胺合成酶作用下合成谷氨酰胺，后者随血液循环运到肾脏，是肾脏氨的主要来源。

9.3.3.3　α-酮酸的氨基化及其他含氮物的生成

氨可通过氨基化过程合成非必需氨基酸。此外，氨也可用来合成其他含氮化合物。

9.4　个别氨基酸的代谢

氨基酸的代谢除一般代谢途径外，因其侧链不同，有些氨基酸还有其特殊的代谢过程，并且有重要的生理意义。

9.4.1　氨基酸的脱羧基作用

有些氨基酸可进行脱羧基作用生成相应的胺类。催化脱羧基反应的酶称为氨基酸脱羧酶，其辅酶是磷酸吡哆醛。胺类含量虽然不高，但具有重要的生理功用。如果这些物质在体内积存，则会引起神经和心血管系统的功能失调。体内广泛存在的胺氧化酶可催化这些胺类氧化，从而避免胺类的蓄积。

9.4.1.1　γ-氨基丁酸

γ-氨基丁酸（γ-aminobutyric acid，GABA）是谷氨酸脱羧基生成的。催化此反应的酶是 L-谷氨酸脱羧酶，此酶在脑、肾组织中活性很高，所以脑中 γ-氨基丁酸的含量较多。γ-氨基丁酸是抑制性神经递质，对中枢神经有抑制作用。临床上用维生素 B_6 治疗妊娠呕吐和小儿抽搐，是由于磷酸吡哆醛参与构成谷氨酸脱羧酶的辅酶，促进谷氨酸脱羧生成γ-氨基丁酸，从而抑制神经的兴奋性。

$$
\begin{array}{ccc}
\text{COOH} & & \\
| & & \text{COOH} \\
\text{CH}_2 & & | \\
| & \xrightarrow{\text{L-谷氨酸脱羧酶}} & \text{CH}_2 \\
\text{CH}_2 & \quad \searrow \text{CO}_2 & | \\
| & & \text{CH}_2 \\
\text{CHNH}_2 & & | \\
| & & \text{CH}_2\text{NH}_2 \\
\text{COOH} & & \\
\text{L-谷氨酸} & & \gamma\text{-氨基丁酸}
\end{array}
\tag{9-8}
$$

9.4.1.2　组胺

组氨酸经组氨酸脱羧酶催化生成组胺。组胺在体内广泛分布于乳腺、肝、肌肉及胃黏膜等的肥大细胞中。

$$(9-9)$$

组胺是一种强烈的血管扩张剂，并能增加毛细血管的通透性。组胺可使平滑肌收缩，引起支气管痉挛导致哮喘。组胺还能促进胃蛋白酶原及胃酸的分泌。

9.4.1.3　5-羟色胺

色氨酸首先经色氨酸羟化酶作用生成5-羟色氨酸，然后再经5-羟色氨酸脱羧酶的作用生成5-羟色胺（5-hydroxytryptamine，5-HT）。

5-羟色胺广泛分布于体内各组织中，在脑的视丘下部、大脑皮质含量很高，它是抑制性神经递质，与睡眠、疼痛和体温调节有密切关系；它也存在于胃肠、血小板、乳腺细胞中，具有强烈的收缩血管作用。

$$(9-10)$$

9.4.1.4　牛磺酸

半胱氨酸首先氧化成磺酸丙氨酸，再脱去羧基生成牛磺酸。牛磺酸是结合胆汁酸的组成成分。现已发现脑组织中含有较多的牛磺酸，表明它可能对脑的功能也有作用。

$$(9-11)$$

9.4.1.5 多胺

多胺是指含有多个氨基的胺类化合物。某些氨基酸的脱羧基作用可以产生多胺。例如鸟氨酸经脱羧基生成腐胺，然后再转变成精胺和精脒。

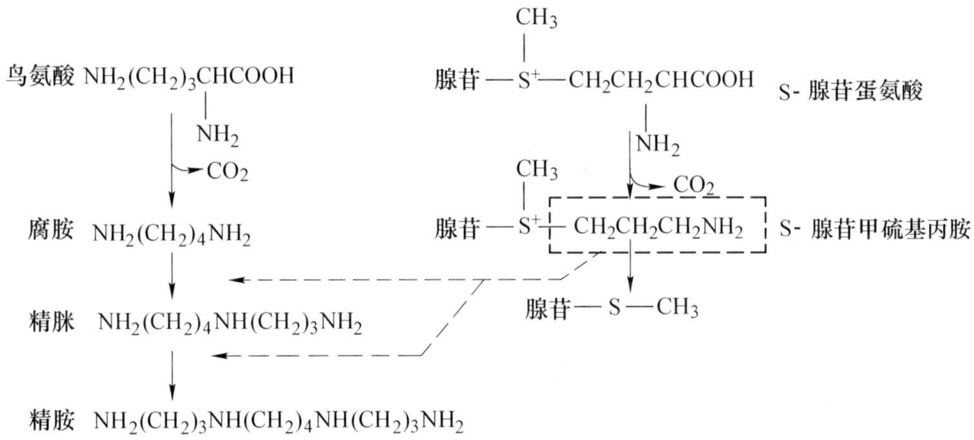

鸟氨酸 $NH_2(CH_2)_3CHCOOH$

腺苷—S^+—$CH_2CH_2CHCOOH$　S-腺苷蛋氨酸

腐胺 $NH_2(CH_2)_4NH_2$

腺苷—S^+—$CH_2CH_2CH_2NH_2$　S-腺苷甲硫基丙胺

精脒 $NH_2(CH_2)_4NH(CH_2)_3NH_2$

腺苷—S—CH_3

精胺 $NH_2(CH_2)_3NH(CH_2)_4NH(CH_2)_3NH_2$

$$(9-12)$$

精脒与精胺是调节细胞生长的重要物质。凡生长旺盛的组织如胚胎、再生肝、癌瘤组织或给予生长激素的实验动物，其鸟氨酸脱羧酶（多胺合成的限速酶）的活性和多胺的含量都有提高。目前，临床上测定肿瘤患者的血或尿中多胺的含量作为观察病情和癌瘤辅助诊断的指标。

9.4.2 一碳单位的代谢

某些氨基酸在分解代谢过程中产生的含有一个碳原子的有机基团，称为一碳单位，包括甲基（—CH_3）、甲烯基（—CH_2—）、甲炔基（—CH＝）、甲酰基（—CHO）及亚氨甲基（—CH＝NH）等。一碳单位不能游离存在，常与四氢叶酸（FH_4）结合而转运和参与代谢。一碳单位参与嘌呤和胸腺嘧啶的合成，在核酸的生物合成中占有重要地位。

9.4.2.1 一碳单位的载体

四氢叶酸是一碳单位的运载体。哺乳动物体内四氢叶酸可由叶酸经二氢叶酸还原酶催化，通过两步还原反应生成。

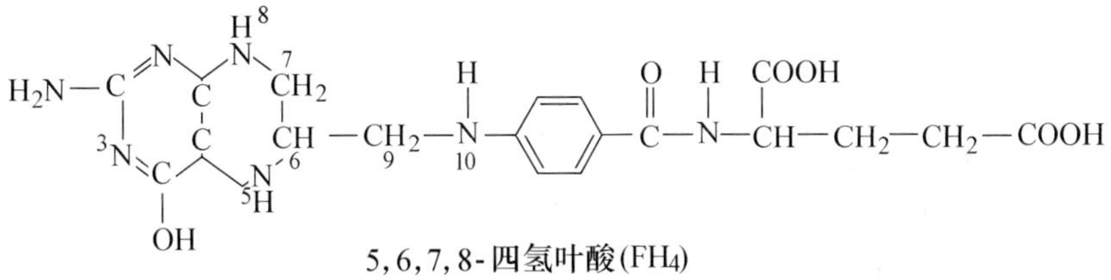

$$(9-13)$$

5,6,7,8-四氢叶酸(FH_4)

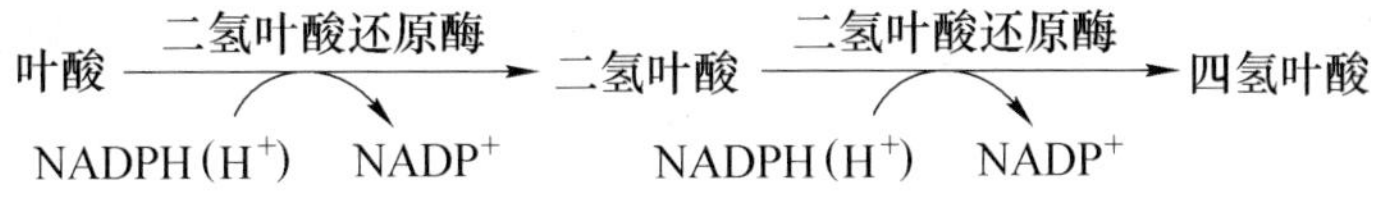

叶酸 $\xrightarrow{\text{二氢叶酸还原酶}}$ 二氢叶酸 $\xrightarrow{\text{二氢叶酸还原酶}}$ 四氢叶酸

$NADPH(H^+)$　$NADP^+$　　$NADPH(H^+)$　$NADP^+$

一碳单位通常结合在 FH_4 分子的 N^5 和 N^{10} 位上。如 N^5—甲基四氢叶酸（N^5—CH_3—FH_4）、N^5，N^{10}—甲烯四氢叶酸（N^5，N^{10}—CH_2—FH_4）、N^{10}—甲酰四氢叶酸（N^{10}—CHO—FH_4）、N^5，N^{10}—甲炔四氢叶酸（N^5，N^{10}＝CH—FH_4）及 N^5—亚氨甲基四氢叶酸（N^5—CH＝NH—FH_4）等。

9.4.2.2　一碳单位与氨基酸代谢

一碳单位主要来源于丝氨酸、甘氨酸、组氨酸及色氨酸的分解代谢。

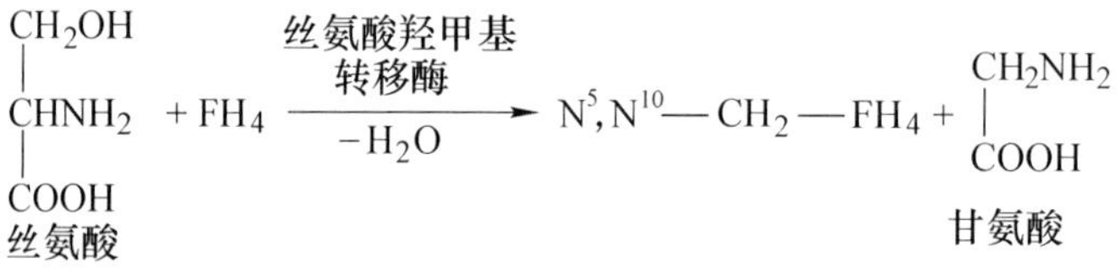

$$\begin{array}{c} CH_2OH \\ | \\ CHNH_2 \\ | \\ COOH \\ \text{丝氨酸} \end{array} + FH_4 \xrightarrow[-H_2O]{\substack{\text{丝氨酸羟甲基} \\ \text{转移酶}}} N^5,N^{10}—CH_2—FH_4 + \begin{array}{c} CH_2NH_2 \\ | \\ COOH \\ \text{甘氨酸} \end{array} \tag{9-14}$$

$$\begin{array}{c} CH_2NH_2 \\ | \\ COOH \\ \text{甘氨酸} \end{array} + FH_4 \xrightarrow[\substack{NAD^+ \quad NADH+H^+}]{\text{甘氨酸裂解酶}} CO_2+NH_3+N^5,N^{10}—CH_2—FH_4 \tag{9-15}$$

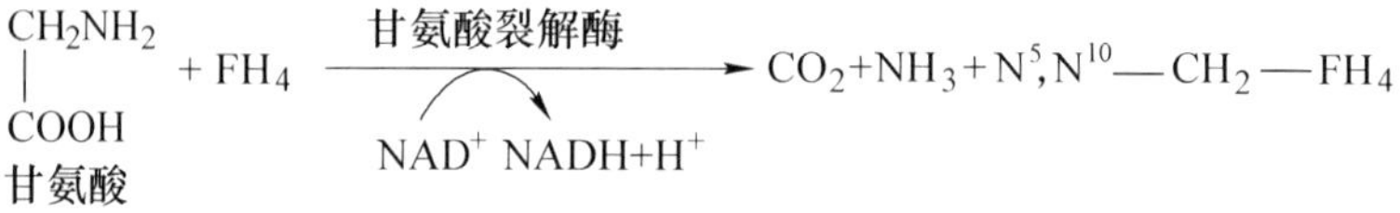

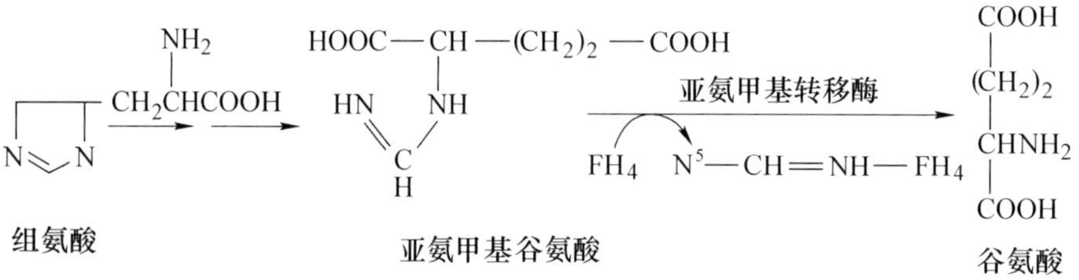

$$\text{组氨酸} \longrightarrow \text{亚氨甲基谷氨酸} \xrightarrow[FH_4 \quad N^5—CH=NH—FH_4]{\text{亚氨甲基转移酶}} \text{谷氨酸} \tag{9-16}$$

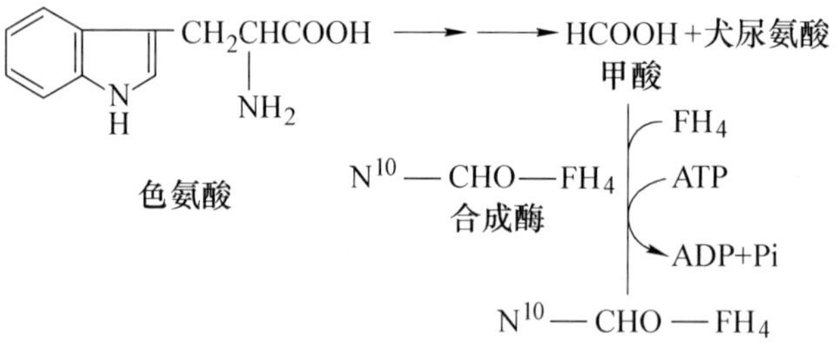

$$\text{色氨酸} \longrightarrow HCOOH + \text{犬尿氨酸} \tag{9-17}$$

$$\underset{\text{合成酶}}{N^{10}—CHO—FH_4} \overset{FH_4 \quad ATP \quad ADP+Pi}{\longrightarrow} N^{10}—CHO—FH_4$$

在适当条件下，各种不同形式的一碳单位可以相互转变。在这些反应中，N^5—CH_3—FH_4 的生成基本是不可逆的。一碳单位的相互转变如图9-8所示。

9.4.2.3　一碳单位的生理功用

一碳单位的主要生理功用是作为合成嘌呤及胸腺嘧啶的原料，在核酸生物合成中有重要作用。如 N^5，N^{10}—CH_2—FH_4 参与胸腺嘧啶核苷酸的合成，而 N^{10}—CHO—FH_4 与 N^5，N^{10}＝CH—FH_4 分别是嘌呤环 C_2 与 C_8 的来源。一碳单位将氨基酸代谢与核酸代谢密切联系起来。另外，N^5—CH_3—FH_4 携带的甲基通过S-腺苷甲硫氨酸循环进行甲基化作用，参与体内许多重要化合物（如儿茶酚胺类激素、胆碱等）的合成。

$$N^{10}\!-\!CHO\!-\!FH_4$$
$$(N^{10}\text{-甲酰四氢叶酸})$$

↕

$$N^5,N^{10}\!=\!CH\!-\!FH_4 \Longrightarrow N^5\!-\!CH\!=\!NH\!-\!FH_4$$
$$(N^5,N^{10}\text{-甲炔四氢叶酸})\qquad(N^5\text{-亚氨甲基四氢叶酸})$$

↕

$$N^5,N^{10}\!-\!CH_2\!-\!FH_4$$
$$(N^5,N^{10}\text{-甲烯四氢叶酸})$$

↓

$$N^5\!-\!CH_2\!-\!FH_4$$
$$(N^5\text{-甲基四氢叶酸})$$

图 9-8　一碳单位的相互转变

9.4.3　含硫氨基酸的代谢

含硫氨基酸包括甲硫氨酸、半胱氨酸和胱氨酸。这三种氨基酸的代谢是相互联系的，甲硫氨酸可以转变为半胱氨酸和胱氨酸，而且半胱氨酸和胱氨酸可以互相转变，但两者都不能转变为甲硫氨酸，所以甲硫氨酸是营养必需氨基酸。甲硫氨酸与转甲基作用关系密切，半胱氨酸可转变成牛磺酸、活性硫酸根及谷胱甘肽等。

9.4.3.1　甲硫氨酸代谢

（1）甲硫氨酸与转甲基作用。甲硫氨酸分子中的 S-甲基可以通过转甲基作用生成许多含甲基的重要生理活性物质，但是甲硫氨酸必须转变成 S-腺苷甲硫氨酸（S-adenosyl methionine，SAM）才具有这种作用。甲硫氨酸可在 ATP 提供腺苷情况下，由腺苷转移酶作用生成 SAM。SAM 称为活性甲硫氨酸，是体内甲基重要的直接供体。

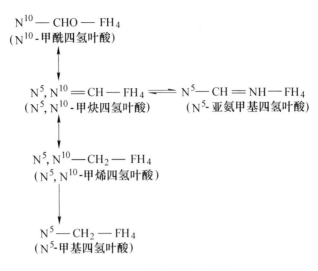

$$(9\text{-}18)$$

许多含甲基的生理活性物质，如胆碱、肌酸、肉碱以及肾上腺素等都是直接由 SAM 提供甲基合成的。

（2）甲硫氨酸循环。甲硫氨酸由 ATP 提供腺苷生成 S-腺苷甲硫氨酸，后者经转甲基作用生成 S-腺苷同型半胱氨酸，再经水解生成同型半胱氨酸。同型半胱氨酸再接受 N^5—CH_3—FH_4 提供的甲基，重新生成甲硫氨酸。这一循环称为甲硫氨酸循环，如图 9-9 所示。

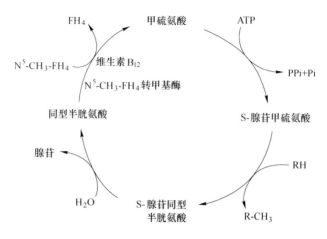

图 9-9　甲硫氨酸循环

这个循环的生理意义是由 N^5—CH_3—FH_4 提供甲基合成甲硫氨酸，再通过此循环的 SAM 提供甲基，以进行体内广泛的甲基化反应，见表 9-3。N^5—CH_3—FH_4 可看成是体内甲基的间接供体。

表 9-3　由 SAM 参加的一些转甲基作用

甲基接受体	甲基化产物	甲基接受体	甲基化产物
去甲肾上腺素	肾上腺素	RNA	甲基化的 RNA
胍乙酸	肌酸	DNA	甲基化的 DNA
磷脂酰乙醇胺	磷脂酰胆碱	蛋白质	甲基化的蛋白质
γ-氨基丁酸	肉毒碱	尼克酰胺	N-甲基尼克酰胺

上述循环中由 N^5—CH_3—FH_4 提供甲基使同型半胱氨酸转变成甲硫氨酸的反应是目前已知体内利用 N^5—CH_3—FH_4 的唯一反应。催化此反应的酶是 N^5—CH_3—FH_4 转甲基酶（又称甲硫氨酸合成酶），其辅酶是维生素 B_{12}，它参与甲基的转移。维生素 B_{12} 缺乏时，N^5—CH_3—FH_4 上的甲基不能转移，这既不利于甲硫氨酸的生成，也影响 FH_4 的再生，使组织中游离的 FH_4 含量减少，导致核酸合成障碍，影响细胞分裂，可产生巨幼红细胞性贫血。

9.4.3.2　半胱氨酸与胱氨酸代谢

半胱氨酸含有巯基（—SH），胱氨酸含有二硫键（—S—S—）。两分子半胱氨酸可氧化成胱氨酸，胱氨酸也可还原成半胱氨酸。

$$
2 \begin{array}{c} CH_2SH \\ | \\ CHNH_2 \\ | \\ COOH \end{array} \quad \underset{+2H}{\overset{-2H}{\rightleftharpoons}} \quad \begin{array}{c} CH_2—S—S—CH_2 \\ | \qquad\qquad | \\ CHNH_2 \qquad CHNH_2 \\ | \qquad\qquad | \\ COOH \qquad\quad COOH \end{array} \tag{9-19}
$$

半胱氨酸　　　　　　　　　　　胱氨酸

蛋白质分子中两个半胱氨酸残基之间形成的二硫键对维持蛋白质的空间构象和功能起

着重要作用，而蛋白质分子中游离的巯基也是多种蛋白质及酶的功能基团。谷胱甘肽分子中的巯基在机体的氧化还原反应及生物转化等方面具有重要作用。

含硫氨基酸经氧化分解产生硫酸根，体内硫酸根的主要来源是半胱氨酸。半胱氨酸可以直接脱去巯基和氨基，生成丙酮酸、氨和 H_2S，H_2S 被氧化成硫酸根。在体内生成的硫酸根，一部分可以无机盐形式随尿排出，另一部分经 ATP 活化生成活性硫酸根，即 3′-磷酸腺苷-5′-磷酸硫酸（3′-phospho-adenosine-5′-phospho-sulfate，PAPS），反应过程如下：

$$ATP+SO_4^{2-} \xrightarrow{-PPi} AMP-SO_3^- \xrightarrow{+ATP} 3-PO_3H_2-AMP-SO_3^-+ADP$$

腺苷-5′-磷酸硫酸 　　　　　　　　　PAPS

$$^-O_3S-O-\overset{\overset{O}{\|}}{\underset{OH}{P}}-O-CH_2 \quad 腺嘌呤$$

$$H_2O_3PO \quad OH$$

PAPS的结构 　　　　　　(9-20)

PAPS 的化学性质活泼，可以提供硫酸根使某些物质生成硫酸酯，在肝脏生物转化中有重要作用。此外，PAPS 参与硫酸角质素及硫酸软骨素等化合物中硫酸化氨基糖的合成。

9.4.4 芳香族氨基酸的代谢

芳香族氨基酸包括苯丙氨酸、酪氨酸和色氨酸。

9.4.4.1 苯丙氨酸和酪氨酸的代谢

在体内，苯丙氨酸可以转变为酪氨酸，进一步分解生成延胡索酸和乙酰乙酸，所以二者是生糖兼生酮氨基酸。

（1）苯丙氨酸的代谢。苯丙氨酸的主要代谢途径是经羟化作用生成酪氨酸；其次是经转氨基生成苯丙酮酸。

苯丙氨酸在苯丙氨酸羟化酶作用下，经羟化作用生成酪氨酸。此反应不可逆，因而酪氨酸不能转变为苯丙氨酸。

当苯丙氨酸羟化酶先天性缺乏时，苯丙氨酸不能转变为酪氨酸，体内的苯丙氨酸蓄积，可经转氨基作用生成苯丙酮酸。大量苯丙酮酸及其部分代谢产物由尿中排出，称为苯丙酮酸尿症。苯丙酮酸的堆积对中枢神经系统有毒性，患儿智力低下，皮肤毛发色浅等。

 **科学典故**

苯丙酮尿症

苯丙酮尿症（PKU）是一种常见的氨基酸代谢病，是由于苯丙氨酸（PA）代谢途径中的酶缺陷，使得苯丙氨酸不能转变成为酪氨酸，导致苯丙氨酸及其酮酸蓄积，并从尿中大量排出。本病在遗传性氨基酸代谢缺陷疾病中比较常见，其遗传方式为常染色体隐性遗传。临床表现不均一，主要临床特征为智力低下、精神神经症状、湿疹、皮肤抓痕征及色素脱失和鼠气味等、脑电图异常。如果能得到早期诊断和早期治疗，则前述临床表现可不发生，智力正常，脑电图异常也可得到恢复。

（2）酪氨酸代谢。酪氨酸可在酪氨酸转氨酶的催化下，生成对羟苯丙酮酸，后者进一步转变成延胡索酸和乙酰乙酸，二者分别参加糖与脂肪酸的代谢。

酪氨酸经酪氨酸酶催化合成黑色素。人体缺乏酪氨酸酶，导致黑色素合成障碍，皮肤、毛发呈白色而称为白化病。

酪氨酸可以合成儿茶酚胺。酪氨酸经酪氨酸羟化酶作用，生成 3,4-二羟苯丙氨酸（DOPA，多巴），后者经脱羧生成多巴胺。多巴胺是脑中的一种神经递质，帕金森病患者多巴胺生成减少。在肾上腺髓质中，多巴胺可生成去甲肾上腺素，后者甲基化生成肾上腺素。多巴胺、去甲肾上腺素、肾上腺素统称为儿茶酚胺。

酪氨酸可碘化生成甲状腺素。

苯丙氨酸和酪氨酸的代谢过程如图 9-10 所示。

9.4.4.2 色氨酸的代谢

色氨酸可生成 5-羟色胺。还可在肝中分解生成一碳单位。色氨酸分解产生丙酮酸与乙酰乙酰 CoA，所以色氨酸是生糖兼生酮氨基酸。此外，色氨酸在体内可以转变成尼克酸，但转化率较低，不能满足机体的需要，仍依赖食物补给这种维生素。

综上所述，各种氨基酸除了作为合成蛋白质的原料，还可以转变成多种含氮的生理活性物质，在生命过程中发挥重要作用，见表 9-4。

表 9-4 氨基酸衍生的重要含氮化合物

化 合 物	生 理 功 用	氨基酸前体
嘌呤碱	核酸成分	天冬氨酸、谷氨酰胺、甘氨酸
嘧啶碱	核酸成分	天冬氨酸、谷氨酰胺
卟啉化合物	血红素、细胞色素	甘氨酸
肌酸、磷酸肌酸	能量贮存	甘氨酸、精氨酸、甲硫氨酸
尼克酸	维生素	色氨酸
多巴胺、肾上腺素、去甲肾上腺素	神经递质、激素	苯丙氨酸、酪氨酸
甲状腺素	激素	酪氨酸、苯丙氨酸
黑色素	皮肤色素	苯丙氨酸、酪氨酸
5-羟色胺	神经递质、血管收缩剂	色氨酸
组胺	血管扩张剂	组氨酸
γ-氨基丁酸	神经递质	谷氨酸
精胺、精脒	细胞增殖促进剂	甲硫氨酸、精（鸟）氨酸

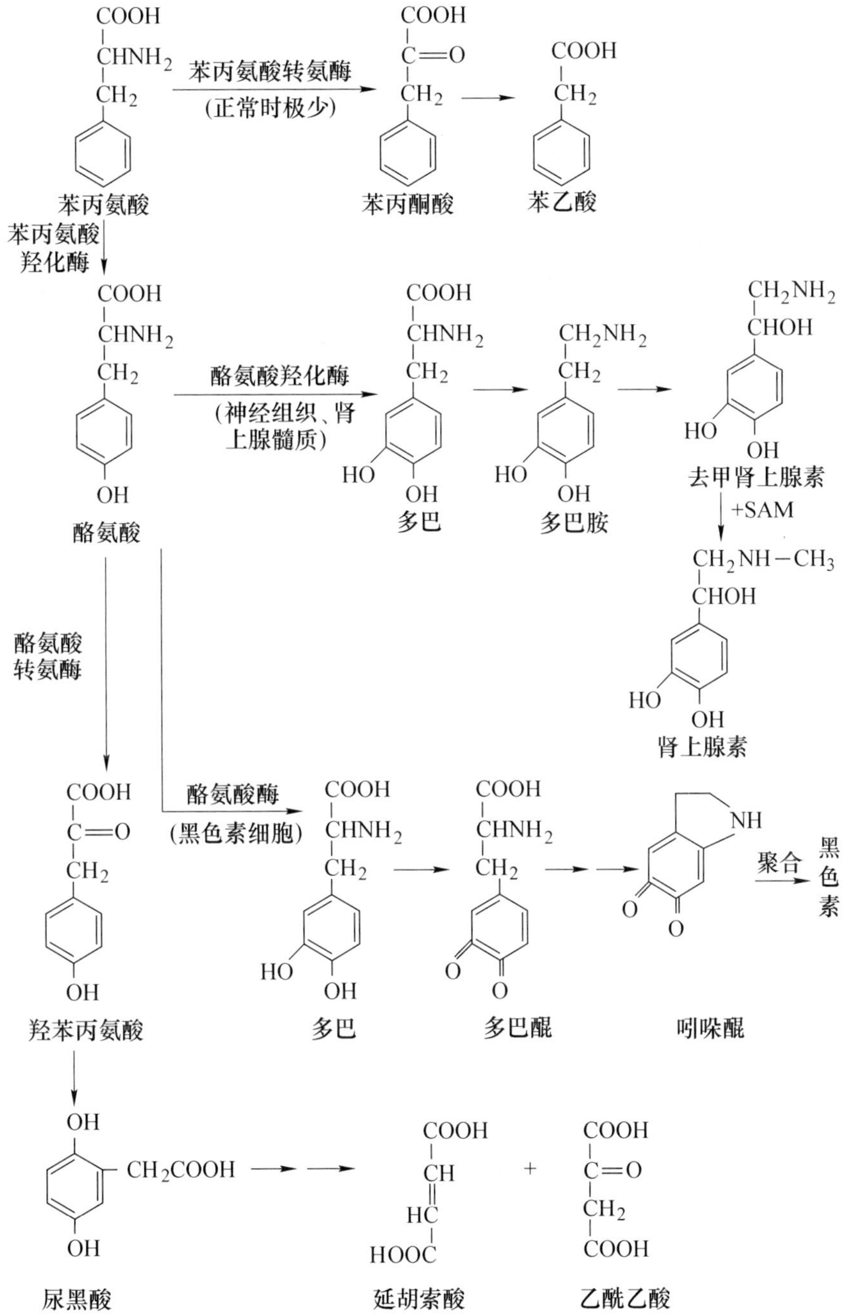

图 9-10　苯丙氨酸和酪氨酸的代谢

【小　结】

　　蛋白质是生命活动的物质基础。蛋白质是组织细胞的主要成分，同时参与催化、运输、生长和分化的调控等重要的生理活动。氨基酸是蛋白质的基本组成单位。各种蛋白质所含氨基酸的种类和数量不同，其营养价值也不同。组成人体蛋白质的 20 种 α-氨基酸中有 8 种是人体需要、但体内不能合成的氨基酸，称为营养必需氨基酸。它们是赖氨酸、色氨酸、亮氨酸、异亮氨酸、苯丙氨酸、苏氨酸、甲硫氨酸、缬氨酸。其余的称为非必需氨基酸。含有营养必需氨基酸种类多、数量足的蛋白质，其营养价值高。外源性氨基酸与内源性氨基酸构成"氨基酸代谢库"，共同参与体内的代谢。体内氨基酸的主要功用是合成蛋白质和多肽；此外，也可以转变成其他含氮物质，或者进行分解代谢。

氨基酸分解代谢主要是脱氨基反应，生成相应的α-酮酸和氨。氨基酸脱氨基的方式有转氨基作用、L-谷氨酸氧化脱氨基作用、联合脱氨基作用等，其中联合脱氨基作用是体内大多数氨基酸脱氨基的主要方式。肌肉组织中的氨基酸主要通过"嘌呤核苷酸循环"脱去氨基。由于联合脱氨基作用是可逆反应，所以它也是体内合成非必需氨基酸的重要途径。

氨基酸经过脱氨基作用生成的α-酮酸，其代谢去路是生成非必需氨基酸、转变成糖和脂类及氧化供能。

氨对机体是有毒的物质，体内的氨以丙氨酸、谷氨酰胺等形式转运到肝或肾。大部分经鸟氨酸循环合成尿素，尿素是氨基酸分解代谢的终末产物。

部分氨基酸经脱羧基作用产生胺类物质。如谷氨酸脱羧生成γ-氨基丁酸、组氨酸脱羧生成组胺、色氨酸可生成5-羟色胺等，它们各具重要的生理功用。

一碳单位是由甘氨酸、丝氨酸、组氨酸、色氨酸等在体内分解代谢产生的含有一个碳原子的有机基团。四氢叶酸是一碳单位的运载体。一碳单位是合成嘌呤及嘧啶核苷酸的原料，是联系氨基酸与核酸代谢的枢纽。

含硫氨基酸包括甲硫氨酸、胱氨酸及半胱氨酸。甲硫氨酸主要是通过甲硫氨酸循环，以SAM形式提供活性甲基，合成肾上腺素、肌酸、肉碱、磷脂酰胆碱等。半胱氨酸的巯基与许多酶的活性有关。

芳香族氨基酸包括苯丙氨酸、酪氨酸、色氨酸。苯丙氨酸经羟化作用生成酪氨酸。酪氨酸可以转变成多巴胺、肾上腺素、去甲肾上腺素、黑色素、甲状腺素。

【思考题】

9-1 举例说明氨基酸脱氨基的主要方式。

9-2 简述血氨的来源和去路。

9-3 什么是甲硫氨酸循环，有何生理意义？

9-4 什么是鸟氨酸循环，有什么生理意义？简述其过程。

9-5 试以丙氨酸为例，论述氨基酸是如何异生成葡萄糖的。

【拓展训练】

单项选择题

（1）人体必需氨基酸是(　　)。

A. 谷氨酸　　　B. 半胱氨酸　　　C. 天冬氨酸　　　D. 异亮氨酸

E. 丙氨酸

（2）哺乳类动物体内氨的主要代谢去路是(　　)。

A. 合成非必需氨基酸　　　　　B. 合成重要的含氮化合物

C. 合成尿素　　　　　　　　　D. 合成谷氨酰胺

E. 合成核苷酸
（3）转氨酶的辅酶是（　　）。
A. 磷酸吡哆醛 　　　　　　　　　B. NAD$^+$
C. NADP$^+$ 　　　　　　　　　　D. FAD
E. FMN
（4）ALT（GPT）活性最高的组织是（　　）。
A. 心肌　　　　B. 骨骼肌　　　　　C. 脑　　　　　　　D. 肝
E. 肾
（5）下列哪种氨基酸在肌酸的合成过程中提供脒基？（　　）
A. 甘氨酸　　　B. 精氨酸　　　　　C. 丝氨酸　　　　　D. 丙氨酸
E. 甲硫氨酸
（6）嘌呤核苷酸循环的脱氨基作用主要在何组织中进行（　　）。
A. 肝　　　　　B. 肌肉　　　　　　C. 肺　　　　　　　D. 肾
E. 脑
（7）脑中氨的主要去路是（　　）。
A. 合成谷氨酰胺 　　　　　　　　　B. 合成尿素
C. 合成嘌呤 　　　　　　　　　　　D. 合成嘧啶
E. 扩散入血
（8）下列哪种反应在线粒体中进行？（　　）
A. 鸟氨酸与氨基甲酰磷酸反应 　　　B. 瓜氨酸与天冬氨酸反应
C. 精氨酸生成反应 　　　　　　　　D. 延胡索酸生成反应
E. 精氨酸分解成尿素反应
（9）1mol 尿素的合成需消耗 ATP 摩尔数是（　　）。
A. 2　　　　　B. 3　　　　　　　C. 1　　　　　　　D. 5
E. 6
（10）参与尿素循环的氨基酸是（　　）。
A. 蛋氨酸　　　B. 脯氨酸　　　　　C. 鸟氨酸　　　　　D. 丙氨酸
E. 谷氨酸

【技能训练】

血清谷-丙转氨酶活性测定

〔实验目的〕
（1）学习测定血清谷-丙转氨酶的原理。
（2）掌握赖氏法测定血清谷-丙转氨酶标准曲线的绘制。
（3）了解血清谷-丙转氨酶测定的临床应用。
〔实验原理〕
丙氨酸与 α-酮戊二酸在 pH7.4 时，经谷-丙转氨酶催化进行转氨基作用生成丙酮酸和谷氨酸。反应如下：

丙氨酸　　　α-酮戊二酸　　　　　　　丙氨酸　　　谷氨酸

丙酮酸与2,4-二硝基苯肼作用生成棕红色2,4-二硝基苯腙，与已知浓度的丙酮酸标准液在同样条件下显色，利用比色分析原理将样品显色与丙酮酸标准品配制成的系列标准液比较，求出样品中谷-丙转氨酶活性。

丙酮酸　　　　　2,4二硝基苯肼　　　　　丙酮酸二硝基苯腙

〔试剂和器材〕

（1）试剂。

1）0.1mol/L磷酸二氢钾溶液。称取$KH_2PO_4$13.61g，溶解于蒸馏水中，加蒸馏水至1000mL，4℃保存。

2）0.1mol/L磷酸氢二钠溶液。称取$Na_2HPO_4$14.22g，溶解于蒸馏水中，并稀释至1000mL，4℃保存。

3）0.1mol/L磷酸盐缓冲液（pH7.4）。取420ml 0.1mol/L磷酸氢二钠溶液和80mL 0.1mol/L磷酸二氢钾溶液，混匀，即为pH7.4的磷酸盐缓冲液。加氯仿数滴，4℃保存。

4）基质缓冲液。精确称取D-L-丙氨酸1.79g，α-酮戊二酸29.2mg，先溶于0.1mol/L磷酸盐缓冲液约50mL中，用1mol/L NaOH调pH至7.4，再加磷酸盐缓冲液至100mL，4~6℃保存，该溶液可稳定2周。每升底物缓冲液中可加入麝香草酚0.9g或加氯仿防腐，4℃保存。配成200mmol/L丙氨酸与2.0mmol/L α-酮戊二酸基质缓冲液。

5）1.0mmol/L 2,4-二硝基苯肼溶液。称取2,4-二硝基苯肼（AR）19.8mg，溶于1.0mol/L盐酸100mL，置棕色玻璃瓶中，室温中保存，若冰箱保存可稳定2个月。若有结晶析出，应重新配制。

6）0.4mol/L NaOH溶液。称取NaOH 1.6g溶解于蒸馏水中，并加蒸馏水至100mL，置具塞塑料试剂瓶内，室温中可长期稳定。

7）2.0mmol/L丙酮酸标准液。准确称取丙酮酸钠（AR）22.0mg，置于100mL容量瓶中，加0.05mol/L硫酸至刻度。此溶液不稳定，应临用前配制。丙酮酸不稳定，开封后易变质（聚合），相互聚合为多聚丙酮酸，需干燥后使用。

8）待测标本。病人血清或质控血清。

（2）器材。分光光度计，试管，量筒，吸管，恒温水浴，滴管。

〔操作步骤〕

（1）谷-丙转氨酶校正曲线绘制。

1）取试管5支，标号1→5，按表9-5向各管加入相应试剂。

表 9-5　试剂　　　　　　　　　　　　　　　　　（mL）

试　　剂	1	2	3	4	5
0.1mol/L磷酸盐缓冲液	0.1	0.1	0.1	0.1	0.1
2.0mmol/L丙酮酸标准液	0	0.05	0.10	0.15	0.20
基质缓冲液	0.50	0.45	0.40	0.35	0.30
2,4-二硝基苯肼溶液	0.5	0.5	0.5	0.5	0.5
混匀，37℃水浴20min					
0.4mol/L NaOH溶液	5.0	5.0	5.0	5.0	5.0
相当于酶活性浓度（卡门氏单位）	0	28	57	97	150

2）混匀，放置5min，在波长505nm处，以蒸馏水调零，读取各管吸光度，各管吸光度均减"1"号管吸光度为该标准管的吸光度值。

3）以吸光度值为纵坐标，对应的酶卡门氏活性单位为横坐标，各标准管代表的活性单位与吸光度值作图，即成校正曲线。

（2）标本的测定。

1）在测定前取适量的底物溶液和待测血清，37℃水浴预温5min后使用。取试管2支，按表9-6进行操作。

表 9-6　样本的测定　　　　　　　　　　　　　　　（mL）

试　　剂	对 照 管	测 定 管
血清	0.1	0.1
基质缓冲液	—	0.5
混匀后，置37℃保温30min		
2,4-二硝基苯肼溶液	0.5	0.5
基质缓冲液	0.5	—
混匀后，置37℃保温20min		
0.4mol/L NaOH溶液	5.0	5.0

2）室温放置5min，在波长505nm处以蒸馏水调零，读取各管吸光度。

3）计算。测定管吸光度减去样本对照管吸光度的差值为标本的吸光度。该值在校正曲线上查得谷-丙转氨酶的赖氏单位，常用卡门氏单位表示。

正常值：血清谷-丙转氨酶为5~25卡门氏单位。

〔注意事项〕

（1）丙酮酸标准液的配制。丙酮酸不稳定，见空气易发生聚合反应，生成多聚丙酮酸，而失去其化学性质。在配制校正曲线时，不会出现显色反应。此时应将变性的丙酮酸放在干燥箱（40~55℃）2~3h，或干燥器中过夜后再使用。

（2）基质液中的 α-酮戊二酸和显色剂 2,4-二硝基苯肼均为呈色物质，称量必须很准确，每批试剂的空白管吸光度上下波动不应超过 0.015A，如超出此范围，应检查试剂及仪器等方面问题。

（3）血清中谷-丙转氨酶在室温（25℃）可以保存 2 天，在 4℃冰箱可保存 1 周，在 -25℃可保存 1 个月。一般血清标本中内源性酮酸含量很少，血清对照管吸光度接近于试剂空白管（以蒸馏水代替血清，其他和对照管同样操作）。所以，成批标本测定时，一般不需要每份标本都作自身血清对照管，以试剂空白管代替即可，但对超过正常值的血清标本应进行复查。严重脂血、黄疸及溶血血清可引起测定的吸光度增高；糖尿病酮症酸中毒病人血中因含有大量酮体，能和 2,4-二硝基苯肼作用呈色，也会引起测定管吸光度增加。因此，检测此类标本时，应作血清标本对照管。

（4）本方法考虑到底物浓度不足，酶作用产生的丙酮酸的量不能与酶活性成正比，故没有制定自身的单位定义，而是以实验数据套用速率法的卡门氏单位。本方法校正曲线所定的单位是用比色法的实验结果和卡门分光光度法实验结果做对比后求得的，以卡门氏单位报告结果。卡门法是早期的酶偶联速率测定法，卡门氏单位是分光光度单位，定义为血清 1mL，反应液总体积 3mL，反应温度 25℃，波长 505nm，比色杯光径 1.0cm，每 min 吸光度下降 0.001A 为一个卡门氏单位（相当于 0.48U）。本方法的测定温度原为 40℃，校正曲线只到 97 个卡门氏单位，后来改用 37℃测定将校正曲线延长至 150 卡门氏单位。本方法测定由于受底物 α-酮戊二酸浓度和 2,4-二硝基苯肼浓度的不足以及反应产物丙酮酸的反馈抑制等因素影响，校正曲线不能延长至 200 卡门氏单位。当血清标本酶活力超过 150 卡门氏单位时，应将血清用 0.145mol/L NaCl 溶液稀释后重测，其结果乘以稀释倍数。

（5）加入 2,4-二硝基苯肼溶液后，应充分混匀，使反应完全。加入 NaOH 溶液的方法和速度要一致，如液体混合不完全或 NaOH 溶液的加入速度不同均会导致吸光度读数的差异。呈色的深浅与 NaOH 的浓度也有关系，NaOH 浓度越大呈色越深。NaOH 溶液的浓度小于 0.25mol/L 时，吸光度下降变陡，因此 NaOH 浓度要准确。

10　核苷酸代谢

【学习目标】

　　☆ 掌握核苷酸的生理功能。

　　☆ 掌握嘌呤核苷酸结构中各元素或组件的材料来源，以及 IMP、AMP 与 GMP 相互转变。

　　☆ 掌握嘧啶核苷酸从头合成的原料。

　　☆ 熟悉嘌呤核苷酸有两条合成途径。

　　☆ 熟悉二磷酸核苷还原生成脱氧核苷酸的基本过程。

　　☆ 熟悉嘌呤核苷酸抗代谢药物作用机理及临床意义。

　　☆ 熟悉嘌呤核苷酸体内分解代谢终产物尿酸及其与医学的关系。

　　☆ 熟悉嘧啶核苷酸抗代谢药物作用机理和嘧啶核苷酸分解代谢产物。

　　☆ 了解嘧啶核苷酸补救合成所需要的酶及其催化的反应。

　　☆ 了解嘌呤核苷酸补救合成有关的酶名称、功能、酶缺陷相关的疾病。

　　☆ 了解嘌呤核苷酸从头合成的基本过程和合成调节。

　　☆ 了解嘧啶核苷酸从头合成的基本过程和合成调节。

【引导案例】

　　核酸究竟有没有营养价值呢？核酸是无法直接被人体吸收的。它是由很多核苷酸聚合成的，在肠道中会被分解成核苷酸，再分解成核苷。核苷被细胞吸收后，再被分解成碱基和磷酸核糖。它们可以用于合成核苷酸，也可以被代谢排出体外。核酸可分为核糖核酸（RNA）和脱氧核糖核酸（DNA）。在人体中，DNA 可在细胞分裂时进行复制，也可转录成 RNA，用于合成蛋白质。而在这些过程中，需要生成新的 DNA 和 RNA，也就需要使用前面提到的核苷酸。这便是核酸或核苷酸的营养价值。而在所有的细胞内（无论动植物还是微生物），都存在细胞核，细胞核里有 DNA，可以作为人体摄入核酸的来源。组成核酸的碱基只有两类（嘌呤和嘧啶）、五种（腺嘌呤、鸟嘌呤、胞嘧啶、胸腺嘧啶和尿嘧啶），它们非常普遍，没有哪种是饮食中很少摄入或难以吸收的。由此可见，只要饮食合理、消化和吸收正常，人体并不会缺少核苷酸。但是，如果无法从食物中摄入足够的核酸，那么通过其他渠道补充也是可行的。举例来说，奶粉中是不含细胞的，可以人为地添加核苷酸；手术后也可通过迅速补充核苷酸，来满足生成新细胞的需求。最后，摄入过多的核酸或核苷酸并不会加速细胞的合成，它们只会被代谢排出体外。其中，嘌呤在人体内的代谢产物是尿酸。较多的尿酸会引起痛风病。因此摄入过多的核酸是有害健康的。对大多数人来说，保持合理的饮食即可。

　　核苷酸是核酸的基本组成单位，在代谢上极为活跃，几乎参与细胞内所有的生化过程，人体内的核苷酸主要由机体细胞自身合成。因此，核苷酸不属于营养必需物质。

10.1 概　　述

10.1.1 核苷酸的生物学作用

核苷酸的主要生物学功能有：（1）作为核酸的合成原料，例如 ATP、GTP、CTP 和 UTP 是 RNA 生物合成的原料，而 dATP、dGTP、dCTP 和 dTTP 是 DNA 生物合成的原料；（2）构成辅助因子，如腺苷酸是多种辅助因子（NAD^+、$NADP^+$、CoA 及 FAD）的组成成分；（3）体内能量的利用形式，例如 ATP 是细胞主要的供能形式，GTP、UTP 和 CTP 分别为蛋白质、糖原及磷脂的生物合成提供能量；（4）活化中间产物，例如 UDPG 是糖原合成时活性葡萄糖的供体；（5）参与代谢及生理功能的调节，如 cAMP 及 cGMP 是机体重要的第二信使。

10.1.2 核苷酸的消化与吸收

食物中的核酸多以核蛋白的形式存在。核蛋白在胃中经胃酸的作用，分解为核酸及蛋白质。核酸在小肠中，受多种水解酶的催化逐步水解，如图 10-1 所示。核苷酸及其水解产物均可被肠黏膜细胞吸收，进一步分解产生的戊糖参加戊糖代谢，嘌呤和嘧啶碱则主要在肠黏膜细胞中被分解而排出体外。因此，食物来源的嘌呤和嘧啶碱很少被机体利用。

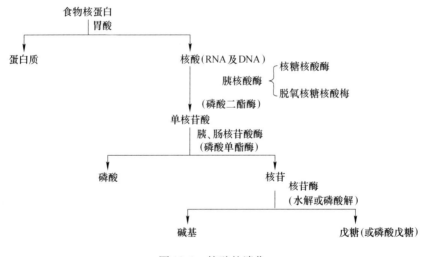

图 10-1　核酸的消化

核酸分解代谢的主要内容是核苷酸代谢。核苷酸代谢包括嘌呤核苷酸代谢和嘧啶核苷酸代谢。

10.2 嘌呤核苷酸代谢

10.2.1 嘌呤核苷酸的合成代谢

嘌呤核苷酸的生物合成有两条途径：第一，从头合成途径（de novo synthesis）：细胞利用磷酸核糖、氨基酸、一碳单位及 CO_2 等简单小分子物质为原料，经一系列复杂的酶促反应合成嘌呤核苷酸的过程；第二，补救合成途径（salvage pathway）：细胞利用现成的嘌呤或嘌呤核苷，经简单的酶促反应，合成嘌呤核苷酸的过程。两者在不同组织中的重要性不同，例如肝、小肠黏膜等组织中进行从头合成，而脑、骨髓等组织中则进行补救合成。一般情况下，前者是合成的主要途径。

10.2.1.1 嘌呤核苷酸的从头合成

（1）从头合成途径。嘌呤核苷酸从头合成的特点是在磷酸核糖的基础上以小分子物质为原料逐渐合成嘌呤环。通过同位素示踪实验证明，嘌呤核苷酸的合成原料为甘氨酸、天冬氨酸、谷氨酰胺、一碳单位、CO_2 及 5-磷酸核糖，如图 10-2 所示。

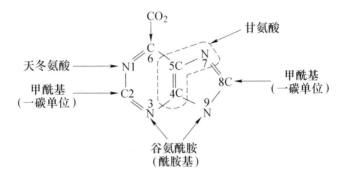

图 10-2 嘌呤碱合成的元素来源

从头合成在胞液中进行，可分为两个阶段：1）次黄嘌呤核苷酸（inosine monophosphate，IMP）的合成，如图 10-3 所示；2）IMP 转变成腺嘌呤核苷酸（adenosine monophosphate，AMP）及鸟嘌呤核苷酸（guanosine monophosphate，GMP），如图 10-4 所示。从头合成过程的关键酶是磷酸核糖焦磷酸合成酶（PRPP 合成酶）、磷酸核糖酰胺转移酶、腺苷酸代琥珀酸合成酶、次黄嘌呤核苷酸脱氢酶及鸟苷酸合成酶。

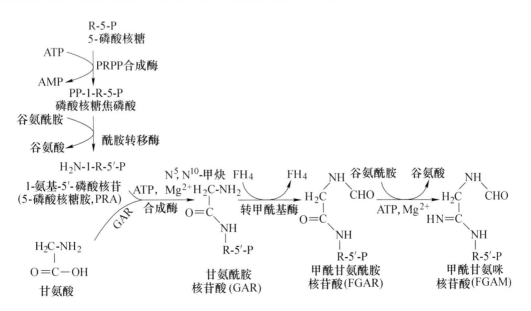

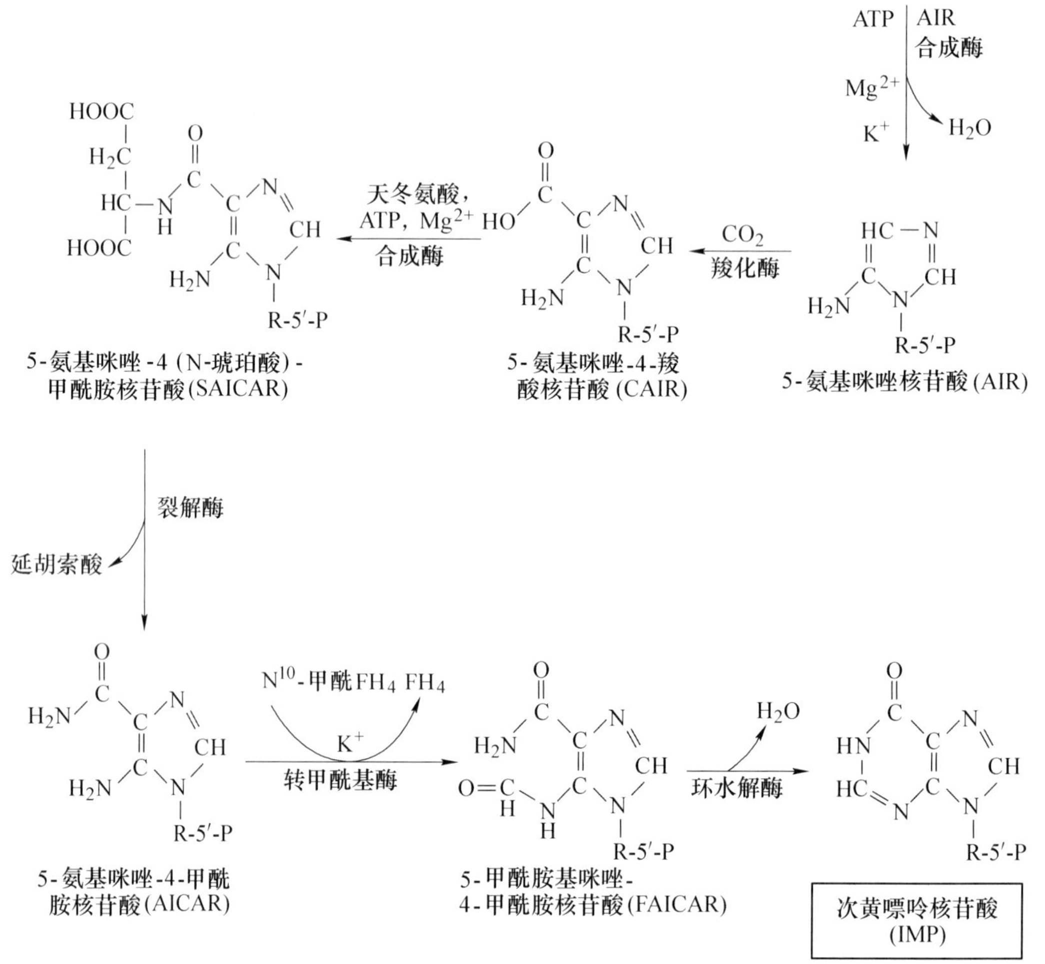

图 10-3 IMP 的合成

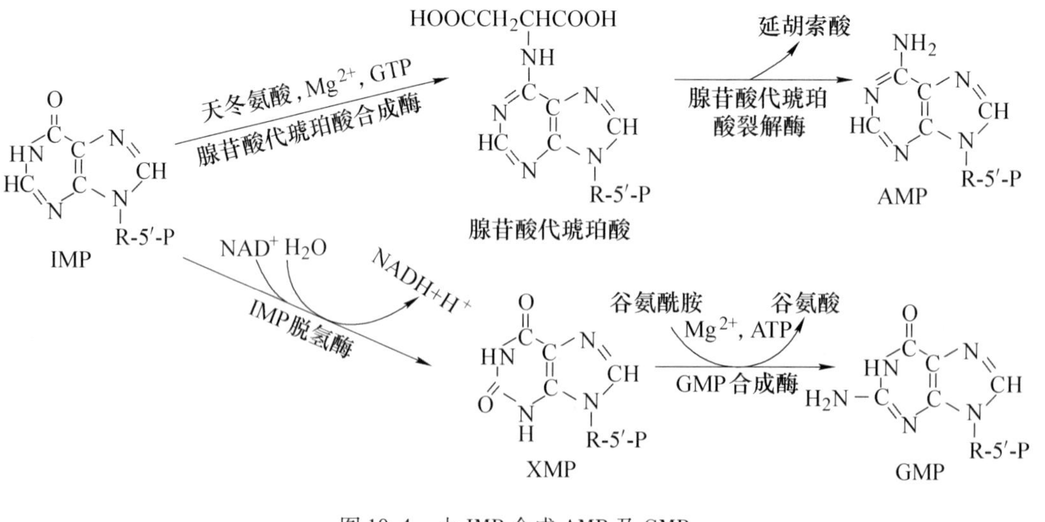

图 10-4 由 IMP 合成 AMP 及 GMP

AMP 和 GMP 在激酶作用下，分别转变成 ADP 和 GDP，进而再转变成 ATP 和 GTP。

（2）从头合成的调节。机体对其合成速度发挥精细的调节，以满足细胞对嘌呤核苷酸的需求。调节的机制主要是对关键酶进行反馈抑制调节，具体调节如图 10-5 所示。

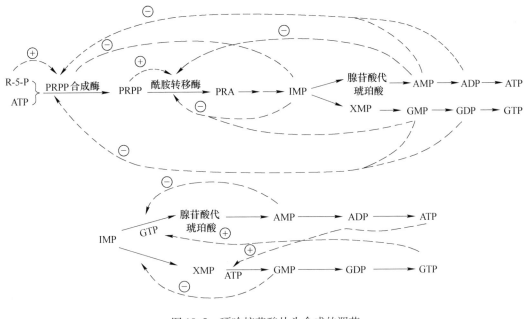

图 10-5　嘌呤核苷酸从头合成的调节

10.2.1.2 嘌呤核苷酸的补救合成

参与补救合成的嘌呤或嘌呤核苷可从消化道吸收而来，或由体内的核酸分解代谢产生。参与补救合成的酶有：（1）腺嘌呤磷酸核糖转移酶（adenosine phoshoribosyl transferase，APRT），催化 AMP 的合成；（2）次黄嘌呤-鸟嘌呤磷酸核糖转移酶（hypoxanthine guanonine phoshoribosyl transferase，HGPRT），催化 IMP 和 GMP 的合成；（3）腺苷激酶，催化腺嘌呤核苷磷酸化生成腺嘌呤核苷酸。

$$腺嘌呤 + PRPP \xrightarrow{\text{APRT}} ANP + PPi$$

$$次黄嘌呤 + PRPP \xrightarrow{\text{HGPRT}} IMP + PPi$$

$$鸟嘌呤 + PRPP \xrightarrow{\text{HGPRT}} GMP + PPi$$

$$腺嘌呤核苷 \xrightarrow[\underset{ATP \quad ADP}{}]{\text{腺苷激酶}} AMP$$

嘌呤核苷酸补救合成的生理意义：一方面可以节省从头合成时 ATP 和一些氨基酸的消耗；另一方面，体内某些组织器官（脑、骨髓等）由于缺乏催化从头合成的酶系，只能靠补救合成来合成核苷酸，以供合成核酸等的需要。由于某些基因缺陷而导致 HGPRT 缺失的患儿，在 2~3 岁时即出现脑发育不良、智力发育迟缓及巨幼红细胞贫血，并伴有咬口唇、手指及足趾等自残性行为，表现为自毁容貌征或称 Lesch-Nyhan 综合征。

10.2.1.3　嘌呤核苷酸的抗代谢物

嘌呤核苷酸的抗代谢物是一些嘌呤、氨基酸或叶酸的类似物，它们主要以竞争性抑制的方式干扰或阻断嘌呤核苷酸的合成，从而进一步影响核酸及蛋白质的生物合成，如图10-6 所示。

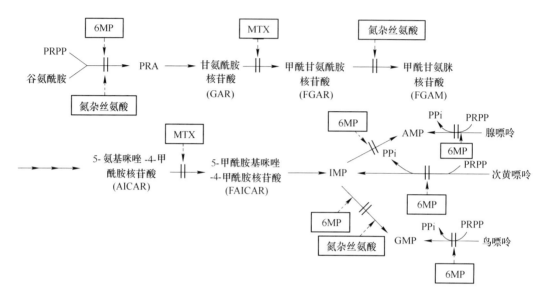

图 10-6　嘌呤核苷酸抗代谢物的作用

——⫿⃗ 表示抑制

嘌呤类似物有 6-巯基嘌呤（6-mercaptopurine，6-MP）、6-巯基鸟嘌呤、8-氮杂鸟嘌呤等，其中尤以 6-MP 在临床上应用最广。6-MP 的结构与次黄嘌呤相似，仅是分子中 C_6 上由巯基取代了羟基。6-MP 可在体内经 HGPRT 催化，与 PRPP 反应生成 6-MP 核苷酸从而抑制 IMP 向 AMP 及 GMP 的转变；6-MP 核苷酸还能反馈抑制磷酸核糖酰胺转移酶活性，干扰 5-磷酸核糖胺的生成，从而阻断嘌呤核苷酸的从头合成；6-MP 还能竞争性抑制 HG-PRT 活性，阻断补救合成。6-MP 在临床上多用于化疗急性白血病，对淋巴肉瘤也有疗效。

氨基酸类似物有氮杂丝氨酸及 6-重氮-5-氧正亮氨酸等。二者的结构与谷氨酰胺类似，可干扰从头合成过程中谷氨酰胺的利用，从而抑制嘌呤核苷酸的合成。

叶酸类似物有氨蝶呤（aminopterin）和甲氨蝶呤（methotrexate，MTX），它们能竞争性抑制二氢叶酸还原酶，使叶酸不能还原成二氢叶酸和四氢叶酸，致嘌呤环中来自一碳单位的 C_2 及 C_8 均得不到供应，从而抑制嘌呤核苷酸的合成，临床上用于白血病等癌瘤的化疗。

上述抗代谢物都可以作为抗癌药物，但特异性较差，故对增殖速度较旺盛的某些正常组织亦有杀伤作用。

10.2.2　嘌呤核苷酸的分解代谢

体内核苷酸的分解代谢类似于食物中核苷酸的消化过程。首先，细胞内的核苷酸在核苷酸酶的作用下水解成核苷，后者经核苷磷酸化酶催化，分解生成自由的碱基及1—磷酸核糖。嘌呤碱既可参加补救合成，也可进一步分解。人体内，嘌呤碱最终分解生成尿酸（uric acid），随尿排出体外。详细反应过程如图 10-7 所示。

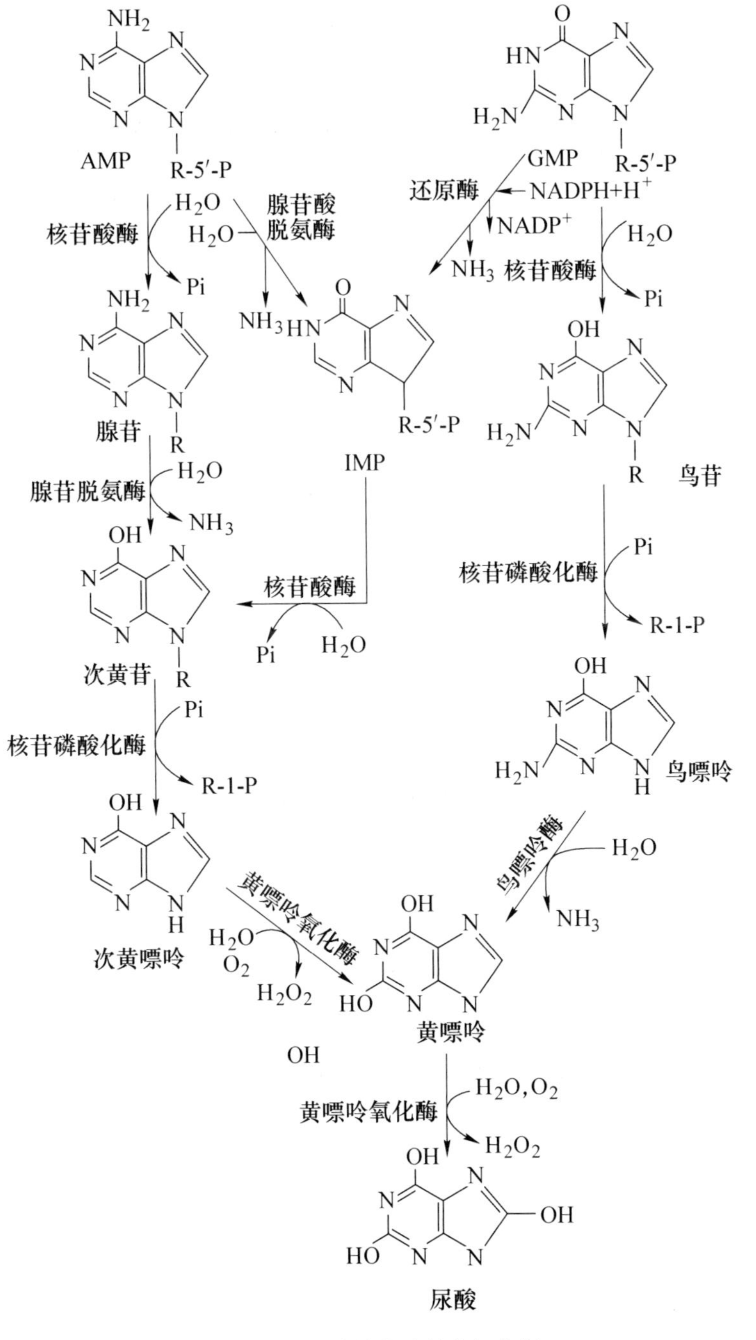

图 10-7 嘌呤核苷酸的分解代谢

人体内嘌呤核苷酸的分解代谢主要在肝、小肠及肾中进行，因为在这些脏器中黄嘌呤氧化酶活性较强。

正常成人血浆中尿酸的含量约为 $119 \sim 357\mu mol/L$。男性平均为 $267\mu mol/L$，女性平均为 $208\mu mol/L$。尿酸的水溶性较差，当超过 $476\mu mol/L$ 时，尿酸盐晶体即可沉积于关节、软组织、软骨及肾等处，而导致痛风性关节炎、尿路结石及肾疾病，引起疼痛及功能障碍，称为痛风症（gout）。痛风症有原发性和继发性两种。原发性痛风多见于成年男性，并常有家族史，其原因尚未阐明。继发性痛风见于各种肾脏疾病引起的肾功能减退，使尿酸排泄减少，致使血液中尿酸升高。此外，还见于白血病及其他恶性肿瘤患者，由于核酸大量分解，而致血液中尿酸升高。临床上常用别嘌呤醇治疗痛风症。其生化机制是：别嘌呤醇与次黄嘌呤结构类似，仅是分子中 N_7 与 C_8 互换了位置，故可抑制黄嘌呤氧化酶的活性，抑制了该酶活性，进而抑制了尿酸的生成；另外，别嘌呤醇与 PRPP 反应，生成别嘌呤核苷酸，这不仅消耗了 PRPP，使其含量下降，而且别嘌呤核苷酸与 IMP 结构类似，可反馈抑制从头合成的酶，使嘌呤核苷酸生成量减少，因而其分解代谢产生的尿酸亦自然下降。

科学典故

<h1 style="text-align:center">痛　风</h1>

痛风是由单钠尿酸盐（MSU）沉积所致的晶体相关性关节病，与嘌呤代谢紊乱和（或）尿酸排泄减少所致的高尿酸血症直接相关，特指急性特征性关节炎和慢性痛风石疾病，主要包括急性发作性关节炎、痛风石形成、痛风石性慢性关节炎、尿酸盐肾病和尿酸性尿路结石，重者可出现关节残疾和肾功能不全。痛风常伴腹型肥胖、高脂血症、高血压、2 型糖尿病及心血管病等表现。

10.3　嘧啶核苷酸代谢

10.3.1　嘧啶核苷酸的合成代谢

与嘌呤核苷酸一样，体内嘧啶核苷酸的合成也有两条途径，即从头合成与补救合成。

10.3.1.1　嘧啶核苷酸的从头合成

（1）从头合成途径。与嘌呤核苷酸的从头合成途径不同，嘧啶核苷酸的合成是先合成嘧啶环，然后再与磷酸核糖相连而成。从头合成途径同位素示踪实验证明，嘧啶环的合成原料为谷氨酰胺、CO_2 和天冬氨酸，如图 10-8 所示。

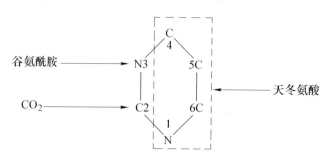

图 10-8　嘧啶碱合成的元素来源

　　嘧啶核苷酸的合成主要在肝细胞的胞液中进行，可分为两个阶段：（1）尿嘧啶核苷酸（uridine monophosphate，UMP）的合成；（2）三磷酸胞苷（cytidine triphosphate，CTP）的生成，如图 10-9 所示。

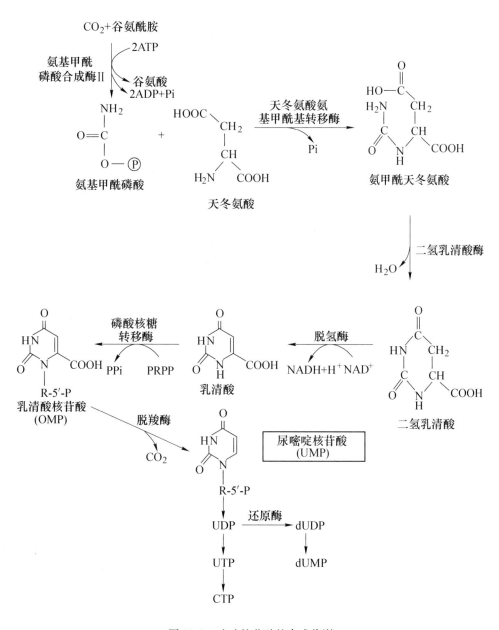

图 10-9　嘧啶核苷酸的合成代谢

　　（2）从头合成的调节。细菌中，天冬氨酸氨基甲酰转移酶是嘧啶核苷酸合成的主要关键酶；哺乳类动物细胞中，氨基甲酰磷酸合成酶Ⅱ是嘧啶核苷酸合成的主要关键酶。在细菌和哺乳类动物细胞中磷酸核糖焦磷酸合成酶还共同受到调节，如图 10-10 所示。

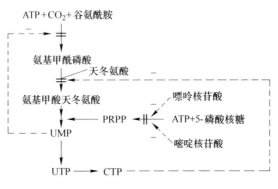

图 10-10   嘧啶核苷酸从头合成的调节

10.3.1.2   嘧啶核苷酸的补救合成

嘧啶磷酸核糖转移酶是嘧啶核苷酸补救合成的主要酶，催化反应的通式如下：

$$嘧啶 + PRPP \xrightarrow{\text{嘧啶磷酸核糖转移酶}} 磷酸嘧啶核苷 + PPi$$

它能利用尿嘧啶、胸腺嘧啶及乳清酸作为底物，但对胞嘧啶不起作用。

尿苷激酶也是一种补救合成酶，催化尿苷生成尿苷酸。

脱氧胸苷可通过胸苷激酶催化而生成 TMP，该酶在正常肝中活性很低，再生肝中活性上升，恶性肿瘤中明显升高，且与恶性程度有关。

10.3.1.3   脱氧核糖核苷酸的生成

以上讨论的合成代谢属核糖核苷酸的合成，脱氧核糖核苷酸通过二磷酸核糖核苷水平的还原生成。核糖核苷酸还原酶催化 4 种二磷酸核糖核苷（ADP、GDP、UDP、CDP）转变为相应的二磷酸脱氧核糖核苷（dADP、dGDP、dUDP、dCDP）。然后，由激酶催化上述 4 种二磷酸脱氧核糖核苷磷酸化生成三磷酸脱氧核糖核苷。

$$(10\text{-}1)$$

dTMP 是由 dUMP 经甲基化而成。反应由胸苷酸合酶催化，N^5，N^{10}-甲烯四氢叶酸作为甲基供体。dUMP 可来自两个途径，一是 dUDP 水解，另一个是 dCMP 的脱氨基，以后者为主。

$$(10\text{-}2)$$

10.3.1.4   嘧啶核苷酸的抗代谢物

嘧啶核苷酸的抗代谢物是一些嘧啶、氨基酸或叶酸等的类似物。它们对代谢的影响及抗肿瘤作用与嘌呤抗代谢物相似，如图 10-11 所示。

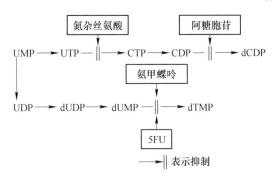

图 10-11　嘧啶核苷酸抗代谢物的作用

嘧啶类似物主要有 5-氟尿嘧啶（5-fluorouracil，5-FU），其结构与胸腺嘧啶相似。在体内 5-FU 转变成氟尿嘧啶脱氧核糖核苷一磷酸（FdUMP）及氟尿嘧啶核糖核苷三磷酸（FUTP）后，才能发挥作用。FdUMP 与 dUMP 结构相似，是胸苷酸合酶的抑制剂，阻断 dTMP 的合成。FUTP 以 FUMP 的形式掺入 RNA 分子，破坏 RNA 的结构与功能。因此，在临床上用于肝癌、胃癌等恶性肿瘤的化疗。

　**科学典故**

5-氟尿嘧啶

氟尿嘧啶是 5-氟尿嘧啶溶于注射用水并加氢氧化钠的无菌溶液，溶液的 pH 约为 8.9。氟尿嘧啶是尿嘧啶的同类物，尿嘧啶是核糖核酸的一个组分。本药是以抗代谢物而起作用，在细胞内转化为有效的氟尿嘧啶脱氧核苷酸后，通过阻断脱氧核糖尿苷酸受细胞内胸苷酸合成酶转化为胸苷酸，而干扰 DNA 的合成。氟尿嘧啶同样可以干扰 RNA 的合成。静脉用药后，氟尿嘧啶广泛分布于体液中，并在 4h 内从血中消失。它在被转换成核苷酸后。被活跃分裂的组织及肿瘤所优先摄取，氟尿嘧啶容易进入脑脊液中。约 20% 以原型从尿排泄，其余大部分在肝中由一般对尿嘧啶代谢的机制所代谢。五氟尿嘧啶和 6-巯基嘌呤作为最早的抗癌药物，均从海参中提炼。

氨基酸类似物及叶酸类似物已在嘌呤核苷酸抗代谢物中介绍。例如，由于氮杂丝氨酸类似谷氨酰胺，可以抑制 CTP 的生成；氨甲蝶呤干扰叶酸代谢，使 dUMP 不能利用一碳单位甲基化而生成 dTMP，进而影响 DNA 的合成。

10.3.2　嘧啶核苷酸的分解代谢

嘧啶核苷酸首先通过核苷酸酶及核苷磷酸化酶的作用，除去磷酸及核糖，产生的嘧啶碱再进一步开环分解。胞嘧啶脱氨基转变成尿嘧啶，尿嘧啶经代谢最终生成 NH_3、CO_2 及 β-丙氨酸。胸腺嘧啶降解成 β-氨基异丁酸，如图 10-12 所示，其可直接随尿排出或进一步分解。食入含 DNA 丰富的食物、经放射线治疗或化学治疗的癌症患者，尿中 β-氨基异丁酸排出量增多。嘧啶碱的降解代谢主要在肝中进行，嘧啶碱的降解产物均易溶于水。

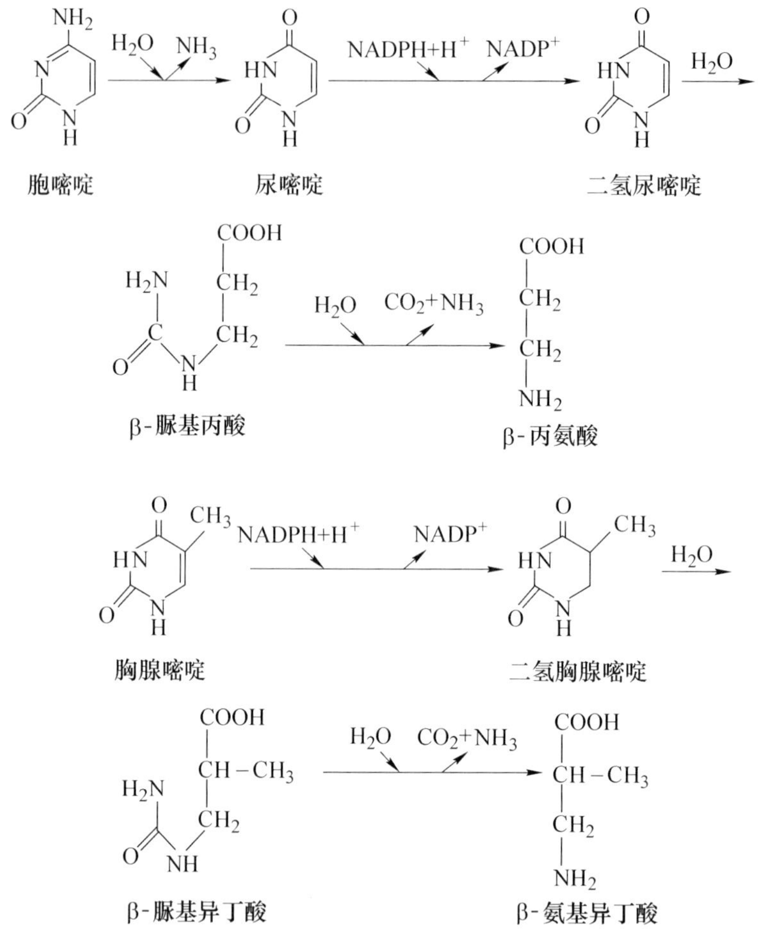

图 10-12　嘧啶核苷酸的分解代谢

【小　结】

核苷酸具有多种重要的生物学功能，其中最主要的是作为核酸合成的原料。此外，还参与能量代谢及代谢调控等过程。

嘌呤核苷酸的合成有两条途径：从头合成和补救合成。从头合成的原料是 5-磷酸核糖、氨基酸、CO_2 及一碳单位等小分子物质，特点是在 PRPP 基础上经一系列酶促反应逐步合成嘌呤核苷酸。先生成 IMP，然后再分别转变成 AMP 和 GMP。从头合成受到精细的反馈调节。补救合成是机体对嘌呤或嘌呤核苷的再利用，尽管合成量仅占 10%，但对于不能够进行从头合成的器官或组织有重要的生理意义。

嘧啶核苷酸的合成也有从头合成和补救合成两条途径，从头合成的特点是先合成嘧啶环，后磷酸核糖化，合成过程也受反馈调节。

脱氧核糖核苷酸是二磷酸核糖核苷还原生成，催化反应的酶是核糖核苷酸还原酶；脱氧胸苷酸由一磷酸脱氧尿苷甲基化生成。

根据嘌呤和嘧啶核苷酸的合成过程，可以设计多种抗代谢物，包括嘌呤、嘧啶类似物、叶酸类似物、氨基酸类似物等。这些抗代谢物已应用于临床化疗癌瘤。

嘌呤核苷酸降解产生的嘌呤碱在人体内分解的终产物是尿酸。痛风症主要是由于嘌呤代谢异常，尿酸生成过多而引起的。嘧啶核苷酸降解产生的胞嘧啶和尿嘧啶最终分解为β-丙氨酸，胸腺嘧啶降解产物则为β-氨基异丁酸。

【思考题】

10-1　嘌呤碱基和嘧啶碱基合成的元素来源如何？

10-2　核苷酸有哪些生物学作用？

10-3　什么是抗代谢物？简述其作用机理及应用。

【拓展训练】

单项选择题

（1）嘌呤环中 C_4、C_5 和 N_7 来自下列哪种化合物？（　　　）

　　A. 甘氨酸　　　B. 一碳单位　　　　　C. 谷氨酰胺　　　D. 天冬氨酸

　　E. CO_2

（2）下列关于嘌呤核苷酸从头合成的叙述哪项是正确的？（　　　）。

　　A. 嘌呤环的氮原子均来自氨基酸的 α 氨基

　　B. 合成过程中不会产生自由嘌呤碱

　　C. 氨基甲酰磷酸为嘌呤环提供氨甲酰基

　　D. 由 IMP 合成 AMP 和 GMP 均由 ATP 供能

　　E. 次黄嘌呤鸟嘌呤磷酸核糖转移酶催化 IMP 转变成 GMP

（3）体内进行嘌呤核苷酸从头合成最主要的组织是（　　　）。

　　A. 胸腺　　　　B. 小肠黏膜　　　　　C. 肝　　　　　　D. 脾

　　E. 骨髓

（4）嘌呤核苷酸从头合成时首先生成的是（　　　）。

　　A. GMP　　　　B. AMP　　　　　　　C. IMP　　　　　D. ATP

　　E. GTP

（5）人体内嘌呤核苷酸分解代谢的主要终产物是（　　　）。

　　A. 尿素　　　　B. 肌酸　　　　　　　C. 肌酸肝　　　　D. 尿酸

　　E. β 丙氨酸

（6）胸腺嘧啶的甲基来自（　　　）。

　　A. N^{10}—$CHOFH_4$　　　　　　　　B. N^5，N^{10}＝CH—FH_4

　　C. N^5，N^{10}—CH_2—FH_4　　　　D. N^5—CH_3FH_4

　　E. N^5—CH＝$NHFH_4$

（7）嘧啶核苷酸生物合成途径的反馈抑制是由于控制了下列哪种酶的活性？（　　　）。

　　A. 二氢乳清酸酶　　　　　　　　　　B. 乳清酸磷酸核糖转移酶

　　C. 二氢乳清酸脱氢酶　　　　　　　　D. 天冬氨酸转氨甲酰酶

　　E. 胸苷酸合成酶

（8）5-氟尿嘧啶的抗癌作用机制是（　　　）。

　　A. 合成错误的 DNA　　　　　　　　B. 抑制尿嘧啶的合成

C. 抑制胞嘧啶的合成　　　　　　　D. 抑制胸苷酸的合成

E. 抑制二氢叶酸还原酶

（9）哺乳类动物体内直接催化尿酸生成的酶是（　　　）。

A. 尿酸氧化酶　　　　　　　　　　B. 黄嘌呤氧化酶

C. 腺苷脱氨酶　　　　　　　　　　D. 鸟嘌呤脱氨酶

E. 核苷酸酶

（10）最直接联系核苷酸合成与糖代谢的物质是（　　　）。

A. 葡萄糖　　　　　　　　　　　　B. 6-磷酸葡萄糖

C. 1-磷酸葡萄糖　　　　　　　　　D. 1,6-二磷酸葡萄糖

E. 5-磷酸核糖

【技能训练】

肝细胞核的分离提纯与鉴定

〔实验目的〕

了解细胞核分离、提纯与鉴定。

〔实验原理〕

为研究细胞核及其组分（如染色质、DNA、胞核酶等）需分离制备细胞核。对于所分离的细胞核，要求保持形态上的完整性，核内成分不渗漏，并且有较高的获得率，常用的方法是高密度介质的分离方法。

在柠檬酸介质中分离细胞核可以有效地除去附着于细胞核膜上的细胞质成分。由于柠檬酸降低了溶液的 pH 值，可以减少细胞核的破碎率，从而减少核内成分对胞质的污染，并提高胞核的获得率。柠檬酸还能抑制 DNA 酶而维持染色质中 DNA 的正常。将此种细胞核保存在含有少量 Ca^{2+} 的等渗蔗糖溶液（0.25mol/L）中，即可以保持细胞核正常的形态结构，又可防止细胞核的凝集现象，使细胞核分散于介质之中。

用均一的低浓度介质离心分离细胞核，则凡是近于或大于细胞核的颗粒或结构（如细胞膜碎片、未破碎的完整细胞等）皆易随细胞核一起很快沉下来，得到的仅是细胞核的粗制品。如果让细胞核在离心沉淀时，通过 0.88mol/L 或更高浓度（通常可高至 2.2mol/L）的高渗蔗糖溶液，进行梯度离心，并适当调整离心速度，可使细胞核单独通过高渗介质沉淀到管底，从而与其他有形成分分开。再经洗涤，就可以得到较纯净的细胞核制剂，通过染色后的形态和颜色观察，即可鉴定分离出的细胞核。

〔试剂和器材〕

（1）0.9% NaCl，1.5% 柠檬酸钠液。

（2）0.25mol/L 蔗糖柠檬酸液（含 3.3mol/L $CaCl_2$）：蔗糖 86g，$CaCl_2$ 363mg，用 1.5% 柠檬酸液配制，总量 1000mL。

（3）0.88mol/L 蔗糖柠檬酸液：蔗糖 306g，$CaCl_2$363mg，用 1.5% 柠檬酸液配制，总量 1000mL。

（4）0.05mol/L Tris-HCl- 0.15NaCl（pH 7.5）：取 0.2mol/LTris-HCl 250mL，加入

NaCl 8.7g，用蒸馏水稀释到 1000mL。

（5）组织捣碎机、低速离心机、离心管、玻璃棒、滴管、吸量管、试管及试管架。

〔**操作步骤**〕

（1）匀浆制备。称取肝脏 20g，用生理盐水洗净，剪碎，置匀浆机内，加入 1.5% 柠檬酸液 80mL，匀浆 1~2min，再加入 1.5% 柠檬酸液 40mL，混匀。

（2）取肝匀浆 5mL，置离心管内，2500r/min 离心 10min，小心取出上清液移入另一离心管内，沉淀留用。上清再次离心，上清液留用，此为细胞质，沉淀弃之。

（3）在上述沉淀中加入 1.5% 柠檬酸液 4mL，搅匀，2500r/min 离心 10min，小心除去上清液。往沉淀中加入 0.25mol/L 蔗糖柠檬酸液 2mL，搅匀（此乃粗制的核悬液）。

（4）另取小试管 4 支，每管加入 0.88mol/L 蔗糖柠檬酸液 4.5ml，小心加入粗制核悬液 0.5mL（用滴管），使其呈界面。1000r/min 离心 10~15min。小心除去上清液（此步为梯度离心）。

（5）向上步得的沉淀中加入 Tris-HCl-NaCl 缓冲液 3.0mL，搅匀，2000r/min 离心 10min，小心吸去上清液。再重复一次，倾去上清液后，试管倒立与滤纸上，尽量吸干液体。此为核沉淀，留用。

（6）形态鉴别。分别肝匀浆、肝细胞核、肝细胞质涂液，涂片干燥（可 40℃烘干）后滴加苏木精染色液染色 2min；清水漂洗后晾干或烘干。再滴加伊红染色液数滴染色 2~3min，清水漂洗后晾干或烘干。光学显微镜观察比较其形态和数量。染色红色为细胞膜和细胞质，染色蓝色为细胞核。

〔**注意事项**〕

（1）研磨要充分。

（2）注意离心机的正确使用。

（3）离心后，要小心取出或去除上清液。

11 DNA 的生物合成

【学习目标】

☆ 掌握复制的特征：半保留复制，双向复制，半不连续合成。

☆ 掌握原核及真核生物 DNA 聚合酶，引物酶的作用。

☆ 掌握引物酶的作用。

☆ 掌握复制的过程，包括起始、延长及终止三个阶段。

☆ 掌握端粒酶的概念及功能。

☆ 掌握切除修复的过程。

☆ 熟悉遗传学中心法则。

☆ 熟悉解螺旋酶、拓扑酶及 DNA 连接酶的作用。

☆ 熟悉真核生物 DNA 复制的特点。

☆ 熟悉 DNA 损伤修复的几种方式。

☆ 了解逆转录过程及其生物学意义。

☆ 了解突变的意义，引发突变的因素及突变分子改变的类型。

【引导案例】

基因（gene）是指为生物活性产物编码的 DNA 功能片段，这些产物主要是蛋白质或是各种 RNA。大多数生物体的遗传信息以特定的核苷酸序列储存于 DNA 分子中，少数储存于 RNA 分子中。DNA 通过复制（replication），将遗传信息代代相传；通过转录（transcription），将 DNA 的遗传信息传递给 RNA；再通过翻译（translation），将 mRNA 携带的遗传信息破译为蛋白质的氨基酸排列顺序。这就是 1958 年由 Crick 总结提出的分子遗传学的中心法则（central dogma），揭示了从 DNA 到蛋白质的遗传信息流向。1970 年，Temin 和 Baltimore 分别从致癌的 RNA 病毒中发现了逆转录酶，能以 RNA 为模板指导合成 DNA。随后又发现某些病毒中的 RNA 也可进行复制，从而对中心法则提出了补充和修正，补充修正后的中心法则如图 11-1 所示。

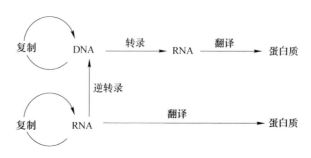

图 11-1　补充修正后的中心法则

DNA 生物合成包括 DNA 的复制、逆转录及损伤的修复。

11.1　DNA 的复制

11.1.1　半保留复制

DNA 复制时，亲代双链 DNA 解开成两股单链，各自作为模板，根据碱基配对原则，分别合成新的互补链，得到两个与亲代 DNA 分子碱基序列完全相同的子代 DNA 分子。在子代的双股 DNA 链中，一股链来自亲代，另一股是新合成的互补链，DNA 的这种复制方式称为半保留复制（semi-conservative replication），如图 11-2 所示。

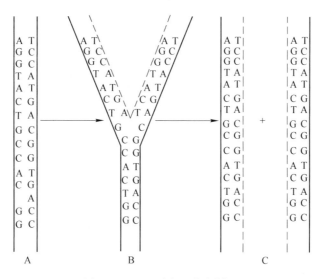

图 11-2　DNA 半保留复制模型

亲代 DNA 复制后，子代双链 DNA 分子中仅保留一条亲代链，另一条链则是新合成的。按半保留复制的方式，子代保留了亲代 DNA 的全部遗传信息，保证了遗传的稳定性和 DNA 碱基序列的一致性。生物基因组中结构基因所携带的遗传信息经过转录和翻译，将 DNA 分子上 A、G、C、T 四个符号所包含的序列信息，转变为蛋白质分子中 20 种氨基酸的序列信息。遗传的保守性是相对的，也存在着变异现象。

　**科学典故**

半保留复制的实验依据

1953 年 Watson 和 Crick 提出 DNA 双螺旋结构模型。在此基础上，1958 年 Meselson 和 Stahl 用实验证实了 DNA 半保留复制假说。他们将大肠杆菌放在以 $^{15}NH_4Cl$ 为唯一氮源的培养基中培养若干代，分离出含 ^{15}N 标记的 DNA。再将含 ^{15}N-DNA 的细菌转移到 $^{14}NH_4Cl$ 的培养基中培养，随后在不同的时间处理细胞、提取 DNA，用 CsCl 密度梯度离心法进行分析。由于含^{15}N 的 DNA 密度较高，其形成的致密带位于普通^{14}N-DNA 的下方。结果表明，复制后的子 1 代 DNA 只出现 1 条位于^{14}N-DNA 和^{15}N-DNA 中间的区带，说明该区带的 DNA 是由^{14}N-DNA 和^{15}N-DNA 杂交组成，密度正好位于两者之间。子 2 代 DNA 出现两条区带，1 条是^{14}N-DNA 轻链区带，另 1 条是^{14}N-DNA 和^{15}N-DNA 杂交链形成的区带。随着细菌培养的不断继续，^{14}N-DNA 分子逐渐增多，而^{15}N-DNA 分子逐渐减少，含^{15}N 的 DNA 按 1/4、1/8、1/16……的几何级数逐渐被"稀释"。实验结果证明了 DNA 的复制是以半保留复制方式进行，如图 11-3 所示。

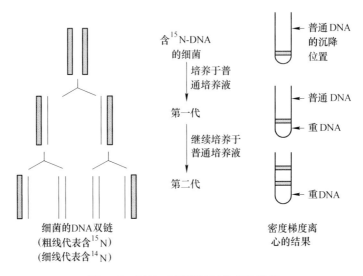

图 11-3　DNA 半保留复制的实验依据

11.1.2　参与 DNA 复制的酶类及蛋白质因子

DNA 复制是一个非常复杂的过程，参与 DNA 复制的酶类及各种物质主要包括：（1）底物：4 种脱氧核苷三磷酸（dATP、dGTP、dCTP 和 dTTP）；（2）模板：解开成单链的 DNA 亲代链；（3）酶类和蛋白质因子：DNA 聚合酶、解螺旋酶、拓扑异构酶、引物酶、DNA 连接酶和单链 DNA 结合蛋白等；（4）引物：小分子 RNA 链；（5）供能物质：ATP；（6）金属离子：Mg^{2+}。

11.1.2.1　DNA 聚合酶

DNA 聚合酶（DNA polymerase，DNA-pol）又称依赖 DNA 的 DNA 聚合酶（DNA-dependent DNA polymerase，DDDP），催化的基本化学反应是以亲代 DNA 为模板，4 种 dNTP 为原料，每加入一个与模板配对的 dNTP，释放一个 PPi，形成一个 3′,5′-磷酸二酯键，DNA 的聚合反应可表示如下：

$$(dNMP)_n + dNTP \xrightarrow[Mg^{2+}]{DNA\ 聚合酶} (dNMP)_{n+1} + PPi$$

DNA 聚合酶催化聚合反应的作用特点是：（1）以 4 种 dNTP 为底物催化合成 DNA；（2）反应需要接受模板 DNA 指导；（3）没有催化两个游离 dNTP 聚合的能力，不能起始合成新的 DNA 链；（4）以 RNA 引物的 3′-OH 端为起始，按模板的碱基顺序，遵照碱基配对原则沿 5′→3′方向延伸合成 DNA 新链；（5）新合成的 DNA 链是 DNA 模板链的互补链，与模板链的走向相反，生成的产物性质与模板相同，如图 11-4 所示。

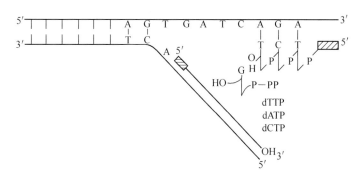

图 11-4 DNA 复制过程中 dNMP 的聚合

（1）原核生物 DNA 聚合酶。原核生物中 DNA 聚合酶主要有三种，分别称为 DNA 聚合酶Ⅰ、Ⅱ、Ⅲ，其作用方式基本相似，下面以大肠杆菌为例介绍原核生物三种 DNA 聚合酶，三种酶的性质比较见表 11-1。

表 11-1 大肠杆菌中三种 DNA 聚合酶的性质比较

DNA-pol	I	II	III（全酶）
分子量（kD）	109	120	250
每个细胞的分子数	400	100	20
5′→3′聚合酶活性	+	+	+
3′→5′核酸外切酶活性	+	+	+
5′→3′核酸外切酶活性	+	−	−
聚合速度（核苷酸数/分）	1000~1200	2400	15000~60000
主要功能	即时校读，修复损伤，切除引物，填补空隙	修复	复制
基因突变后的致死性	可能	不可能	可能

1）DNA 聚合酶Ⅰ（DNA-pol Ⅰ）。是单一肽链的大分子，分子量为 109kD。DNA-pol Ⅰ的功能主要有：①具有 5′→3′聚合酶活性，使新链 DNA 沿 5′→3′方向延伸，只能催化延长约 20 个核苷酸。因此，对于除去 RNA 引物及损伤片段切除后留下的空隙具有填补作用；②具有 3′→5′核酸外切酶活性，能辨认和切除错误配对的核苷酸，同时利用其 5′→3′聚合酶活性回补上正确的核苷酸，这种功能称为即时校读。如果配对正确，则不表现 3′→5′外切酶活性；③具有 5′→3′核酸外切酶活性，用于切除 RNA 引物、切除突变片段。故 DNA-pol Ⅰ的主要功能是即时校读、切除引物、填补空隙以及 DNA 损伤的修复。

2）DNA 聚合酶Ⅱ（DNA-pol Ⅱ）。分子量为 120kD 的一条多肽链，具有 5′→3′聚合酶和 3′→5′核酸外切酶活性，只在无 DNA-pol Ⅰ和 DNA-pol Ⅲ的情况下才起作用，其功能尚不完全清楚，可能与 DNA 的应急修复有关。

3）DNA 聚合酶Ⅲ（DNA-pol Ⅲ）。是复制延长中真正催化新链核苷酸聚合的酶，全酶分子量为 250kD，催化活性是 DNA-pol Ⅰ的 10 多倍，每分钟能催化 10^5 个核苷酸聚合，在三种聚合酶中活性最强。DNA-pol Ⅲ是由 10 种亚基组成的不对称异源二聚体,如图 11-5 所示，其中 α、ε、θ 组成核心酶，具有 5′→3′聚合酶活性和 3′→5′核酸外切酶活性。ε 亚基是复制保真性所必需。β 亚基的功能是夹稳模板链，并使聚合酶沿模板滑动。其余亚基统称 γ-复合物，有促进全酶组装至模板及增强核心酶的作用。

DNA 聚合酶对模板的依赖性是子链和母链能准确配对的保证。若错配，DNA 聚合酶 I 可发挥核酸外切酶活性加以校正如图 11-6 所示，因此 DNA 复制的保真性至少依赖三种机制：严格遵守碱基配对规律；聚合酶在复制延长中对碱基的选择功能；复制出错时有即时校读功能。

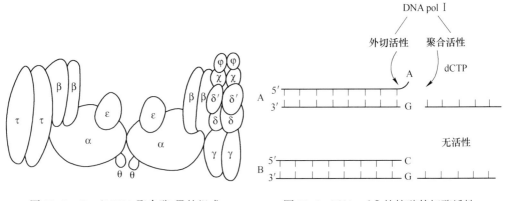

图 11-5　*E. coli* DNA 聚合酶 Ⅲ 的组成　　　　图 11-6　DNA-pol I 的核酸外切酶活性

（2）真核生物 DNA 聚合酶。真核生物的 DNA 聚合酶现已发现至少 15 种。5 种常见的真核生物 DNA 聚合酶分别称为 DNA-pol α、β、γ、δ 和 ε，其主要功能见表 11-2。

表 11-2　真核生物 5 种常见的 DNA 聚合酶比较

DNA-pol	α	β	γ	δ	ε
$5'→3'$ 聚合酶活性	中	？	高	高	高
$3'→5'$ 核酸外切酶活性	－	－	＋	＋	＋
功能	起始引发，引物酶活性	低保真度的复制	参与线粒体 DNA 复制	延长子链的主要酶，解螺旋酶活性	复制中起校读、修复和填补空隙作用

11.1.2.2　解旋和解链酶类

DNA 复制起始时，需多种酶和蛋白质因子，共同解开、理顺 DNA 链，见表 11-3。目前已知的解旋、解链酶类主要有 DNA 拓扑异构酶和解螺旋酶。

表 11-3　原核生物复制起始的相关蛋白质和酶

蛋白质（基因）	通用名	功能
DnaA（dnaA）		辨认复制起始点
DnaB（dnaB）	解螺旋酶	解开 DNA 双链
DnaC（dnaC）		运送和协同 DnaB
DnaG（dnaG）	引物酶	催化合成 RNA 引物
SSB	单链 DNA 结合蛋白	稳定已解开的单链模板
拓扑异构酶		理顺 DNA 链

（1）DNA 拓扑异构酶。拓扑是指物体或图像作弹性移位而又保持物体不变的性质。拓扑异构酶（DNA topoisomerase，Topo）对 DNA 分子的作用是既能水解，又能生成磷酸二酯键。DNA 在复制时，解链是一种高速反向旋转（达 100 次/s），其下游势必发生缠绕和打结现象，闭环 DNA 也会按一定方向扭转形成超螺旋，需由拓扑异构酶催化松解。拓扑异构酶的作用是使复制中的 DNA 能解结、解环或解连环，克服复制过程中的打结、缠绕现象，达到适度的松弛状态，在复制的全过程中都起作用。拓扑异构酶分为 I 型（Topo I）和 II 型（Topo II），Topo I 在无需 ATP 供能的情况下，可切断 DNA 双链中的一股链，使 DNA 解链旋转不致打结，然后再将切口封闭，使 DNA 变为松弛状态。Topo II 又称为旋转酶，具有磷酸二酯酶和 DNA 依赖的 ATP 酶活性。在无 ATP 时，可切断处于正超螺旋状态的 DNA 分子双链的某一部位，断端穿过切口使超螺旋松弛；在有 ATP 时，松弛状态的 DNA 进入负超螺旋状态，该酶又可催化两个切口再连接起来，如图 11-7 所示。

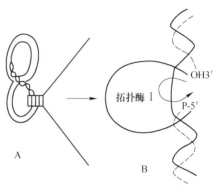

图 11-7　拓扑异构酶的作用特点

（2）解螺旋酶。解螺旋酶（helicase），又称解链酶、复制蛋白 rep 和 DnaB。DNA 作为模板指导复制时，双链 DNA 必须解开成单链，暴露出埋在双螺旋内部的碱基，解螺旋酶的作用是利用 ATP 供能来解开 DNA 双链。与复制相关基因的蛋白质产物分别命名为 DnaA、DnaB……DnaX 等，这些蛋白在 DNA 聚合酶参与复制之前首先发挥作用。DnaB 蛋白是解螺旋酶，DnaA 蛋白可辨认复制的起始点，DnaC 蛋白辅助 DnaB 蛋白结合起始点并打开双链。

11.1.2.3　单链 DNA 结合蛋白

大肠杆菌中单链 DNA 结合蛋白（single stranded DNA binding protein，SSB）是由 177 个氨基酸残基组成的同源四聚体，亚基间有协同效应。SSB 结合单链 DNA 的跨度约为 32 个核苷酸单位，不断地与单链 DNA 模板结合和脱离。其作用是在 DNA 复制过程中，阻止 DNA 复性、保护 DNA 单链不被核酸酶降解、维持模板处于单链完整和稳定状态。

11.1.2.4　引物酶

由于各类 DNA 聚合酶均没有催化两个游离 dNTP 聚合的能力，故复制是在一小段 RNA 引物基础上加进脱氧核苷酸以延长 DNA 链。催化引物合成的 RNA 聚合酶称为引物酶（primase），又名 DnaG。引物酶的作用是在模板 DNA 的复制起始部位催化与模板互补的核苷酸聚合，形成短片段 RNA，该酶只有和其他蛋白质一起组装成引发体（primsome），才能引发合成 RNA 引物。引发体由 DnaB（解螺旋酶）、DnaA、DnaC 和 DnaG（引物酶）组成。

DNA 复制时，起始处的几个核苷酸最容易出错，RNA 引物的生成可能与减少 DNA 复制起始处的突变有关。即使 RNA 引物出错，由于引物最终被 DNA-pol I 切除，从而提高了 DNA 复制的保真性。

11.1.2.5 DNA 连接酶

DNA 连接酶（DNA ligase）能催化双链 DNA 分子中单链 DNA 缺口通过 3′，5′-磷酸二酯键连接起来。从而把两段相邻的 DNA 片段连成完整的链，如图 11-8 所示，此反应需要 ATP。

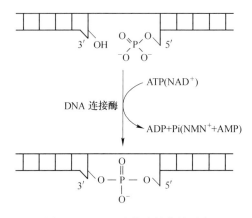

图 11-8 DNA 连接酶催化的反应

实验证明，DNA 连接酶不能连接单独存在的 DNA 或 RNA 单链。DNA 连接酶在 DNA 复制、修复、重组和剪接中均起连接缺口的作用。DNA 连接酶将两条双链 DNA 片段连接起来，实现 DNA 的体外重组，是基因工程的重要工具酶之一。

11.1.3 DNA 复制过程

目前，有关复制的知识主要来自原核生物实验，复制的过程大致可分为复制的起始、延长和终止三个阶段。

11.1.3.1 复制的起始

无论是原核生物还是真核生物，DNA 复制都有固定的起始点。大多数原核生物 DNA 复制是从一个固定起始点 ori（origin）开始，大肠杆菌 DNA 分子的复制从起始点 oriC 开始（oriC 跨度为 245bp，含有 3 组串联重复序列和 2 对反向重复序列），如图 11-9 所示，同时向两个相反方向进行复制，称为双向复制。DNA 复制时，双链部位解开伸展，作为复制的模板，在两股单链上进行复制，在电子显微镜下看到两股链伸展成"Y"状结构，称为复制叉（replication fork），如图 11-10 所示。原核生物复制起始点只有一个，而真核生物的染色体比较复杂，可能有多个起始点，两个起始点之间的 DNA 片段，称为复制子（replicon）。

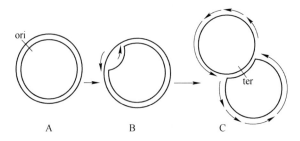

图 11-9 *E. coli* DNA 的双向复制

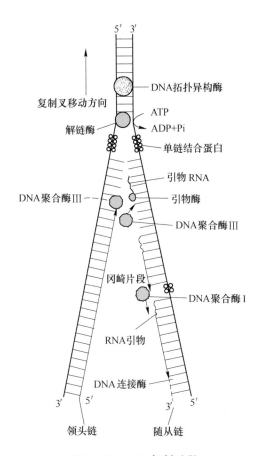

图 11-10 DNA 复制过程

复制的起始过程主要包括：（1）DnaA 蛋白辨认并结合于起始部位 oriC 的重复序列上；（2）几个 DnaA 蛋白相互靠近与 DNA 形成复合物，引起解链；（3）DnaB（解螺旋酶）逐步置换 DnaA 蛋白，在 DnaC 的辅助下，与打开的局部双链 DNA 结合成复合物进行解链，并沿解链的方向移动，使双链解开足够用于复制的长度；（4）SSB 与单链 DNA 结合，稳定模板 DNA 的单链状态；（5）DNA 拓扑异构酶催化超螺旋松解；（6）引物酶（DnaG）进入形成引发体，并催化合成小分子 RNA 引物。

11.1.3.2 复制的延长

复制的延长是指脱氧核苷酸逐个加入而延长 DNA 新链的过程。在原核生物中，催化 DNA 复制延长的酶为 DNA-pol Ⅲ。复制起始后，母链解开，两股单链均为模板，在 RNA 引物的 3′-OH 末端上接着合成与模板链互补的 DNA 新链。由于 DNA 双链的走向相反，而复制和引物合成方向总是从 5′→3′ 延伸。因此在复制过程中，一条链连续合成，而另一条链不连续合成，这种复制方式称为半不连续复制（Semi-discontinuous replication）。顺着解链方向而生成的子链，复制连续进行，该股链称为领头链（leading strand）。复制方向与解链方向相反，复制不连续进行，该股链称为随从链（lagging strand）。随从链上不连续合成的 DNA 片段称为冈崎片段（Okazaki fragment）（见图 11-10）。原核生物的冈崎片段约为 1000～2000 个核苷酸，真核生物的冈崎片段只有数百个核苷酸。每个冈崎片段 5′端都带有一个 RNA 引物，片段复制完成后，RNA 引物被切除而由 DNA 片段延伸取代。DNA 的复制速度很快，大肠杆菌全套基因组 DNA 约 3000Kb，每秒可加入约 2500 个核苷酸，20min 即可繁殖一代。

11.1.3.3　复制的终止

原核生物的环状 DNA 多为双向复制，在此过程中，领头链可连续延长，而随从链的间断复制生成许多冈崎片段，5′端均带有 RNA 引物，这些引物由细胞核内的 DNA-pol Ⅰ 催化水解。片段之间留下的空隙由 DNA-pol Ⅰ 催化，各冈崎片段沿 5′→3′ 方向延伸加以填补，即由后复制的片段延伸以填补先复制片段的引物空隙（见图 11-10）。最后留下 3′-OH 和 5′-P 的缺口，由 DNA 连接酶催化连接。照此方式，所有冈崎片段在环状 DNA 上连接为完整 DNA 子链。领头链引物水解留下的空隙亦可按此方式填补、连接，最终完成基因组 DNA 的复制过程。

11.2　逆转录合成 DNA

11.2.1　逆转录作用与逆转录酶

某些病毒的遗传物质是 RNA。以单链 RNA 为模板，4 种 dNTP 为底物，在逆转录酶的催化下合成双链 DNA 的过程称为逆转录作用（reverse transcription）。该病毒称为逆转录病毒，催化此过程的酶称为逆转录酶（reverse transcriptase），主要存在于 RNA 病毒中，如 Rous 肉瘤病毒、白血病病毒和 HIV（人类免疫缺陷病毒）等。通过逆转录过程生成的 DNA 称互补 DNA（complementary DNA，cDNA）。逆转录酶是多功能酶，有三种活性：逆转录酶活性；核糖核酸酶 H 活性；DNA 聚合酶活性。

逆转录过程与通常转录过程中遗传信息的流向从 DNA 到 RNA 的方向相反，包括三个步骤：（1）逆转录酶以病毒基因组 RNA 为模板，引物 tRNA 提供 3′-OH 末端，沿 5′→3′ 方向催化 dNTP 聚合生成 DNA 互补链，产物为 RNA-DNA 杂化双链；（2）杂化双链中的 RNA 被逆转录酶中 RNase H 活性组分水解；（3）以 RNA 分解后剩下的单链 cDNA 为模板，催化合成第二条 cDNA 互补链，如图 11-11 所示。

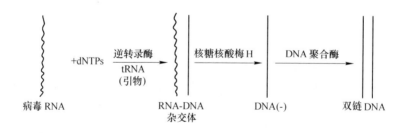

图 11-11　逆转录过程

致癌的 RNA 病毒均含有逆转录酶，它们在宿主细胞内能复制成双链 DNA 的前病毒，后者可插入到细胞的基因组内（即整合作用），引起细胞癌变。逆转录酶不仅存在于致癌的 RNA 病毒，也存在于正常的细胞，如蛙卵和正在分裂的淋巴细胞、胚胎细胞等。

11.2.2 端粒与端粒酶

11.2.2.1 端粒的结构与功能

端粒（telomere）是真核生物线性染色体末端一段特殊的区域，是 DNA 与特异蛋白质构成的复合体。端粒 DNA 的 3′端存有富含鸟嘌呤（G）的一连串小片段（约 5～8bp）DNA 的重复序列。1978 年 Blackburn 等人从四膜虫染色体中分离出端粒结构，确定其重复序列为 5′-GGGGTT-3′（G_4T_2）n，人和脊椎动物为 5′-TTAGGG-3′，不同生物的端粒长度有显著差异。端粒对于染色体遗传功能的稳定和基因组的完整必不可少。真核生物的端粒主要有三个功能：

（1）端粒具有保护线性染色体末端结构的作用。端粒蛋白质能特异性的识别端粒 3′-端突出的单链结构并与之结合，形成染色体末端具有保护功能的"帽子"，防止染色体端-端融合和异常重组，保护染色体末端免受酶的降解及有害因素的损伤，防止遗传信息丢失。

（2）解决了染色体的"末端复制问题"。真核生物染色体 DNA 是线性结构，根据 DNA "半保留复制"原理和"半不连续复制"模型，新合成的 DNA 链的 5′端引物水解后留下一个空隙，无法填补。随着细胞的不断分裂，染色体末端进行性缩短（细胞每分裂一次，端粒将丢失约 50～150bp）。端粒重复序列为染色体末端提供了一种可消耗的非编码的缓冲序列，在 DNA 复制时保护其余基因序列免受丢失。不同物种的端粒 DNA 序列进化高度保守，这充分证明了端粒对维持染色体结构完整及功能稳定具有重要作用。

（3）对细胞有丝分裂进行调控。由于 DNA 聚合酶不能复制线状 DNA 的末端，因此随着细胞分裂次数的增加，端粒 DNA 逐渐缩短，并导致细胞衰老死亡（即程序化细胞死亡），这一现象似乎与正常体细胞的有限增殖能力有关。而生殖细胞、干细胞和肿瘤细胞的生命较长，甚至能永恒生存，即所谓的永生性。因此认为，这些细胞存在一种维持端粒长度的机制。

11.2.2.2 端粒酶的结构与功能

端粒酶（telomerase）是一种 RNA-蛋白质复合体，是自带 RNA 模板的 DNA 聚合酶，主要由端粒酶 RNA（telomerase RNA，TR）、端粒酶相关蛋白（telomerase-associated protein，TP）和端粒酶逆转录酶（telomerase reverse transcriptase，TRT）三部分组成。

 **科学典故**

端粒酶的发展简史

1978 年 Blackburn 首次阐明四膜虫 rDNA 分子（编码 rRNA 的基因）的末端结构，1985 年 Greider 等在四膜虫细胞核提取物中发现了端粒酶。四膜虫端粒酶中 TR 由 159 个核苷酸组成，其中 43 至 51 位的序列为 5′-CAACCCCAA-3′，是端粒 DNA 重复序列 5′（GGGGTT）n3′的合成模板，此序列相当于端粒重复序列的 1.5 倍。1995 年 Feng 等克隆了人类端粒酶 RNA 基因，其产物 RNA 总长 450 核苷酸，其中有 11 个碱基的模板区（5′-CUAACCCUAAC-3′）与端粒重复序列 5′（TTAGGG）n3′互补。端粒酶 RNA 组分是维持端粒酶活性的必需成分。

人类端粒酶相关蛋白（TP1）的基因克隆于 1997 年，TP1 种属间具有高度保守性，人与小鼠 TP1 蛋白在氨基酸水平的相似性高达 75%，TP1 的功能可能是介导端粒酶或其他端粒酶相关蛋白与端粒结合。

端粒酶逆转录酶（又称端粒酶催化亚基或端粒酶催化亚单位）属于逆转录酶家族，人类细胞端粒酶逆转录酶（hTRT）基因总长约 35kb，端粒酶以染色体 DNA3′端为引物，以自身的 RNA 为模板，按 5′→3′方向合成与模板 RNA 互补的端粒 DNA，然后在 DNA 聚合酶作用下，以 DNA 为模板，合成与之互补的第二条端粒 DNA 链，最后在染色体末端形成双链端粒 DNA，如图 11-12 所示。

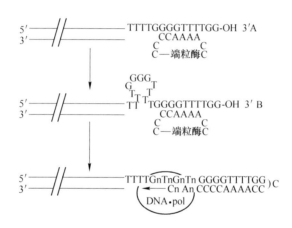

图 11-12　端粒酶催化端粒生成爬行模型

端粒酶催化端粒合成的步骤：（1）染色体 DNA3′端与端粒酶 RNA 部分模板区特异性结合；（2）根据端粒酶中所含的 RNA 模板区延伸染色体 DNA 的 3′端；（3）染色体移位和重新定位，使端粒重复序列连续复制；（4）最后由单链 DNA 聚合酶催化合成其互补链，形成染色体末端双链端粒 DNA。

11.2.2.3　端粒、端粒酶与细胞恶变

正常哺乳动物和人的体细胞检测不到端粒酶活性，端粒在细胞分裂过程中不断缩短。而生殖细胞、骨髓干细胞以及一些外周血细胞中则存在活性端粒酶，推测在胚胎中，分化程度愈低的细胞，端粒酶活性愈高。随着胚胎不断发育分化，终末分化细胞中将不表达端粒酶活性。有实验表明绝大多数恶性肿瘤细胞中能检测到明显的端粒酶活性，提示端粒酶参与了肿瘤的形成过程，与细胞永生化有密切关系。

目前正在研究的端粒酶抑制剂可阻断端粒酶 RNA 的模板作用、抑制端粒酶逆转录酶活性，将成为肿瘤治疗的一种新途径。

11.3　DNA 的修复合成

DNA 分子碱基的异常改变称为突变（mutation），也称为 DNA 损伤（DNA damage）。

DNA 复制从分子水平上阐明了遗传的保守性，突变是和遗传保守性对立而又相互统一的普遍自然现象。一方面，突变与衰老、疾病尤其是癌症的发生有关；另一方面，某些突变有利于生物体的生存并遗传于后代，促进物种的进化。在细胞内外各种物理、化学和生物因素的作用下 DNA 会发生损伤；在复制和转录过程中 DNA 也会有损伤；在发育和进化过程中，DNA 更是处于不断地变异和发展中。有实验表明，动物 DNA 双链的不配对碱基数远多于幼年和胚胎期。即便是同一物种，个体与个体之间也会出现变异，如流感病毒的不同遗传变异毒株。

11.3.1 DNA 损伤

11.3.1.1 引发突变的因素

大量的突变属于自发突变，发生的频率约 10^{-9}。某些遗传性疾病可引起 DNA 遗传性缺陷，如引起血友病的某些凝血因子基因突变、镰刀形红细胞贫血患者血红蛋白（HbS）基因的突变等。实验还证明，一些有遗传倾向的疾病，如糖尿病、高血压和某些肿瘤也和某些基因变异有关。用人工手段使 DNA 发生突变称为诱变，引起诱变的因素主要有物理因素（如电离辐射、紫外线照射）、化学因素（如硝胺和芳香胺类、氮芥等致癌药物、变质食物、亚硝酸盐等无机物）以及病毒（某些 DNA 病毒和逆转录病毒）等。

11.3.1.2 突变的分子改变类型

（1）点突变。DNA 分子上一个碱基的变异称为点突变或错配，分为转换和颠换两种。转换是指一种嘌呤代替另一种嘌呤，或一种嘧啶代替另一种嘧啶；颠换是指嘌呤置换成嘧啶或嘧啶置换成嘌呤。

（2）缺失。一个碱基或一段核苷酸序列从 DNA 链上消失。

（3）插入。DNA 分子上插入原本没有的一个碱基或一段核苷酸序列。缺失或插入均可使三联体密码的阅读方式发生改变，造成蛋白质氨基酸序列的变化，导致框移突变。但 3 个或 $3n$ 个核苷酸插入或缺失不一定引起框移突变。

（4）重排。DNA 链内部重组，大片段的交换、分子内迁移、序列颠倒等。

11.3.2 DNA 损伤的修复

在细胞内 DNA 复制过程中，DNA 的损伤和修复同时并存，如 DNA-pol Ⅰ 对复制中错配的碱基可即时校读。修复是对已发生的缺陷施行补救措施，使其恢复原有的天然状态。主要包括光修复、切除修复、重组修复和 SOS 修复。

11.3.2.1 光修复

紫外线照射可使 DNA 链中相邻两个嘧啶碱基共价结合形成二聚体（$\overset{\frown}{TT}$）。细胞内含有光修复酶，经 300~600nm 波长照射可被激活，催化 $\overset{\frown}{TT}$ 二聚体分解为单体。

11.3.2.2 切除修复

切除修复是细胞内最重要和有效的修复机制。与紫外线损伤及修复有关的基因称为 UvrA、UvrB、UvrC，其基因产物包括 UvrA、UvrB 和 UvrC。UvrA 和 UvrB 辨认 DNA 损伤部位并与之结合，然后由 UvrC 置换 UvrA 切除损伤部位，切除损伤部位留下的空隙由 DNA-pol Ⅰ 填补上正确的碱基，最后由 DNA 连接酶把缺口连接上。UvrC 的切除作用可能还需解螺旋酶的协助，如图 11-13 所示。

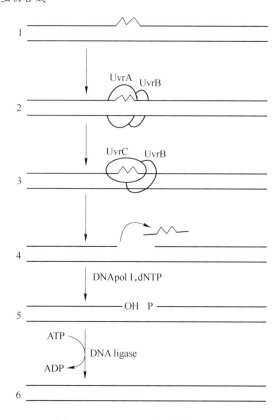

图 11-13   E. coli 的切除修复过程

11.3.2.3   重组修复

当 DNA 分子大面积损伤，来不及修复完善就进行复制，损伤部位因无模板指引，复制出来的新子链会出现空隙。这时依赖与重组有关的重组蛋白 RecA 的核酸酶作用，切下另一股正常母链中与空隙相应的一段 DNA 并插入空隙，而正常母链产生的空隙由 DNA-polI 和连接酶复原，该过程称为重组修复。通过这种链的交换，生成完整的 DNA 双链。RecA 蛋白是 E. coli 中 RecA 基因产物。经过重组修复，虽然原有的损伤仍存在，但随着不断复制，损伤链所占比例越来越小，如图 11-14 所示。

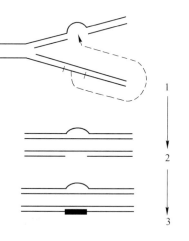

图 11-14   DNA 重组修复

11.3.2.4   SOS 修复

SOS 修复是细胞内 DNA 损伤至难以继续复制才进行的一种应急修复方式。通过 SOS 修复，复制仍能进行，细胞仍可存活，但 DNA 保留的错误多，引起较长期、广泛的突变。SOS 修复与体内诱导合成十几种参与修复的蛋白质有关，如：Uvr、Rec 以及 Lex 蛋白等。LexA 蛋白是一种抑制蛋白，抑制与 SOS 修复有关的基因（RecA 基因、UvrA、UvrB、UvrC 基因以及其他 SOS 基因）的表达，在正常情况下，它们的 mRNA 合成受到 LexA 抑制，而细胞中的 RecA 蛋白可水解 LexA，从而诱导十几种 SOS 基因的活化，促进这些蛋白质的合成。实验证明，不少能诱发 SOS 修复的化学药物都是哺乳动物的致癌剂。

【小 结】

　　DNA 是生物遗传的主要物质基础，通过半保留复制方式，将亲代 DNA 的全部遗传信息传递给子代，保证了遗传的稳定性。参与 DNA 复制的物质包括：亲代 DNA 链作为模板；4 种脱氧核苷三磷酸（dNTP）作为底物；复制所需的酶类和蛋白因子：DNA 聚合酶、解螺旋酶、拓扑异构酶、引物酶、连接酶和单链 DNA 结合蛋白等；小分子 RNA 链作为引物；供能物质 ATP 以及金属离子。大肠杆菌中 DNA 聚合酶主要有三种，分别称为 DNA 聚合酶 Ⅰ、Ⅱ、Ⅲ。真核生物的 DNA 聚合酶主要有 DNA-pol α、β、γ、δ 和 ε 五种。DNA 的复制有固定的起始点，同时向两个相反方向进行复制，称为双向复制。原核生物复制起始点只有一个，而真核生物可能有多个起始点，两个起始点之间的 DNA 片段，称为复制子。

　　DNA 的复制过程分为起始、延长和终止三个阶段。以亲代 3′→5′ 单链为模板，顺着解链方向连续合成的子链称为领头链；另一股链复制的方向与解链方向相反，不能顺解链方向连续延长、只能分段复制的子链称为随从链，随从链上不连续复制的 DNA 片段称为冈崎片段，DNA 的这种复制方式称为"半不连续复制"。

　　以 RNA 为模板，4 种 dNTP 为原料，催化合成 DNA 的酶称为逆转录酶，此过程称为逆转录作用，逆转录酶主要存在于 RNA 肿瘤病毒中。

　　端粒是真核生物线性染色体末端一段特殊的区域，是 DNA 与特异蛋白质构成的复合体，对维持染色体结构完整及功能稳定具有重要作用。端粒酶是自带 RNA 模板的 DNA 聚合酶，主要由端粒酶 RNA、端粒酶相关蛋白和端粒酶逆转录酶三部分组成。端粒酶以染色体 DNA 3′-端为引物，以自身的 RNA 为模板，按 5′→3′ 方向合成与模板 RNA 互补的端粒 DNA，然后在普通 DNA 聚合酶作用下，以 DNA 为模板，合成与之互补的第二条端粒 DNA 链，最后在染色体末端形成端粒。实验证实，通过激活端粒酶活性可导致肿瘤发生，与细胞永生化有密切的关系。

　　DNA 分子碱基的异常改变称为突变，不仅与衰老、疾病和癌症的发生有关，也与物种的进化有关。引起突变的因素主要有物理因素、化学因素以及病毒。突变的分子改变类型主要包括点突变、缺失、插入和重排等。修复是对已发生的缺陷施行补救措施，包括光修复、切除修复、重组修复和 SOS 修复等，切除修复是细胞内最主要和有效的修复机制。

【思考题】

11-1　什么是半保留复制，参与 DNA 复制的酶类及蛋白因子有哪些，功能如何？

11-2　简述原核生物 DNA 聚合酶种类及作用。

11-3　什么是逆转录作用？简述逆转录过程。

11-4　简述突变分子改变的类型。DNA 损伤修复的方式有哪些？

【拓展训练】

单项选择题

（1）DNA 复制之初，参与从超螺旋结构解开双股链的酶或因子是（　　　）。

A. 解链酶 B. 拓扑异构酶 I

C. DNA 结合蛋白 D. 引发前体

E. 拓扑异构酶 II

(2) 关于 DNA 复制中 DNA 聚合酶的说法错误的是( )。

    A. 底物是 dNTP B. 必须有 DNA 模板

    C. 合成方向只能是 $5' \rightarrow 3'$ D. 需要 ATP 和 Mg^{2+} 参与

    E. 使 DNA 双链解开

(3) 在大多数 DNA 修复中,牵涉到四步序列反应,这四步序列反应的次序是( )。

    A. 识别、切除、再合成、再连接 B. 再连接、再合成、切除、识别

    C. 切除、再合成、再连接、识别 D. 识别、再合成、再连接、切除

    E. 切除、识别、再合成、再连接

(4) 下列过程中需要 DNA 连接酶的是( )。

    A. DNA 复制 B. RNA 转录

    C. DNA 断裂和修饰 D. DNA 的甲基化

    E. DNA 的乙酰化

(5) RNA 引物在 DNA 复制过程中的作用是( )。

    A. 提供起始模板 B. 激活引物酶

    C. 提供复制所需的 $5'$-磷酸 D. 提供复制所需的 $3'$-OH

    E. 激活 DNA-pol III

(6) 若将 1 个完全被放射性标记的 DNA 分子放于无放射性标记的环境中复制三代后所产生的全部子代 DNA 分子中,无放射性标记的 DNA 分子有几个? ( )。

    A. 1 个 B. 2 个 C. 4 个 D. 6 个

    E. 8 个

(7) 在 DNA 复制中,链的延长上起重要作用的是( )。

    A. DNA 聚合酶 I B. DNA 聚合酶 III

    C. DNA 聚合酶 II D. A 和 B

    E. 以上都不是

(8) 下列关于 DNA 复制特点的叙述哪一项是错误的? ( )。

    A. 有 RNA 参与 B. 新生 DNA 链沿 $5' \rightarrow 3'$ 方向合成

    C. DNA 链的合成是不连续的 D. 复制总是定点双向进行的

    E. DNA 在一条母链上沿 $5' \rightarrow 3'$ 方向合成,而在另一条母链上则沿 $3' \rightarrow 5'$ 方向合成

(9) 辨认 DNA 复制起始点主要依靠的酶是( )。

    A. DNA 聚合酶 B. DNA 连接酶

    C. 引物酶 D. 拓扑异构酶

    E. 解链酶

(10) 反转录过程中需要的酶是( )。

    A. DNA 指导的 DNA 聚合酶 B. 核酸酶

C. RNA 指导的 RNA 聚合酶　　　　　D. DNA 指导的 RNA 聚合酶

E. RNA 指导的 DNA 聚合酶

【技能训练】

PCR 反应扩增目的基因

〔实验目的〕

(1) 回顾并学习 PCR 技术体外扩增 DNA 的原理及引物设计的原则。

(2) 了解在扩增反应过程中各因素对扩增效果的影响。

(3) 实践 PCR 技术体外扩增 DNA 的基本操作步骤。

〔实验原理〕

聚合酶链式反应 (polymerase chain reaction, PCR) 是体外酶促合成特异 DNA 片段的一种技术, 用于扩增位于两端已知序列之间的 DNA 区段, 即通过引物延伸核酸的某个区域而进行的重复双向 DNA 合成。利用 PCR 技术可在数小时内大量扩增目的基因或 DNA 片段, 从而免除基因重组和分子克隆中的许多繁琐操作。由于 PCR 操作简单、实用、灵敏度高并可自动化, 因此在分子生物学和基因工程研究以及对遗传病、传染病和恶性肿瘤等的基因诊断研究中得到了广泛的应用。

(1) 进行 PCR 体外扩增的基本条件。

1) 以 DNA 为模板 (在 RT-PCR 中模板是 RNA)。2) 以寡核苷酸片段作为引物。3) 需要 4 种 dNTP 作为底物。4) 以对热稳定的 Taq DNA 聚合酶催化。

(2) PCR 的每个循环都有 3 种不同的事件发生。

1) 模板变性。加热模板 DNA 使其解离成单链, 在 92 ~ 96℃ 时发生 DNA 变性。变性所需时间取决于 DNA 序列复杂性、反应管的几何学、热循环仪的种类和反应液体积。对 G + C 含量高的 DNA 序列, 额外加入甘油、延长变性时间、加入核苷酸类似物都能提高 PCR 产量。

2) 引物退火。当降低温度时, 能使寡核苷酸引物与单链靶序列互补结合。退火温度取决于引物与靶序列的同源性程度和寡核苷酸的碱基组成 (一般在 37 ~ 65℃ 的较大范围内)。当所加入的引物浓度显著大于靶序列, 而引物长度短于靶序列时, 其配对速度比靶序列本身重新缔合成双链的速度快几个数量级。

3) 延伸。在适宜温度下 (一般为 72℃), 热稳定的 DNA 聚合酶利用底物 dNTP 使引物在 3′ 端向前延伸, 合成与模板碱基序列完全互补的 DNA 链。

每个循环的产物都可作为下一步循环的模板, 一般通过 35 ~ 45 个循环后, 模板上介于两个引物之间的特异性 DNA 片段得到了大量复制, 数量可达 $2 \times 10^6 ~ 10^7$ 拷贝。将扩增的产物进行电泳, 经溴化乙锭染色, 在紫外灯下可见到特异扩增的 DNA 条带。

〔实验对象〕

哺乳动物毛发。

〔实验用品〕

(1) 器材。PCR 扩增仪、台式高速离心机、紫外分析仪、琼脂糖凝胶电泳系统 (电泳仪和电泳槽等）、微量取液器、水浴装置，Eppendorf 管、新 PCR 管、Tip 头。

（2）试剂。

1）生理盐水，Taq DNA 聚合酶（2U/μL）。

2）10×反应缓冲液（0.67mol/L，pH8.8Tris-HCl）、0.067mol/L MgCl$_2$、0.166mol/L（NH$_4$）$_2$SO$_4$、0.2g/L BSA、0.08mol/L DTT、dNTP 贮存液、引物（Y$_3$，Y$_4$）。

3）有关的 DNA 扩增试剂盒。

4）0.8%~2%琼脂糖（0.5×TAE）。

5）10×样品缓冲液、0.25%溴酚蓝、0.25%二甲苯青 FF（或称二甲苯蓝）、40%蔗糖水溶液（m/V）（或用 30%甘油水溶液替代）、0.5×TBE 电泳缓冲液、DNA marker。

6）溴化乙锭色液：先用蒸馏水配制 1mg/mL 母液，临用前稀释至 1μg/mL，避光保存。

〔实验步骤〕

（1）DNA 样品制备。取毛发 1~2 根，尽可能剪碎，放入含 15~20mL 生理盐水的离心管中，100℃水浴 7min，12000r/min 离心 5min。取上清液作为样品备用。

（2）PCR 扩增。

1）按下列顺序在新的 PCR 管中加入下列试剂：10×反应缓冲溶液 2μL，引物混合液 2μL，dNTP 贮液（10mmol/L）2μL，DNA 样品 5~7μL（空白管以重蒸馏水代替），加入重蒸馏水使其终体积为 20μL。

2）加入 1U Taq DNA 聚合酶，摇匀。

3）加入 20μL 矿物油（或液体石蜡），短暂离心。

4）置于 92.5℃水浴中预变性 7min。

5）按下列步骤循环进行 30 次（在 PCR 扩增仪上设定）：92.5℃ 30s→55℃30s→70℃90s。

〔结果观察〕

反应结束后，取 10μL 水相溶液进行 2%琼脂糖凝胶电泳分析，紫外分析仪上观察实验结果。

12　RNA 的生物合成

【学习目标】

☆ 掌握模板链及编码链的概念。

☆ 掌握 RNA 聚合酶的组成及功能。

☆ 掌握转录过程，包括起始、延长及终止三个阶段。

☆ 掌握真核生物 mRNA 的转录后加工。

☆ 掌握核酶的概念。

☆ 熟悉转录的不对称性。

☆ 熟悉模板与酶的辨认结合。

☆ 熟悉真核生物的转录终止是和转录后修饰密切相关的。

☆ 熟悉 tRNA 及 rRNA 的转录后加工。

【引导案例】

　　60 多年前，人类首次发现了 DNA 的螺旋式分子结构，在此基础上，科学家们在一年的时间内很快完成了对 DNA 分子的深入研究，并破译了 DNA 遗传密码，总结出了"基因转录定律"。科学家们将其称之为"史上最伟大发现"。遗传密码子是连接基因和蛋白质之间的桥梁，它的运作原理非常简单，同时也是这世界上独一无二的，地球上所有的生物在将其基因转录为蛋白质时，都要通过遗传密码子作为转录媒介，从而使自己基因上带有的性状完整地表达出来。另一方面，基因的转录定律的准确度高得惊人，自然界内很少能有哪一条定律有着如此高的准确度。DNA 分子的转录过程是人体内最剧烈的生化反应，而且会在所有细胞中同时进行，但是即使是这样转录过程也很少出错。据统计数字显示，平均每 5000 次转录过程中只会有一次存在错误转录（这可能会导致宿主表现出某种先天性疾病），因此对于每一个物种来说，基因转录定律的可靠性都是保证物种正常进化的主要条件。

　　在生物界，RNA 合成有两种方式：一种是 DNA 指导的 RNA 合成，也叫转录（transcription）；另一种是 RNA 指导的 RNA 合成，也叫 RNA 复制。转录为生物体内 RNA 合成的主要方式，也是本章介绍的主要内容。转录是把 DNA 的碱基序列转抄成 RNA 的碱基序列。真核细胞转录过程生成的多是前体分子，不具有生物学活性，必须经过适当的加工才能变成具有活性的成熟 RNA。成熟 RNA 主要包括信使 RNA（messenger RNA，mRNA）、转运 RNA（transfer RNA，tRNA）、核蛋白体 RNA（ribosomal RNA，rRNA）三类。mRNA 把遗传信息从染色体内贮存的状态转运至胞质，作为蛋白质合成的直接模板（DNA 分子上的遗传信息是决定蛋白质氨基酸序列的原始模板）。tRNA 和 rRNA 也参与蛋白质的生物合成，但不用作模板。

科学典故

转录和复制的异同

转录和复制都是酶促的核苷酸聚合过程,有许多相似之处:都以 DNA 为模板;都需依赖 DNA 的聚合酶;聚合过程都是核苷酸之间生成磷酸二酯键;都从 5′→3′ 方向延伸成新链多聚核苷酸;都遵从碱基配对规律。但相似之中又有区别,见表 12-1。

表 12-1　复制和转录的区别

项　目	复　制	转　录
模板	两股链均复制	模板链转录
原料	dNTP	NTP
酶	DNA 聚合酶	RNA 聚合酶
产物	子代双链 DNA	mRNA,tRNA,rRNA
配对	A-T,G-C	A-U,T-A,G-C
引物	短链 RNA	不需要

12.1　模 板 和 酶

转录时,DNA 分子双链上的一个基因节段内只有一股链用作模板链,按碱基配对规律指引核苷酸聚合,催化聚合的酶是依赖 DNA 的 RNA 聚合酶。

12.1.1　转录模板

复制是为了保留物种的全部遗传信息,所以基因组的 DNA 全长均需复制。转录是有选择性的,在基因组的庞大的 DNA 链上,并非任何区段都可以转录,在细胞不同的发育时期,按生存条件和需要进行转录。

用 DNA、RNA 碱基序列测定,或用核酸杂交方法,都可以证明在 DNA 双链上的一个基因节段内只有一股可作为模板进行转录,而且不同的基因 DNA 片段内模板并非在同一条链上,所以,这种转录方式称为不对称转录(asymmetric transcription)。能转录出 RNA 的 DNA 区段,称为结构基因(structural gene),如图 12-1 所示。

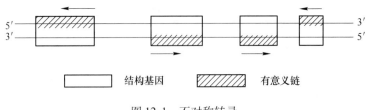

图 12-1　不对称转录

(箭头表示转录产物生成方向)

在一个结构基因的区段内,DNA 双链中按碱基配对能指引生成 RNA 的单股链,就是模板链(template strand),相对的另一股就是编码链(coding strand),如图 12-2 所示。在图中用小写字母表示模板链，大写字母表示编码链。编码链名字的由来是：结构基因内，编码链的序列与转录出的 mRNA 的序列基本相同，只是编码链上的 T 相应在 mRNA 上为 U，由于 mRNA 编码基因表达的蛋白质产物，DNA 的这条链也由此称为编码链。模板链可称为有意义链或 Watson 链，编码链可称为反意义链或 Crick 链。

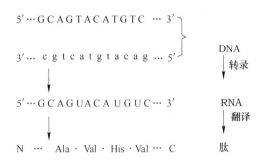

图 12-2　DNA 模板、转录产物 RNA 的核苷酸序列以及
翻译产物肽的氨基酸序列

12.1.2　RNA 聚合酶

RNA 聚合酶也叫转录酶（transcriptase），全称是依赖 DNA 的 RNA 聚合酶（DNA dependent RNA polymerase），缩写为 RNA-pol，它是转录过程唯一需要的酶。原核生物和真核生物的 RNA-pol 是有区别的。

12.1.2.1　原核生物的 RNA 聚合酶

各种原核生物中的 RNA 聚合酶具有极大的保守性。现在已从多种细菌中分离纯化出 RNA 聚合酶，它们的亚基组成、结构、分子量大小、功能表现以及对某些药物的敏感性等都非常一致。大肠杆菌的 RNA-pol 是第一个被发现并认识的比较清楚的 RNA 聚合酶。

大肠杆菌 RNA 聚合酶是一种分子巨大而结构复杂的酶，经研究证实，它是一个分子量达 480kD，由 4 种亚基 α、β、β' 和 σ 组成的五聚体（$\alpha_2\beta\beta'\sigma$）蛋白质。各亚基及其功能见表 12-2。

表 12-2　大肠杆菌 RNA 聚合酶组分

亚基	分子量	功　　能	亚基	分子量	功　　能
α	36512	决定哪些基因被转录	β'	155613	结合 DNA 模板（开链）
β	150618	与转录全过程有关	σ	70263	辨认起始点

$\alpha_2\beta\beta'$ 亚基合称核心酶（core enzyme）。试管内的转录实验（含有模板、酶和底物 NTP 等）证明，核心酶已能催化 NTP 按模板的指引合成 RNA，但合成的 RNA 没有固定的起始点，而加有 σ 亚基的酶却能在特定的起始点上开始转录，可见 σ 亚基的功能是辨认转录起始点。σ 亚基加上核心酶称为全酶（$\alpha_2\beta\beta'\sigma$），活细胞的转录起始需要全酶，但至转录延长阶段，$\sigma$ 亚基从全酶脱落，仅需核心酶催化 RNA 链的延长。

原核生物 RNA 聚合酶的活性可以被利福霉素及利福平所抑制，这是由于它们可以和

RNA 聚合酶的 β 亚基相结合，而影响到酶的活性。利福霉素和利福平作为抗结核药物，就是因为它抑制了细菌的 RNA 聚合酶活性。

12.1.2.2　真核生物的 RNA 聚合酶

真核生物的 RNA 聚合酶不像原核生物那么单纯，真核生物细胞核中已发现有 3 种 RNA 聚合酶。根据从 DEAE-葡萄糖色谱柱中流出的先后次序而命名为 RNA 聚合酶 Ⅰ、Ⅱ、Ⅲ，它们的亚基组成、在胞核中的分布定位、催化功能、色谱行为各不相同，而且三种 RNA 聚合酶专一性地转录不同的基因，由它们催化的转录产物也各不相同，见表12-3。

表 12-3　真核生物的 RNA 聚合酶

种 类	Ⅰ	Ⅱ	Ⅲ
转录产物	45S-rRNA	hnRNA	5S-rRNA，tRNA，snRNA
对鹅膏蕈碱的反应	耐受	极敏感	中度敏感

RNA 聚合酶 Ⅰ 催化合成 45S-rRNA，经加工修饰生成除 5S-rRNA 外的其他三种 rRNA（包括 5.8S、18S 及 28S rRNA）。rRNA 与蛋白质组成核蛋白体，又称核糖体，是蛋白质合成的场所。

RNA 聚合酶 Ⅱ 主要催化合成杂化核 RNA（hetero-nuclear RNA，hnRNA），hnRNA 经加工修饰生成 mRNA 并输送给胞质的蛋白质合成体系，作为蛋白质合成的模板发挥作用，起着从功能上衔接 DNA 和蛋白质两种生物大分子的作用，所以转录是遗传信息表达的重要环节。mRNA 是各种 RNA 中寿命最短，最不稳定的，需经常重新合成。在这个意义上说，RNA-pol Ⅱ 可认为是真核生物中最活跃的 RNA 聚合酶。

RNA 聚合酶 Ⅲ 催化合成 tRNA、5S-rRNA 及 snRNA 的前体（另外，RNA 聚合酶 Ⅱ 也可以催化合成一些 snRNA），经加工修饰得到成熟的 tRNA、5S-rRNA 及 snRNA。它们都是小分子量 RNA。tRNA 的大小都在 100 核苷酸以下，在蛋白质合成时运输、活化原料氨基酸。5S-rRNA 的大小约为 120 核苷酸，用于构成核蛋白体。snRNA 由 90 ~ 300 核苷酸组成，参与 RNA 的剪接过程。

所有真核细胞的各种 RNA 聚合酶对利福霉素及利福平均不敏感，这与原核细胞 RNA 聚合酶的情况不同。各种动物细胞核中的 RNA 聚合酶 Ⅰ、Ⅱ、Ⅲ 都具有相当复杂的亚基组成，它们普遍含有两个不同的大亚基和十几个小亚基，前者相当于原核细胞 RNA 聚合酶的 β 及 β′ 亚基。

线粒体中也含有 RNA 聚合酶，但它们属于单一类型，能共同催化线粒体中各种 mRNA、tRNA 及 rRNA 的生成，其活性能被利福霉素及利福平抑制。

转录作用的聚合反应速度比 DNA 复制的聚合反应速度要慢。RNA 聚合酶缺乏 $3' \rightarrow 5'$ 外切酶活性，所以它没有校对功能，RNA 合成的错误率约为 10^{-6}，较 DNA 合成的错误率（$10^{-9} \sim 10^{-10}$）要高得多。尽管如此，由于 RNA 仅仅是 DNA 片段的一个抄录副本，并非细胞中永久性遗传物质，故对细胞的存活不致造成多大危害。

12.1.3　模板与酶的辨认结合

转录时 RNA 聚合酶结合到 DNA 的启动序列（真核称启动子）上而启动转录，每一个基因在转录进行时均有自己特有的启动序列，启动序列在转录的调节中具有重要的作用。下面主要介绍原核生物的启动序列。

原核生物的启动序列（promoter）位于结构基因的上游，大约有 40～60bp 长，其中包含结合部位及识别部位。

起始点是 DNA 模板上开始进行转录作用的位点，通常在其互补的编码链对应位点（碱基）标以 +1，DNA 分子从起始点开始顺转录方向的区域称为下游，用正数表示其碱基序列。从起始点开始逆转录方向的区域称为上游，用负数表示其碱基序列。

结合部位是指在 DNA 分子上与 RNA 聚合酶紧密结合的序列，结合部位的长度大约是 7 个碱基对，其中心位于起始点上游的 −10bp 处，因此将此部位称为 −10 区。通过对百种不同原核生物的分析，发现启动序列的 −10 区具有高度的保守性或一致性序列，它们有一个共同序列为 5′—TATAAT—3′。由于这一序列首先由 D. Pribnow 所认识，所以又称为 Pribnow 盒（Pribnow box）。由于在 Pribnow 盒中碱基组成全是 A-T 配对，缺少 C-G 配对，而前者的亲和力只相当于后者的十分之一，因此这个区域的 DNA 双链容易解开，利于 RNA 聚合酶的进入而促使转录的起始。

在 DNA 分子上还有一段识别部位，是 RNA 聚合酶的 σ 因子识别 DNA 分子的部位。识别部位约有 6 个碱基对，其中心位于上游 −35bp 处，所以这个部位称为 −35 区。多数启动子的 −35 区也是有高度的保守性和一致性，其共有序列为 5′—TTGACA—3′。在 −35 区与 −10 区之间大约间隔有 17 个 bp，如图 12-3 所示。

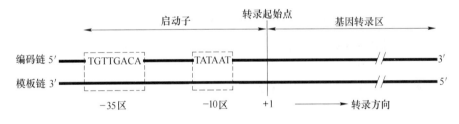

图 12-3　原核生物的启动序列

−35 区是 RNA 聚合酶对转录起始的辨认位点，辨认结合后，酶向下游移动，达到 Pribnow 盒，酶已跨入了转录起始点，形成相对稳定的酶-DNA 复合物，就可以开始转录。

12.2　转 录 过 程

转录作用的过程可以分为三个阶段：起始、延长及终止。下面介绍了解较多的原核生物大肠杆菌的转录过程。

12.2.1　转录起始

在起始阶段，RNA 聚合酶的 σ 因子首先识别 DNA 分子启动序列 −35 区的识别部位，在这一区段，酶与模板的结合很松弛。酶随即移向 −10 区的结合部位，并与此部位较紧密结合，在此 DNA 双链分子的局部区域发生构象变化，结构变得较为松散，双链暂时打开约 17bp 长度，展示出 DNA 模板链，有利于 RNA 聚合酶进入转录空泡，催化 RNA 聚合作用。

　　RNA 聚合酶进一步靠 σ 亚基辨认转录起始点，并起始转录。转录起始不需要引物，两个与模板起始点处配对的相邻核苷酸，在 RNA 聚合酶催化下生成磷酸二酯键就可以直接连接起来。这也是 DNA 聚合酶和 RNA 聚合酶分别对 dNTP 和 NTP 的聚合作用最明显的区别。转录起始生成 RNA 第一位核苷酸，即 5′端总是三磷酸嘌呤核苷 GTP 或 ATP，又以 GTP 更为常见。当 5′—GTP（5′—pppG—OH）与第二位 NTP 聚合生成磷酸二酯键后，仍保留其 5′端 3 个磷酸基，也就是 1、2 位核苷酸聚合后，生成 5′—pppGpN—OH—3′。这一结构也可理解为四磷酸二核苷，它的 3′端有游离羟基，可以加入 NTP 使 RNA 链延长下去。RNA 链上这种 5′端结构不但在转录延长中一直保留，至转录完成，RNA 脱落，也还有这 5′端的结构。由此可见，转录的起始就是生成一个转录起始复合物，如图 12-4 所示。

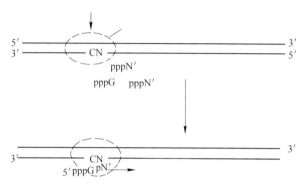

图 12-4　转录起始时 pppGpN′—OH 的生成

　　转录起始复合物 = RNA-pol（$\alpha_2\beta\beta'\sigma$）—DNA—pppGpN′—OH—3′。

　　第一个磷酸二酯键生成后，σ 亚基即从转录起始复合物上脱落，核心酶连同四磷酸二核苷继续结合于 DNA 模板上并沿 DNA 链前移，进入延长阶段。实验证明，σ 亚基若不脱落，RNA 聚合酶则停留在起始部位，转录不继续进行。

12.2.2　转录延长

　　原核生物的转录起始复合物形成后，σ 亚基即脱落。随着 σ 亚基的脱落，核心酶的构象会发生改变。启动序列的 DNA 有特殊的碱基序列，因此，酶与模板的结合有高度特异性，而且较为紧密。启动序列下游，不同基因的碱基序列大不相同，所以，酶与模板的结合就是非特异性的，而且结合得较为松弛，有利于酶迅速向前移动。核心酶构象的变化，就是适应于这种不同区段的结构与需要的。

　　转录延长的每次化学反应，可以写成：

$$（NMP）_n + NTP \longrightarrow （NMP）_{n+1} + PPi$$

　　在起始复合物上，3′端仍保留糖的游离羟基。底物三磷酸核苷上的 α-磷酸基就可与这一 3′—OH 起反应，生成磷酸二酯键，同时脱落的 β、γ 磷酸基生成无机焦磷酸。聚合进去的核苷酸又有 3′—OH 游离，这样就可按模板链的指引，一个接一个地延长下去，形成产物 RNA。产物 RNA 没有 T，遇到模板为 A 的位置时，转录产物相应加 U。转录延长过程中，核心酶是沿着 DNA 链向前移动，DNA 双链解链的范围总是在 17bp 左右，产物 RNA 又和模板链配对形成长约 12bp 的 RNA/DNA 杂化双链，而 RNA 聚合酶分子可以覆盖 40bp 以上的 DNA 分子段落，这样延长阶段由核心酶-DNA-RNA 形成转录复合物，形象地称为转录空泡，如图 12-5 所示。

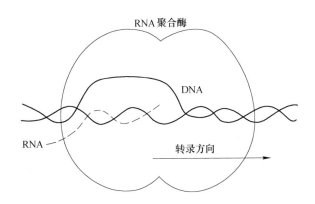

图 12-5 原核生物的转录复合物（转录空泡）

转录产物 RNA 与模板链上的碱基配对只有 12bp 长，RNA 5′端的一段 RNA 离开了模板伸展在空泡之外，形成转录空泡的结构，是因为 DNA-DNA 形成双链的结构比 DNA-RNA 形成的杂化双链稳定。

核酸的碱基之间形成配对不外三种，其稳定性是：G≡C＞A＝T＞A＝U。G≡C 有 3 个氢键，是最稳定的。A＝T 配对只在 DNA 双链中形成；A＝U 配对可在 RNA 分子或 DNA：RNA 杂化双链上形成，是三种配对中稳定性最低的。所以已经转录完毕的局部 DNA 双链，就必然会复合而不再打开，根据这些道理，也就易于理解空泡为什么会一直存在，而转录产物又是向外伸出的。伸出空泡的 RNA 链，其最远端就是 pppGpN′。转录产物是从 5′向 3′延长，但如果从 RNA 聚合酶的移动方向来说，酶是沿着模板链的 3′向 5′方向，或沿着新生 RNA 链的 5′向 3′方向前进。

在电子显微镜下观察原核生物的转录现象，可看到像羽毛状的图形，如图 12-6 所示。这种形状说明，在同一 DNA 模板上，有多个转录同时在进行。图 12-6 中自左至右，RNA 聚合酶越往前移，转录生成的 RNA 链越长。在 RNA 链上观察到的小黑点是多聚核蛋白体（polysome），即一条 mRNA 链上结合多个核蛋白体，已在进行下一步的翻译工序。可见，转录尚未完成，翻译已在进行。转录和翻译都是高效率地进行着。

真核生物有核膜把转录和翻译隔成不同的细胞内区间，因此没有这种现象。

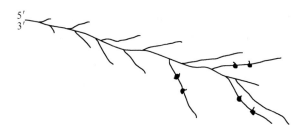

图 12-6 电子显微镜下原核生物的转录现象

12.2.3 转录终止

当 RNA 聚合酶在 DNA 模板上停顿下来不再前进，转录产物 RNA 链从转录复合物上脱落下来，就是转录终止。

依据是否需要蛋白质因子的参与，原核生物的转录终止分为依赖 ρ（Rho）因子与非依赖 ρ 因子两大类。

（1）依赖 ρ 因子的转录终止。用 T4 噬菌体 DNA 在试管内作转录实验，发现转录产物比其在细胞内转录出的要长。这说明，转录终止点是可以被跨越过而继续转录的，还说明细胞内某些因素有执行转录终止的功能。根据这些线索，1969 年 J. Roberts 在大肠杆菌（T4 噬菌体的宿主菌）中发现了能控制转录终止的蛋白质，定名为 ρ 因子。试管内转录体系中加入了 ρ 因子，转录产物长于细胞内的现象不复存在。ρ 因子是由相同的 6 个亚基组成的六聚体蛋白质，亚基分子量 46kD。ρ 因子能结合 RNA，又以对 polyC 的结合力最强。但 ρ 因子对 poly dC/dG 组成的 DNA 的结合能力就低得多。后来还发现 ρ 因子有 ATP 酶活性和解螺旋酶的活性。在依赖 ρ 因子终止的转录中，产物 RNA 3′端有较丰富的 C，或有规律地出现 C 碱基，ρ 因子可与产物 RNA 富含 C 的区段结合，结合后 ρ 因子和核心酶都可能发生构象变化，从而使核心酶停顿，产物 RNA 不再延长，ρ 因子变构后发挥解螺旋酶活性使 DNA：RNA 杂化双链拆离，利于转录产物从转录复合物中释放，释放时所需能量由 ρ 因子发挥 ATP 酶活性分解 ATP 提供，如图 12-7 所示。

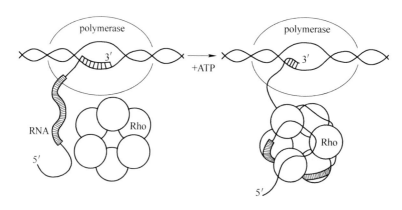

图 12-7　Rho 因子的作用原理

（2）非依赖 ρ 因子的转录终止。DNA 模板上靠近转录终止处有特殊碱基序列，转录出 RNA 后，RNA 产物形成特殊的结构来终止转录。这就形成了非依赖 ρ 因子的转录终止作用方式。靠近终止处的特殊碱基序列是先有一段 GC 富集区，随之又有一段 AT 富集区。在 GC 区内有一段是反向重复序列，以致转录作用生成的 RNA 在其相应序列中有互补形成的茎-环结构（又称发夹式结构）。对于 DNA 分子的 AT 富集区，转录生成的 RNA 的 3′末端中相应部位有一连串 U，如图 12-8 所示。

RNA 链延长至接近终止区时形成茎-环结构，这种二级结构是阻止转录继续向下游推进的关键，其机制可从两方面理解：一是茎-环结构在 RNA 分子中形成，可能改变核心酶的构象。酶的构象改变导致酶-模板结合方式的改变，可使酶不再向下游移动，于是转录停顿。二是转录复合物（核心酶-DNA-RNA）上有局部的 DNA：RNA 杂化短链。此时，RNA 分子上要形成自己的局部双链（茎-环结构的茎），DNA 分子也要恢复双链。DNA 和RNA 各自形成自身双链，杂化链只能比应有的长度来得更短，本来不稳定的杂化链更为

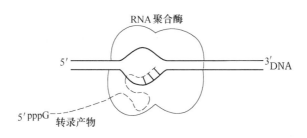

图 12-8　非依赖 ρ 的转录终止

不稳定，转录复合物趋于解体。至于接着一串寡聚 U，则更是使 RNA 链从模板上脱落的促进因素。因为所有的碱基配对中，以 rU∶dA 配对最为不稳定。

12.3　真核生物 RNA 的转录后加工

真核生物转录生成的 RNA 分子是初级转录产物。需要经过加工才具有活性。加工过程主要在细胞核内进行。

各种 RNA 的加工过程有自己的特点，但加工的类型主要有以下几种：（1）剪切及剪接，剪切就是剪去部分序列，剪接是指剪切后又将某些片段连接起来；（2）末端添加核苷酸，例如 tRNA 的 3′末端添加—CCA；（3）修饰，在碱基及核糖分子上发生化学修饰反应，例如 tRNA 分子中尿苷经化学修饰变为假尿苷。

真核生物转录和翻译的位置被核膜隔开，转录后加工过程较为复杂。对转录后修饰的研究发现不少与生命活动有重大关系的现象，如真核生物的断裂基因、内含子的功能、RNA 可能是酶等。

12.3.1　真核生物 mRNA 的转录后加工

真核生物 RNA 聚合酶 II 的初级转录产物 hnRNA 需进行首、尾的修饰及剪接才能变成成熟的 mRNA。

12.3.1.1　首、尾的修饰

mRNA 5′端的修饰是形成帽子结构。hnRNA 第一个核苷酸往往是 5′—三磷酸鸟苷（5′—pppG）。mRNA 成熟过程中，先由磷酸酶把 5′—pppG 水解，生成 5′—PG 或 5′—ppG，释放出无机焦磷酸或磷酸。然后，5′端与另一三磷酸鸟苷反应，生成三磷酸双鸟苷（5′—GpppG）。在甲基化酶作用下，第一或第二个鸟嘌呤碱基（也可是核糖部分）发生甲基化反应，形成帽子结构。不同部位的甲基化，得到不同种类的帽子，如第一个 G 的 N_7 位甲基化得到的帽子称为帽 0（5′—m^7GpppG）。帽子结构的形成及种类如图 12-9 所示。

3′端的修饰主要是加上聚腺苷酸尾巴（polyA tail）。转录最初生成的 hnRNA 3′末端往往长于成熟的 mRNA。因此认为，加入 polyA 之前，先由核酸外切酶切去 3′—末端一些过剩的核苷酸，然后加入 polyA。polyA 的长度一般为 80～250 个核苷酸之间，如图 12-9 所示。

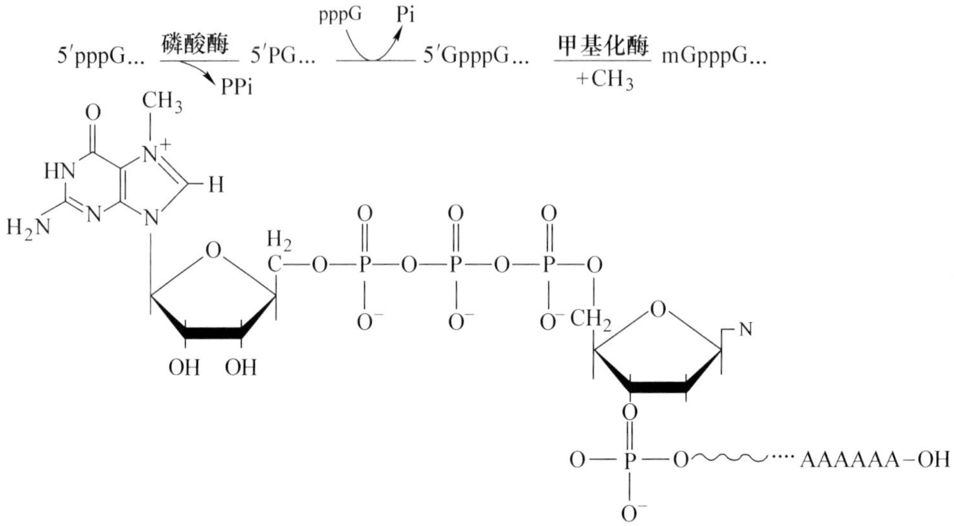

图 12-9　mRNA 帽子结构的生成及帽子结构的详细结构式

12.3.1.2　真核生物的 mRNA 剪接

（1）断裂基因、外显子及内含子。真核生物的结构基因，由若干编码区和非编码区互相间隔开但又连续镶嵌而成，去除非编码区再连接后，可翻译出由连续氨基酸组成的完整蛋白质，这些基因称为断裂基因。外显子和内含子分别代表基因的编码和非编码序列。外显子是指在断裂基因及其初级转录产物上出现，并表达为成熟 RNA 的核酸序列。内含子是指隔断基因的线性表达而在剪接过程中被除去的核酸序列。

（2）真核生物的 mRNA 剪接。真核生物的结构基因中含有具有表达活性的外显子，还含有无表达活性的内含子，外显子及内含子的信息均转录到 hnRNA 中。在细胞核中，hnRNA 进行剪接作用，除去内含子，将外显子连接起来，变为成熟的 mRNA。核内的小型 RNA 现已发现的有 snRNAU$_1$、U$_2$、U$_4$、U$_5$、U$_6$ 等类别，snRNA 和核内的蛋白质组成核糖核酸蛋白体，称为并接体（splicesome），并接体结合在 hnRNA 的内含子区段，利于剪接过程的进行。

Klessig 提出了剪接的套索状模式，即在剪接过程中 hnRNA 分子中的非编码区（内含子）先弯成套索状，称套索 RNA，从而使各编码区（外显子）相互接近，由特异的 RNA 酶切断编码区与非编码区之间的磷酸二酯键，再使编码区相互连接，生成成熟的 mRNA，如图 12-10 所示。

12.3.2　真核生物 tRNA 的转录后加工

tRNA 前体的加工包括：在酶的作用下从 5′末端及 3′末端处切除多余的核苷酸；去除内含子进行剪接作用；3′末端加 CCA 以及碱基的修饰，如图 12-11 所示。

在核酸内切酶的作用下，从 5′末端切除多余的核苷酸。3′末端多余的核苷酸则是在核酸外切酶的作用下，从末端逐个地将核苷酸切下，例如真核生物中 3′末端的 UU。

tRNA 前体中包含有内含子，可通过剪接作用而被去除，即由核酸内切酶催化进行剪

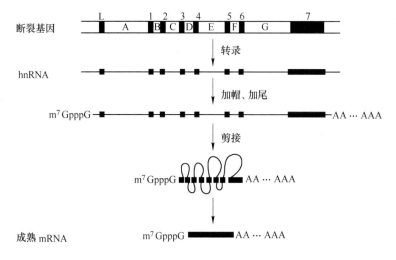

图 12-10　真核生物 mRNA 的加工修饰

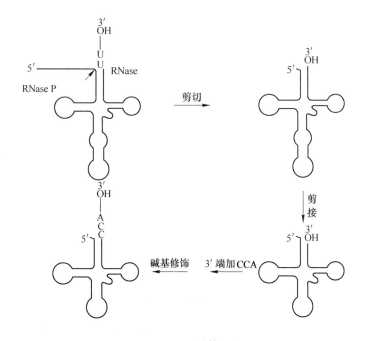

图 12-11　tRNA 前体的加工

切反应，并通过连接酶将外显子部分连接起来。

　　CCA—OH 加到 tRNA 前体的 3′末端是 tRNA 前体加工过程的特有反应。反应是在核苷酸转移酶的催化下进行的。

　　此外，tRNA 的转录后加工还包括各种稀有碱基的生成：（1）甲基化，例如在 tRNA 甲基转移酶催化下，某些嘌呤生成甲基嘌呤，如 A→^{m}A、G→^{m}G；（2）还原反应，某些尿嘧啶还原为双氢尿嘧啶（DHU）；（3）核苷内的转位反应，如尿嘧啶核苷转变为假尿嘧啶核苷（ψ）；（4）脱氨反应，某些腺苷酸脱氨成为次黄嘌呤核苷酸。

12.3.3 真核生物 rRNA 的转录后加工

真核细胞的 rRNA 基因（rDNA）属于丰富基因的 DNA 序列，即染色体上一些相似或完全一样的纵列串联基因单位的重复。这些单位由不能转录的间隔区分隔开。间隔区和以前提到的内含子是不同概念。在分类上把 rDNA 这种类型的序列称为高度重复序列 DNA，不同种属的生物，rDNA 的大小不一，重复单位可有数百个或至千个以上，每个重复单位的可转录片段大小为 7kb 至 13kb 不等，间隔区则为数千碱基对。尽管间隔区与重复单位的大小不同，所有真核生物最后转录出来的 rRNA 大小却是相同的。

rDNA 位于核仁之内，自成一组转录单位。45S-rRNA 是 rDNA 基因的初级转录产物，它是三种 rRNA 的前身。45S-rRNA 经剪切后，先分出属于核蛋白体小亚基的 18S-rRNA，余下的部分再拼接成 5.8S 及 28S 的 rRNA，如图 12-12 所示。rRNA 成熟后，就在核仁上装配，即与核蛋白体蛋白质一起形成核蛋白体，运输至胞浆。生长中的细胞，rRNA 较稳定、静止状态的细胞，rRNA 的寿命较短。

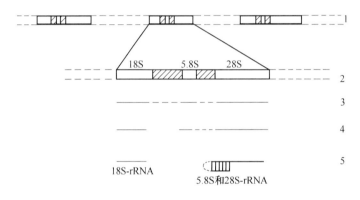

图 12-12　rRNA 转录后加工

1，2—rDNA，斜线为内含子，虚线为基因间隔；3—45S-rRNA 转录产物；4—剪接；5—终产物

 科学典故

RNA 的编辑加工

这是一种从简单的病毒到高等动物普遍存在的加工方式，经过 RNA 编辑，扩展了原基因编码 mRNA 的功能，使同一基因产生不同的 mRNA 并指导多种多肽链的合成。例如人类 apoB 基因转录产物的编辑。该基因在肝中表达生成分子量为 500000 的 apoB100，而在小肠黏膜中则生成分子量为 240000 的 apoB48。这是因为该基因转录生成的 mRNA，在小肠黏膜细胞中经编辑作用后，第 6666 位 C 发生脱氨基反应变成 U，从而原有密码子 CAA 变为终止密码自 UAA，导致只能指导合成肽链较短的 apoB48。

12.3.4 RNA 的自催化作用

1981 年，Cech 和 Altman 等人发现原生动物四膜虫的 28S-rRNA 前体不需要酶参与，就能通过 RNA 本身的催化作用完成其"内含子"的切除，这种拼接作用称为自身催化剪接，具有自催化剪接活性的 RNA 称为核酶（ribozyme）。现已发现了几十种核酶。核酶的发现表明，RNA 是一种既能携带遗传信息又有生物催化功能的生物大分子，很可能是生命起源过程中首先出现的生物大分子，核酶的研究促进了分子水平上生命起源的研究。根据核酶的分子结构与功能的关系，可以设计并人工合成自然界不存在的酶，用来防治动植物及人类疾病。

【小　结】

转录在遗传信息的流动中起中介作用，转录和复制都是核苷酸聚合成核酸大分子的过程，有不少相似之处，但又各有特点。复制需全部保留和继承亲代的遗传信息，转录是活细胞生存所需的部分信息的表达，转录有不对称性。在双链 DNA 中，指导转录的模板链称为有意义链，相对的一股单链是编码链又称反意义链。催化 NTP 聚合为由 NMP 连成的 RNA 链需要 RNA 聚合酶。原核生物 RNA 聚合酶依其亚基组成不同而有核心酶和全酶之分。真核生物的 RNA 聚合酶 Ⅰ、Ⅱ、Ⅲ 分别转录不同的基因。RNA 聚合酶通过辨认和结合转录模板上有特征的序列而起始转录。原核生物转录起始点前有 −35 区和 −10 区供 RNA 聚合酶辨认和结合，转录的延长过程 DNA 双链只是局部地解开，形成一个小泡，产物 RNA 向外伸展，3′端一小段仍和模板链形成 DNA：RNA 杂化双链。已转录的 DNA 区段容易复合为双链，是由于 DNA 双链比 DNA：RNA 杂化链相对稳定。原核生物转录未结束，就可以开始翻译，原核生物的转录终止有依赖 ρ 因子和不依赖 ρ 因子两种模式，后者是靠 RNA 本身的茎环结构及随后的一串寡聚 U 而起终止转录的。

真核生物转录的初级产物需经过加工修饰。mRNA 由 hnRNA 加工而成，包括首尾修饰及剪接加工。内含子是非编码序列，通过剪接而除去，有编码功能的 mRNA 则是经剪接后由外显子串成。tRNA 的加工也需剪接过程。真核生物 rRNA 基因是丰富基因家族，转录生成的 45S-rRNA 剪接成为 5.8S、18S、28S 三种 rRNA。经过 RNA 编辑，扩展了原基因编码 mRNA 的功能。在研究 rRNA 的自我剪接加工中，发现了有催化功能的 RNA，即核酶。核酶的研究有重大理论价值和应用前景。

【思考题】

12-1　什么是不对称转录？

12-2　试说明 DNA 聚合酶、RNA 聚合酶催化不同的核酸生物合成作用有哪些共性。

12-3　原核生物与真核生物的 RNA 聚合作用有什么异同？

12-4　RNA 的加工过程主要有几种类型的反应？举例说明。

【拓展训练】

单项选择题

（1）除 RNA 复制外，属于 RNA 生物合成的还有（　　）。

　　A. 半保留复制　　B. 半不连续复制　　C. 不对称转录　　D. 反转录

　　E. 翻译

（2）真核细胞的转录发生在（　　）。

A. 细胞浆　　B. 内质网　　　　C. 线粒体　　　D. 细胞核

E. 核蛋白体

（3）转录的模板链是（　　）。

A. 编码链　　　　　　　　　　B. 前导链

C. DNA 的两条链　　　　　　　D. 基因组 DNA 中的一条链

E. 基因 DNA 中的一条链

（4）转录需要的原料为（　　）。

A. NMP　　　　B. NTP　　　　C. dNMP　　　　D. dNDP

E. dNTP

（5）转录需要的酶有（　　）。

A. 引物酶

B. 依赖 DNA 的 DNA 聚合酶（DDDP）

C. 依赖 DNA 的 RNA 聚合酶（DDRP）

D. 依赖 DNA 的 RNA 聚合酶（RDRP）

E. 依赖 RNA 的 RNA 聚合酶（RDRP）

（6）以下关于转录的概念，不正确的是（　　）。

A. 以 DNA 为模板合成 RNA 的过程

B. RNA 的生物合成过程叫做转录

C. 将染色体 DNA 分子中储存的遗传信息转为 RNA 碱基排列顺序的过程

D. 转录在遗传信息传递中起中介作用

E. 遗传信息的表达包括转录形成 RNA 及由 mRNA 指导的蛋白质生物合成

（7）以下有关转录叙述，不正确的是（　　）。

A. DNA 双链中指导 RNA 合成的链是模板链

B. DNA 双链中不指导 RNA 合成的链是编码链

C. 能转录出 RNA 的 DNA 序列称为结构基因

D. 染色体 DNA 双链中仅一条链可转录

E. 基因 DNA 双链中一条链可转录，另一条链不转录

（8）原核生物转录时识别起始位点的是（　　）。

A. α 亚基　　B. β 亚基　　　　C. β′亚基　　　　D. σ 因子

E. ρ 因子

（9）原核生物体内催化 RNA 延长的是（　　）。

A. σ 因子　　B. α、β 亚基　　C. α、β、β′亚基　　D. α_2、β、β′亚基

E. RNA-pol 全酶

（10）利福平（或利福霉素）抑制结核菌的机制是（　　）。

A. 抑制细胞 DNA 聚合酶　　　　B. 抑制细菌 DNA 聚合酶

C. 抑制细胞 RNA 聚合酶　　　　D. 抑制细菌 RNA 聚合酶

E. 抑制细菌蛋白质合成

【技能训练】

Northern 印迹杂交

〔实验目的〕

（1）了解甲醛变性凝胶电泳的方法。

（2）了解 Northern blotting 一般操作过程和基本原理。

〔实验原理〕

Northern 印迹杂交（Northern blotting）是一种将 RNA 从琼脂糖凝胶中转印到硝酸纤维素膜上后再进行核酸杂交检测的方法。杂交的过程分三部分，即样品 RNA 或 mRNA 经变性琼脂糖电泳分离，转印到硝酸纤维素膜或尼龙膜上，然后用 DNA 或 RNA 探针进行杂交。

Northern 印迹杂交中，要成功转印 RNA，RNA 分子在进样前必须用甲基氧化汞、乙二醛或甲醛使之变性。由于 RNA 变性后有利于在转印过程中与硝酸纤维素膜结合。而且，由于普通琼脂糖凝胶电泳中常使用的溴化乙锭影响 RNA 与硝酸纤维素膜的结合，所以在胶中不能加入作为显色剂。为测定片段大小，可在同一块胶上加分子量标准一同电泳，之后将分子量标准胶切下，染色、照相，样品胶则进行 Northern 转印。分子量标准胶上色的方法是在暗室中将其浸在含 $5\mu g/mL$ 溴化乙锭的 $0.1mol/L$ 醋酸铵中 10min。颜色在水中就可脱去。

将 RNA 从凝胶中转移到固体支持物上的方法主要有 3 种：虹吸转移法，电泳转移法，真空转移法。目前常用的还是虹吸转移法。

〔实验对象〕

样品 RNA 或 mRNA。

〔实验用品〕

（1）器材。电泳仪、电泳槽、真空烤箱、恒温水浴箱、凝胶成像系统、恒温摇床、脱色摇床、涡旋震荡器、微波炉、封口机、放射自显影盒、X 线片、杂交袋、硝酸纤维素滤膜或尼龙膜、微量移液器。

（2）试剂。

1）$10mg/mL$ 溴化乙锭（EB）、$0.1mol/L$ 醋酸铵。

2）$10\times$ MOPS 电泳缓冲液。$0.2mol/L$ 吗啉代丙烷磺酸（MOPS），$20mmol/L$ 醋酸钠，$10mmol/L$ EDTA，用 NaOH 调至 pH 7.0。

3）$5\times$ 上样缓冲液。50% 甘油，$1mmol/L$ EDTA，0.3% 溴酚蓝，0.3% 二甲苯蓝。

4）甲醛溶液。用去离子水配成 37% 浓度（$12.3mol/L$）。应在通风柜中操作，pH 高于 4.0。

5）样品变性缓冲液（$100\mu L$）：$64.6\mu L$ 甲酰胺（去离子），$22.6\mu L$ 甲醛和 $13\mu L$ $10\times$ MOPS 缓冲液。

6）$50\times$ Denhardt 溶液。5g Ficoll-40，5g PVP（聚乙烯吡咯烷酮），5g BSA 加水至 500mL，过滤除菌后于 $-20℃$ 储存。

7）$20\times$ SSC。$3mol/L$ NaCl，$0.3mol/L$ 枸橼酸钠，用 $1mol/L$ HCl 调节 pH 至 7.0。

8）预杂交液。5×SSC，5×Denhardt 溶液，1%SDS，100μg/mL 鲑鱼精子 DNA，50% 甲酰胺。

9）杂交液。预杂交液中加入变性探针即为杂交溶液。

10）50mmol/L NaOH（含 10mmol/L NaCl）。

11）20%SDS。

12）硝酸纤维素滤膜或尼龙膜、RNA 样品、DNA 探针或 RNA 探针（25ng）。

〔实验步骤〕

（1）甲醛变性凝胶电泳。

1）配置 1×电泳缓冲液。混匀 100mL 10×MOPS 和 180mL 甲醛，用 DEPC 处理水定容到 1L。

2）选择一个合适的样品孔形成器和相应的电泳槽，放置于 60℃预热。

3）将 7mL 10×MOPS 电泳缓冲液和 11.5mL 甲醛混匀，备用。

4）40mL 水中加 0.7g 琼脂糖，微波炉煮沸完全溶解后，恒温水浴冷却到 60℃，加入步骤 3 混合液，再用 DEPC 处理水定容至 70mL，混匀后倒入制胶槽，冷却凝固至少 1h。

5）样品制备。在 5μL 纯化的 RNA 样品（建议 RNA 的终浓度为 1μg/μL）中加入 3μL 样品变性缓冲液，加热到 65℃变性 10min，然后用冰迅速冷却，并加入 2μL 5×上样缓冲液，备用（离使用前不超过 15～30min）。

6）小心拔出样品孔形成器，倒入 1×电泳缓冲液，盖过胶面但不超过 4mm。

7）12000r/min 离心样品 5min，吸取样品并加入到上样孔中，上样体积一般为 10～20μL。同时将分子量标准加到旁边孔中，便于确定样品 RNA 的分子量。

注：上样后等待约 10min 再接通电源，可以获得好的电泳带。

8）以 7.5V/cm 电压，电泳 3～4h。电泳结束后，将分子量标准胶切下，将其浸在含 5μg/mL 溴化乙锭的 0.1mol/L 醋酸铵中 10min 上色、在凝胶成像系统中拍照。

注：电泳缓冲液可过滤到棕色瓶中重复使用，直至呈现淡黄色。

（2）利用虹吸把 RNA 从凝胶吸印到膜上。

1）用 DEPC 处理水洗涤样品凝胶 3 次，每次 10min，除去甲醛。然后用 50mmol/L NaOH（含 10mmol/L NaCl）泡凝胶 20min 水解高分子 RNA，以增强转印效果。

2）把样品凝胶和硝酸纤维素膜浸泡在转移缓冲液中（硝酸纤维膜用 20×SSC，尼龙膜用 10×SSC）3 次，每次 15min。膜的大小要求比胶长宽各多出 1mm。

3）安装转移装置，盘内倒入转移缓冲液（20×SSC）。缓冲液平面上做一平台，平台上铺一张较大的滤纸，使其两端浸入缓冲液中。

4）在滤纸表面倒入少许 20×SSC，将凝胶倒扣于滤纸上，小心赶除凝胶与滤纸间的气泡，凝胶四周用胶布粘贴或用塑料薄膜包裹以防缓冲液直接从凝胶周围上流（虹吸短路）。

5）用少许 20×SSC 浸没凝胶，置硝酸纤维素膜于凝胶上，确保凝胶与膜之间无气泡。用软铅笔标记面对凝胶的膜面。

6）在膜表面放三张与膜大小相似并预先用 20×SSC 浸泡的滤纸。

7）放一叠干燥吸水纸（印迹纸或纸巾）在滤纸表面（约 5～8cm 高）。

8）在吸水纸上放一玻璃板，并在玻璃板上置 0.75～1kg 重的物体。

9）转移进行 12 ~ 16h，其间换吸水纸 1 ~ 2 次，并确保槽内有足够的 20 × SSC（约 3L）。

10）转印后，小心拆卸印迹装置，将凝胶与滤膜一起转移到干燥滤纸上，凝胶在上，用软铅笔在膜上标记加样孔的位置，撕去凝胶。

11）以 20 × SSC 漂洗膜以去除琼脂糖残迹。

12）将硝酸纤维素膜放在两块干燥的滤纸之间，80℃干燥 0.5 ~ 2h。

13）此膜可用于杂交或 4℃保存，尼龙膜需要塑料袋密封。

（3）杂交。

1）用 6 × SSC 打湿转印完成的硝酸纤维素膜（含固定的 RNA）。

2）将浸湿的膜装入塑料袋中，塑料袋四周封口并剪去一角，标志正反面。

3）预热预杂交液至 42℃，经塑料袋开口处小心加入约 0.1mL/cm² 的预热的预杂交液，避免加入气泡，从塑料袋中挤压出所有气泡，密封塑料袋。

4）在 42℃水浴摇床中温育塑料袋 2 ~ 4h，或将塑料袋夹于两块玻璃板中置 42℃烤箱 2 ~ 4h，确保滤膜表面无气泡。

5）剪去杂交袋一角，将预杂交液倒入 15mL 或 50mL 的 Falcon 试管中，加入约 10 ~ 20ng/mL（DNA 或 RNA）探针，一般来说，$10^6 ~ 10^7$cpm/mL 已足够，轻轻混匀。用一次性塑料移液管将杂交液加入装有滤膜的塑料袋中。

6）置 95℃10min 使探针变性，立即置冰浴冷却 5min。

7）从塑料袋的开口处将气泡全部压出，用纸巾擦去流出的少许杂交液，小心封好袋口，避免液体漏出。必要的话，可将塑料袋套入另一个塑料袋内以防放射性污染。

8）在 42℃水浴摇床中温育 12 ~ 16h，或夹在两块玻璃板中置 42℃烤箱（或恒温水浴槽）温育 12 ~ 16h（DNA 探针 42℃或 RNA 探针 60℃）。

9）杂交完毕，打开塑料袋的一角，将杂交液倒入 15mL 或 50mL 的 Falcon 试管中。小心不要使放射性溶液溅出。

10）将塑料袋完全打开，用钝头镊将膜移至盘中以便清洗，立即用 2 × SSC（含 0.1% SDS）缓冲液漂洗，室温漂洗 3 次，每次 5min。

11）用预热 45℃的 0.2 × SSC（含 0.1% SDS）缓冲液漂洗 2 次，每次 20min。在更换缓冲液之间，应用盖革计数器检测滞留在印迹膜中心的放射性（低强度洗涤用室温漂洗 2 次，每次 5min；高强度洗涤用 68℃漂洗 2 次，每次 20min）。

12）再用 2 × SSC 室温漂洗 1 次后，把杂交膜放在一张滤纸上稍晾干后，将膜封在塑料袋内或用塑料薄膜包裹。

13）将杂交膜（包裹在塑料袋内，RNA 面朝上）放在 X 射线暗盒底部，胶片放在其上。为方便起见，可将增感屏固定在暗盒盖上，关闭暗盒，在 -70℃曝光 1 天 ~ 2 周。

14）将暗盒从冰箱内移出时，应有足够的时间（30min ~ 1h）使其温度调至室温。在暗室将胶片从暗盒取出，并在自动 X 线底片处理仪上冲洗，观察结果。

〔结果观察〕

（1）甲醛变性凝胶电泳后，观察电泳条带情况，并解释之。

（2）杂交显影后，观察结果，并与电泳条带对照，加以解释。

13　蛋白质的生物合成

【学习目标】
　　☆ 掌握 RNA 在蛋白质合成中的作用。
　　☆ 掌握肽链的延长过程。
　　☆ 熟悉蛋白质生物合成的原料。
　　☆ 熟悉翻译的起始及肽链合成的终止。
　　☆ 熟悉某些抗生素及干扰蛋白质生物合成的生物活性物质的作用机理。
　　☆ 了解高级结构的修饰。
　　☆ 了解蛋白质合成后的靶向运输。

【引导案例】
　　蛋白质是荷兰科学家格里特在 1838 年发现的。他观察到有生命的东西离开了蛋白质就不能生存。蛋白质是生物体内一种极重要的高分子有机物，占人体干重的 54%。蛋白质主要由氨基酸组成，因氨基酸的组合排列不同而组成各种类型的蛋白质。人体中估计有 10 万种以上的蛋白质。生命是物质运动的高级形式，这种运动方式是通过蛋白质来实现的，所以蛋白质有极其重要的生物学意义。人体的生长、发育、运动、遗传、繁殖等一切生命活动都离不开蛋白质。生命运动需要蛋白质，也离不开蛋白质。在生物学中，蛋白质被解释为是由氨基酸由肽键联接起来形成的多肽，然后由多肽连接起来形成的物质。通俗易懂些说，它就是构成人体组织器官的支架和主要物质，在人体生命活动中，起着重要作用，可以说没有蛋白质就没有生命活动的存在。每天的饮食中蛋白质主要存在于瘦肉、蛋类、豆类及鱼类中。
　　体内合成蛋白质的过程称为蛋白质的生物合成。蛋白质分子是由许多氨基酸组成的生物大分子，在不同的蛋白质分子中，氨基酸有着特定的排列顺序，这种特定的排列顺序是由编码蛋白质的遗传基因中的核苷酸排列顺序即碱基排列顺序决定的。在蛋白质生物合成过程中，基因的遗传信息通过转录从 DNA 转移到 mRNA 分子中，再由 mRNA 将这种遗传信息通过密码子表达为蛋白质分子中的氨基酸的排列顺序，使 mRNA 多核苷酸链中核苷酸的排列顺序转换为蛋白质多肽链中氨基酸的排列顺序。所以，人们把以 mRNA 为模板合成蛋白质的过程称为翻译（translation）。翻译过程分为起始、延长、终止三个阶段。翻译生成的多肽链，大部分需加工修饰成为有活性的蛋白质。

13.1　蛋白质生物合成体系

　　蛋白质生物合成过程十分复杂，涉及细胞内多种 RNA 和几十种蛋白质因子。参与蛋白质生物合成的原料是氨基酸，此外，还需 mRNA、tRNA 与核蛋白体、有关的酶、某些蛋白质因子与无机离子及 ATP、GTP 等参与，它们共同构成复杂的蛋白质生物合成体系。

13.1.1 合成原料

人体由 mRNA 编码的氨基酸共有 20 种，只有这些氨基酸能够作为人体蛋白质生物合成的直接原料。某些蛋白质分子还含有胱氨酸、羟脯氨酸、羟赖氨酸、γ-羧基谷氨酸等，这些特殊氨基酸是在肽链合成后的加工修饰过程中形成的。

13.1.2 三种 RNA 在蛋白质生物合成中的作用

13.1.2.1 mRNA 是合成蛋白质的直接模板

mRNA 是结构基因的转录产物，mRNA 以它分子中的碱基排列顺序携带从 DNA 传递来的遗传信息，作为蛋白质生物合成的直接模板，以指导蛋白质的生物合成。

A 遗传密码

mRNA 分子中的碱基顺序是如何决定多肽链中氨基酸的顺序呢？经过多年的研究证明是通过遗传密码来沟通的。在 mRNA 分子中，从 $5'→3'$ 方向，每三个相邻核苷酸组成的三联体，代表蛋白质生物合成时的某种氨基酸或其他信号，此三联体称为遗传密码（codon）。遗传密码是以三联体密码子的形式编码于 mRNA 分子中的核苷酸序列，它决定着所合成蛋白质中的氨基酸排列顺序。mRNA 分子的四种不同碱基即 A、G、C、U，可组成 $4^3 = 64$ 个不同的密码子，这些密码子不仅代表合成蛋白质的 20 种氨基酸，还决定翻译的起始与终止位置。64 种密码子中有 61 种分别为 20 种不同的氨基酸编码，其中，AUG 出现在 mRNA $5'$ 端起始部位时，它不仅代表甲硫氨酸，还作为蛋白质开始合成的信号；当 AUG 位于 mRNA 链中部时，仅作为甲硫氨酸的密码；UAA、UAG、UGA 这三种密码子不代表任何氨基酸，是蛋白质生物合成的三个终止密码，它们位于 mRNA $3'$ 端。1965 年科学家编制出了遗传密码表，见表 13-1。

表 13-1 遗传密码表

第一碱基 (5′末端)	第二碱基				第三碱基 (3′末端)
	U	C	A	G	
U	UUU 苯丙	UCU 丝	UAU 酪	UGU 半胱	U
	UUC 苯丙	UCC 丝	UAC 酪	UGC 半胱	C
	UUA 亮	UCA 丝	UAA 终止	UGA 终止	A
	UUG 亮	UCG 丝	UAG 终止	UGG 色	G
C	CUU 亮	CCU 脯	CAU 组	CGU 精	U
	CUC 亮	CCC 脯	CAC 组	CGC 精	C
	CUA 亮	CCA 脯	CAA 谷酰	CGA 精	A
	CUG 亮	CCG 脯	CAG 谷酰	CGG 精	G
A	AUU 异亮	ACU 苏	AAU 天酰	AGU 丝	U
	AUC 异亮	ACC 苏	AAC 天酰	AGC 丝	C
	AUA 异亮	ACA 苏	AAA 赖	AGA 精	A
	AUG[①] 甲硫	ACG 苏	AAG 赖	AGG 精	G

第一碱基 (5′末端)	第二碱基				第三碱基 (3′末端)
	U	C	A	G	
G	GUU 缬	GCU 丙	GAU 天	GGU 甘	U
	GUC 缬	GCC 丙	GAC 天	GGC 甘	C
	GUA 缬	GCA 丙	GAA 谷	GGA 甘	A
	GUG 缬	GCG 丙	GAG 谷	GGG 甘	G

① AUG 如位于启动部位时，还代表起始密码。

B　遗传密码的特点

遗传密码具有以下几种特点：

（1）方向性。一是指 mRNA 分子中三联体密码子内的三个核苷酸是按 5′→3′方向排列的，即第一个核苷酸在 mRNA 分子的 5′端，第三个核苷酸在 mRNA 分子的 3′端，如起始密码 AUG 的排列是 5′—AUG—3′，而不是 3′—AUG—5′。二是指在 mRNA 分子中，起始密码总是位于 5′端，终止密码总是位于 3′端，中间为信息区。所以，蛋白质的生物合成是沿 mRNA 分子的 5′→3′方向进行的。

（2）简并性。组成蛋白质的氨基酸共有 20 种，遗传密码共有 64 个，除三个终止密码外，还有 61 个密码子代表 20 种氨基酸，所以一种氨基酸可由一种或一种以上的密码编码，一般有 2～4 个密码编码，多的有 6 个密码。如 UUA、UUG、CUU、CUC、CUA 及 CUG 等 6 个密码子都编码亮氨酸。一种氨基酸有几个密码子，或者几个密码子代表一种氨基酸的现象称为密码的简并性。代表同一种氨基酸的几个密码子的一、二位碱基大多是相同的，只是第三位不同。例如 GCU、GCC、GCA、GCG 都是丙氨酸的密码子，这些密码子第三位碱基如出现点突变，并不影响所翻译的氨基酸的种类，使合成的蛋白质结构和生物学功能不变，减少突变的有害效应，有利于维持物种的稳定性。

（3）专一性。即一个密码子只编码一种氨基酸。如 GCU 只编码丙氨酸，CUA 只编码亮氨酸。

（4）连续性。遗传密码子的排列是连续的，无重叠无间隔。即两个密码子之间没有任何起标点符号作用的核苷酸加以隔开，需三个一组连续读下去。因此，要正确阅读密码必须按一定的读码框架从位于 5′-末端的起始密码 AUG 开始，一个不漏地挨着读下去，直至碰到终止密码为止。如果在读码框架中间插入或缺失核苷酸就可能会造成移码突变，引起突变位点下游翻译的氨基酸排列顺序完全改变。

（5）摆动性。多肽链合成时，tRNA 分子上的反密码子能通过碱基配对原则辨认 mRNA 分子上的密码子，使 tRNA 携带的各种氨基酸能在 mRNA 分子上准确地"对号入座"，如图 13-1 所示，保证各种氨基酸能按照 mRNA 的密码排列顺序合成多肽链。

在密码子与反密码子配对辨认中，有时会出现不完全遵循碱基配对原则的情况，称为遗传密码的摆动性或摆动现象。如除 A-U、G-C 可以配对外，U-G、I-U、I-C、I-A 等也可配对。这一现象常见于密码子的第三位碱基与反密码子的第一位碱基配对时，二者虽不严格互补，也能相互辨认。tRNA 分子组成的特点是有较多的稀有碱基，其中次黄嘌呤（Ⅰ）常出现于反密码子的第一位，其配对常出现摆动现象，见表 13-2。

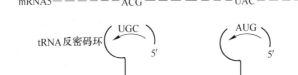

图 13-1 密码子与反密码子的配对辨认

表 13-2 密码子与反密码子配对的摆动现象

tRNA 反密码子第一位碱基	I	U	C
mRNA 密码子第三位碱基	A、C、U	A、G	C、G、U

（6）通用性。大量的事实证明，生物界从最简单的生物如病毒，直至人类，在蛋白质生物合成中都使用同一套遗传密码，这一特征称为遗传密码的通用性。即这套密码适用于所有不同属的生物体，也就是说遗传密码在很长的进化时期中保持不变。这说明生物界的生物体在进化过程中有共同起源。但最近发现动物细胞的线粒体和植物细胞的叶绿体中，有许多不同于通用密码。例如人线粒体中，UGA 不是终止密码，而是色氨酸的密码，AGA、AGG 不是精氨酸的密码子，而是终止密码等。

 科学典故

遗传密码的破译过程

基因密码的破译是 20 世纪 60 年代分子生物学最辉煌的成就。先后经历了 20 世纪 50 年代的数学推理阶段和 1961～1965 年的实验研究阶段。1954 年，物理学家 George Gamov 根据在 DNA 中存在四种核苷酸，在蛋白质中存在 20 种氨基酸的对应关系，做出如下数学推理：如果每一个核苷酸为一个氨基酸编码，只能决定 4 种氨基酸（$4^1=4$）；如果每两个核苷酸为一个氨基酸编码，可决定 16 种氨基酸（$4^2=16$）。上述两种情况编码的氨基酸数小于 20 种氨基酸，显然是不可能的。那么如果三个核苷酸为一个氨基酸编码的，可编 64 种氨基酸（$4^3=64$）；若四个核苷酸编码一个氨基酸，可编码 256 种氨基酸（$4^4=256$），以此类推。Gamov 认为只有 $4^3=64$ 这种关系是理想的，因为在有四种核苷酸条件下，64 是能满足于 20 种氨基酸编码的最小数。而 $4^4=256$ 以上。虽能保证 20 种氨基酸编码，但不符合生物体在亿万年进化过程中形成的和遵循的经济原则，因此认为四个以上核苷酸决定一个氨基酸也是不可能的。1961 年，Brenner 和 Grick 根据 DNA 链与蛋白质链的共线性（colinearity），首先肯定了三个核苷酸的推理。随后的实验研究证明上述假想是正确的。

13.1.2.2 tRNA 是氨基酸的运载工具

tRNA 在蛋白质生物合成中具有活化及转运氨基酸和辨认 mRNA 中密码子的作用。作为蛋白质合成原料的 20 种氨基酸各有其特定的 tRNA 运输，一种 tRNA 只能转运一种特定的氨基酸，而一种氨基酸可由数种 tRNA 来转运，所以细胞中有数十种 tRNA。在氨基酰-

tRNA 合成酶的催化下，由 ATP 供能，氨基酸通过共价键结合在 tRNA 氨基酸臂的 3′末端的 CCA—OH 上，形成氨基酰-tRNA 而运输。氨基酰-tRNA 既是氨基酸的运输形式，也是氨基酸的活化形式，氨基酸与 tRNA 结合生成氨基酰-tRNA 的过程称为氨基酸的活化。每种 tRNA 的反密码环顶端都有一组由三个核苷酸组成的反密码子（anticodon），它能与 mRNA 上的相应遗传密码通过碱基互补原则结合而辨认 mRNA 中的密码，使 tRNA 携带的各种氨基酸能在 mRNA 分子上准确地"对号入座"，保证各种氨基酸能按照 mRNA 的密码排列顺序合成多肽链。

13.1.2.3　rRNA 组成的核蛋白体是蛋白质合成的场所

rRNA 与几十种蛋白质组成核蛋白体。核蛋白体可分为两类：一类附着于粗面内质网，主要参与清蛋白、胰岛素等分泌性蛋白质的合成；另一类游离于胞液，主要参与细胞固有蛋白质的合成。

核蛋白体由大、小两个亚基组成。亚基中各含有不同的蛋白质和 rRNA，按一定的空间位置镶嵌成为细胞内显微镜下可见的大颗粒。翻译中的核蛋白体如图 13-2 所示。

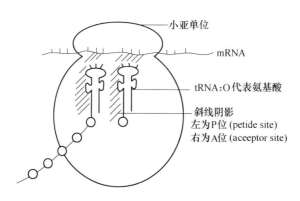

图 13-2　翻译过程中的核蛋白体

核蛋白体作为蛋白质的合成场所具有以下几个主要功能部位：

（1）mRNA 结合的部位，存在于小亚基上；（2）结合氨基酰-tRNA 的氨基酰基位（aminoacyl site）称 A 位，由大、小亚基蛋白质成分构成；（3）结合肽酰-tRNA 的肽酰基位（peptidyl site）称 P 位，由大、小亚基蛋白质成分构成；（4）在 A 位和 P 位的连接处还有结合转肽酶的部位，此酶能催化肽键的形成；（5）大亚基上还有结合起始因子、延长因子和释放因子的部位。在蛋白质生物合成时，核蛋白体沿着 mRNA 的 5′→3′方向移动，使氨基酸按 mRNA 上的遗传密码依次聚合为多肽链。

13.1.3　酶及其他成分

13.1.3.1　参与蛋白质合成的酶

蛋白质合成过程中起主要作用的酶是氨基酰-tRNA 合成酶、转肽酶及转位酶。

（1）氨基酰-tRNA 合成酶。在 ATP 供能的情况下，此酶催化特定的氨基酸与特异的 tRNA 结合，形成各种氨基酰-tRNA。该酶存在于胞液中，具有绝对专一性，每一种氨基酰-tRNA 合成酶只催化一种特定的氨基酸与其相应的 tRNA 结合。氨基酰-tRNA 合成酶是催化氨基酸活化的酶，活化反应由 ATP 提供能量，ATP 分解变成 AMP。此酶还具有校正活性，对反应过程中出现的错配加以更正。

（2）转肽酶。此酶存在于核蛋白体的大亚基上，它的作用是将 P 位上肽酰-tRNA 的肽酰基转移到 A 位上，并催化肽酰基的活化羧基与氨基酰的 α-氨基结合形成肽键，使肽酰基和氨基酰通过肽键相连。

（3）转位酶。催化核蛋白体向 mRNA 的 3′端移动一个密码子的距离，使下一个密码子定位于 A 位。

13.1.3.2 供能物质

氨基酸活化及肽链形成过程中需要 ATP 及 GTP 供能。

13.1.3.3 其他因子

在蛋白质合成过程中，除需要酶类的作用外，还需要多种重要的蛋白质因子的参与，如起始因子（initiation factor，IF）、延长因子（elongation factor，EF）、释放因子（release factor，RF）又称终止因子。真核生物的各阶段所需因子冠以小 e 字母，如 eIF。起始因子参与翻译起始复合物的形成；延长因子参与肽链的延长；释放因子参与蛋白质合成的终止。

13.1.3.4 无机离子

在蛋白质合成的各阶段还有某些无机离子（如 Mg^{2+}、K^+ 等）参与反应。

13.2　肽链生物合成过程

蛋白质的生物合成是一系列酶促反应的连续过程，其基本过程是把许多氨基酸分子连接成多肽链。包括氨基酸的活化与转运、核蛋白体循环与翻译后的加工修饰等过程才能形成有生物活性的蛋白质。氨基酸的活化与转运前已叙述，本节主要介绍核蛋白体循环。

核蛋白体循环是蛋白质生物合成的中心环节，分为多肽链合成的起始、延长和终止三个阶段。具体步骤在原核生物和真核生物中有所不同，现以原核生物为例分述如下。

13.2.1　肽链合成起始

在起始因子（IF-1、IF-2、IF-3）、GTP 和 Mg^{2+} 的参与下，在 mRNA 的 5′末端起始密码 AUG 处，由 mRNA、核蛋白体大、小亚基及甲酰甲硫氨酰-tRNA 结合在一起，形成翻译起始复合体，如图 13-3 所示。具体步骤如下：

（1）核蛋白体亚基的解离。翻译过程是在核蛋白体上连续进行的。翻译开始时，IF-3 与 IF-1 作用于核蛋白体，使大小亚基解离，准备 mRNA 和起始氨基酰-tRNA 与小亚基的结合。

（2）mRNA 在核蛋白体小亚基上就位。在 IF-3 和 IF-1 的作用下，核蛋白体小亚基与 mRNA 的起动部位结合。mRNA 在核蛋白体小亚基上准确的定位结合涉及两种机制：1）在 mRNA 起始密码 AUG 上游方向 10 个碱基左右处，有一段富含嘌呤碱基称为 SD 序列。在小亚基的 16S-rRNA 3′端有一段富含嘧啶的序列，能与 SD 序列互补结合，mRNA 在这对互补序列指导下，进入核蛋白体小亚基并与之结合；2）mRNA 上紧接 SD 序列后的小核苷酸序列，可被核蛋白体小亚基蛋白识别并结合。通过上述两种机制，mRNA 序列上的起始 AUG 即可在核蛋白体小亚基上准确定位而形成复合体。

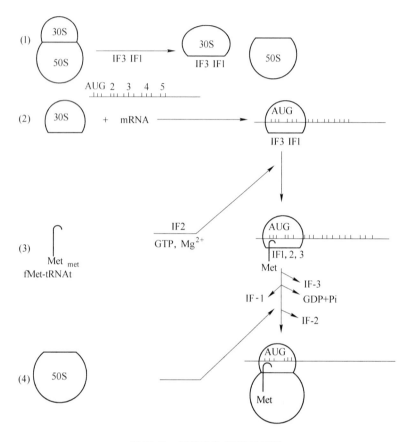

图 13-3　原核生物翻译的起始

（3）甲酰甲硫氨酰-tRNA 的结合。这个过程和 mRNA 在核蛋白体小亚基上就位同时发生，甲酰甲硫氨酰-tRNA 只能辨认并结合于 mRNA 的起始密码 AUG 上。IF-2 有助于这种结合。GTP 亦结合到复合体中。

（4）核蛋白体大亚基的结合。由 GTP 分解供能，核蛋白体大亚基与已有 mRNA 和甲酰甲硫氨酰-tRNA 的小亚基复合体结合，并释放出起始因子，形成翻译起始复合体。此时，甲酰甲硫氨酰-tRNA 的反密码 CAU 与 mRNA 的起始密码 AUG 互补并结合，处于大亚基的 P 位，mRNA 的第二个密码暴露在核蛋白体的 A 位，为下一个氨基酰-tRNA 的进位做好了准备。

13.2.2　肽链合成延长

翻译起始复合物形成后，即对 mRNA 链上的遗传信息进行连续翻译，使肽链合成并延长。这一阶段是在核蛋白体上连续循环进行的，所以又称核蛋白体循环。每次核蛋白体循环，使肽链延长一个氨基酸，包括进位、成肽和转位三个步骤。广义的核蛋白体循环是指翻译的全过程，如图 13-4 所示。

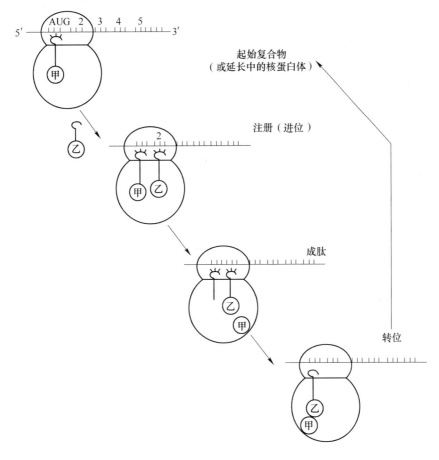

图 13-4　翻译的延长

（1）进位。进位也称注册，指氨基酰-tRNA 根据遗传密码的指引，进入核蛋白体 A 位，是 tRNA 携带的氨基酸对号入座的过程。在翻译起始复合物中，核蛋白体大亚基 A 位是空的，与核蛋白体大亚基 A 位相对应的 mRNA 分子中的密码，可被胞液中相应的氨基酰-tRNA 分子中的反密码通过碱基互补识别，并进入核蛋白体大亚基的 A 位与之结合。此步骤需要 EF-T、GTP 和 Mg^{2+} 参与。

（2）成肽。在核蛋白体大亚基的转肽酶催化下，P 位上由 tRNA 携带的甲酰甲硫氨酰基（肽酰基）转移到 A 位，与新进入 A 位的氨基酰-tRNA 上的氨基酰基之间形成肽键连接，在核蛋白体 A 位上形成二肽酰-tRNA（肽酰-tRNA）。肽键是在甲硫氨酰基（肽酰基）活化的羧基与氨基酰基的氨基之间形成的。此时 P 位上空载的 tRNA 从核蛋白体上脱落下来。

（3）转位。在 EF-G、GTP 和 Mg^{2+} 参与下，核蛋白体沿 mRNA 的 5′→3′方向移动相当一个密码的距离，使二肽酰-tRNA（肽酰-tRNA）从 A 位移到 P 位。

此时空出来的 A 位又对应着 mRNA 的下一个密码，位于胞液中的氨基酰-tRNA 的反密码又可通过碱基互补识别这个密码，而进入核蛋白体的 A 位即进位，然后又由转肽酶催化进行成肽、成肽后又进行转位。如此，使肽酰-tRNA 上的肽酰基又增加一个氨基酸单位。可见进位、成肽、转位反复进行，多肽链就按 mRNA 上密码顺序不断从 N 端向 C 端延长。

13.2.3　肽链合成终止

核蛋白体不断移位后，当 mRNA 在 A 位上对应的位置出现终止密码（UAA、UAG、UGA）时，没有氨基酰-tRNA 能够进入，只有释放因子（RF）能识别终止密码而进入 A 位与之结合，释放因子与核蛋白体结合后，导致转肽酶变构，活性发生改变，使转肽酶的转肽作用变为水解作用，催化肽酰-tRNA 上的酯键水解断裂，多肽链从核蛋白体中释放出来。在释放因子作用下，tRNA、mRNA 及 RF 均从核蛋白体脱落，这一阶段需一分子 GTP 提供能量，如图 13-5 所示。

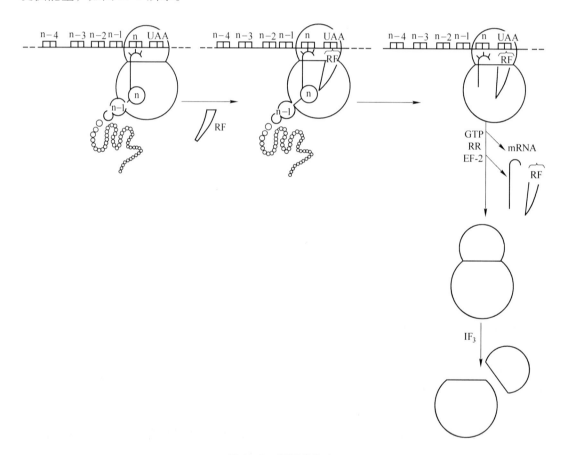

图 13-5　翻译的终止

蛋白质的生物合成是一个耗能的过程，多肽链中每增加一个氨基酸单位要消耗 4 个高能磷酸键。其中，每一分子氨基酸活化消耗 2 个高能磷酸键（ATP 水解成 AMP），进位和移位各消耗一个高能磷酸键（GTP 转变为 GDP）。另外，起始阶段与终止阶段也要消耗 GTP。故蛋白质合成需要大量能量。婴幼儿、恢复期病人体内蛋白质合成旺盛，应供给大量的能量，以利于体内蛋白质的合成。

上述过程只是单个核蛋白体的翻译过程，实际上细胞内合成多肽链时常以多个核蛋白体相隔一定距离结合在同一条 mRNA 模板上，呈串珠状排列，各自进行翻译，形成多核蛋白体循环。蛋白质开始合成时，第一个核蛋白体在 mRNA 的起始部位结合，然后核蛋白体向 mRNA 的 3′末端移动一定距离后，第二个核蛋白体又在 mRNA 的起始部位结合，再向前移动一定的距离后，在起始部位又结合第三个核蛋白体，依次下去，直至终止。两个核蛋白体之间有一定的长度间隔，每个核蛋白体都独立完成一条多肽链的合成，所以，在一条 mRNA 链上可以同时合成多条相同的多肽链，这就大大提高了翻译的效率，使 mRNA 得到充分利用。多核蛋白体的数目，因模板 mRNA 的大小而不同，可由数个到数十个不等，甚至可多到几百个，例如血红蛋白的多肽链 mRNA 编码区有 450 个核苷酸组成，长约 150nm，上面串联有 5~6 个核蛋白体。而合成肌红蛋白的 mRNA 上同时结合的核蛋白体可有 50~60 个。

13.3 蛋白质翻译后加工和输送

13.3.1 蛋白质翻译后的加工

以 mRNA 为模板合成的多肽链，还需经过一定的加工修饰后，才能成为具有生物学活性的蛋白质。对于大多数蛋白质来说多肽链翻译后还要进行下列不同方式的加工修饰才具有生物学功能。

13.3.1.1 水解剪裁作用

（1）切除 N-甲酰基或 N-甲硫氨酸。翻译过程中，原核和真核生物 N 端分别以甲酰甲硫氨酰-tRNA 或甲硫氨酰-tRNA 作为第一个注册起始物。但天然蛋白质大多数不以甲硫氨酸为 N 端的第一位氨基酸，说明在肽链合成过程中或合成后，细胞内的脱甲酰基酶或氨基肽酶可以除去 N-甲酰基、N-甲硫氨酸。

（2）切除 N-末端的信号肽。成熟蛋白质并无信号肽，在肽链合成过程中信号肽被水解除去。

（3）在细胞内外的进一步剪切。有些蛋白质合成后，其前体需在细胞内外进一步水解除去部分肽段后，才能转变成具有生物活性的蛋白质。如血浆清蛋白在肝细胞合成后，形成的是无活性的清蛋白原，它需在细胞内进一步水解除去 N-末端的 5~6 个氨基酸残基后，才能成为有活性的清蛋白；又如，胰腺细胞合成的胰蛋白酶原，需在肠腔中水解掉 N-末端的一个 6 肽才形成有活性的胰蛋白酶。

13.3.1.2 肽链中氨基酸侧链的共价修饰

许多蛋白质的化学基团可以进行不同类型的共价修饰，修饰后可以表现为激活状态，也可以表现为失活状态。在某些氨基酸残基上可发生磷酸化、甲基化、乙酰基化、羟基化等化学修饰，如胶原蛋白中含有的羟脯氨酸和羟赖氨酸。这两种氨基酸并无遗传密码，是多肽链合成后脯氨酸、赖氨酸残基羟化生成的。

13.3.1.3 二硫键的形成

mRNA 上没有胱氨酸的密码子，多肽链内或肽链之间的二硫键，是在肽链合成后，通过两个半胱氨酸的巯基（—SH）氧化而形成的，二硫键的形成对于许多酶和蛋白质的活性是必需的。

13.3.1.4　亚基的聚合与辅基的连接

（1）亚基的聚合。具有四级结构的蛋白质是由两个或两个以上亚基通过非共价键聚合构成的多聚体，此聚合过程发生在翻译后。例如成人 Hbα 亚基、β 亚基聚合。

（2）辅基的连接。结合蛋白质是由多肽链和辅基组成的，多肽链合成后再与辅基之间相互连接才能有生物活性。例如糖蛋白中蛋白的糖基化是在多肽链合成后，在内质网及高尔基复合体中进行糖基化的。

13.3.2　蛋白质的靶向输送

蛋白质合成后，有的留在胞质或内质网中，有的则被输送到细胞核、线粒体、溶酶体、高尔基体等部位。大多数情况下，被输送的蛋白质分子需穿过膜性结构，才能送到特定场所。蛋白质被准确无误的定向输送到其执行功能的场所称为靶向输送。这是由多肽链中的信号肽和相应的靶膜或靶细胞器上的信号肽受体来完成的。分泌型蛋白质的定向输送时，多肽链中的信号肽被胞液中的信号肽识别粒子识别并特异结合，然后再通过信号肽识别粒子与膜上的对接蛋白识别并结合后，将所携带的蛋白质输送到功能场所。

信号肽是在多肽链氨基末端合成的一段大约 15 ~ 30 个以疏水氨基酸残基为主的氨基酸序列。信号肽可引导合成的多肽链穿过内质网或各种膜结构。

　**科学典故**

信　号　肽

信号肽是引导新合成的蛋白质向分泌通路转移的短（长度 5 ~ 30 个氨基酸）肽链。常指新合成多肽链中用于指导蛋白质的跨膜转移（定位）的 N-末端的氨基酸序列（有时不一定在 N 端）。在起始密码子后，有一段编码疏水性氨基酸序列的 RNA 区域，该氨基酸序列就被称为信号肽序列，它负责把蛋白质引导到细胞含不同膜结构的亚细胞器内。

1972 年 Milstein 等发现免疫球蛋白 IgG 轻链的前体要比成熟的 IG 在 N-端多 20 个氨基酸。他们推测这 20 个氨基酸可能和其通过 ER 进而分泌有关。美国 Bloble 实验室完成三项重要的实验支持了以上推测：（1）将 IgG 的 mRNA 在无细胞系统中，以游离核糖体外合成时产生的蛋白是 IgG 的前体；若在无信号肽细胞系统中加入狗胰细胞的 RER，就能产生 IgG 成熟蛋白。成熟的 IgG 轻链蛋白和前体蛋白相差的 20 个 aa 是疏水性很强的氨基酸。（2）加入蛋白水解酶不能使正在合成的 IgG 水解，而同时加入去垢剂就可以使其水解。由于蛋白酶只能作用于游离的蛋白而不能作用与膜结合的蛋白，所以表明 IgG 合成可能和 RER 的膜是结合的，而用去垢剂可将其和膜分离才得以水解。（3）用去垢剂处理骨髓瘤后所获得的多核糖体与膜分离，然后在离体的条件下继续进行新生肽的合成。经短时温育得到的是成熟的 IgG，而长时温育得到的是前体 IgG，此表明 mRNA 5′端核糖体上合成的新生肽尚未来得及加工，而在 3′端核糖体上合成的新生肽在核糖体未分离前已部分进入 RER，经过了加工，切除了 N-端的部分。在以上实验的基础上 Bloble 和 Dobberstin（1975）提出了信号假设（signalhypothesis），认为分泌蛋白 N-端有一段信号肽，当新生肽长约 50~70aa 后，信号肽从核糖体的大亚基中露出，立即被 RER 膜上的受体识别并与之结合。在信号肽越膜进入 RER 内腔后被信号肽酶水解。正在合成的新生肽随着信号肽通过 RER 膜上的蛋白孔道穿过脂双层进入 RER 腔内。这一假设经过多年的继续研究又有了新的发展，但基本观点仍是正确的。Bloble 因这项成就而荣获了 1999 年度诺贝尔生理学或医学奖。

13.4　蛋白质合成的干扰和抑制

蛋白质是生命的物质基础，蛋白质的生物合成与遗传、分化、免疫、生长、物质代谢、肿瘤发生及某些药物的作用都有密切关系。当蛋白质合成障碍时，生命活动也会受到严重影响而引起各种疾病，影响蛋白质生物合成的因素很多，这里主要讨论抑制蛋白质合成过程的阻断剂。

13.4.1　抗生素

抗生素（antibiotics）是能够杀灭或抑制细菌的一类药物，它们可以作用于蛋白质合成的各个环节，包括抑制起始因子、延长因子及核蛋白体的作用等。

（1）四环素（tetracyclin）族。包括四环素、金霉素、土霉素等，能与原核生物核蛋白体的小亚基结合，从而阻止氨基酰-tRNA 与小亚基结合，抑制细菌的蛋白质生物合成。

（2）链霉素（streptomycin）和卡那霉素（karamycin）。能与原核生物核蛋白体小亚基结合，引起核蛋白体构象变化，使密码子与反密码子结合松弛，导致读码错误而合成错误蛋白质，结核杆菌对这两种抗生素敏感。

（3）氯霉素（chloromycetin）。能与原核生物核蛋白体大亚基结合，抑制转肽酶活性，阻断翻译延长过程。高浓度时，对真核生物线粒体内的蛋白质合成有阻断作用。

（4）嘌呤霉素（puromycin）。其结构与氨基酰-tRNA（特别是酪氨酰-tRNA）相似，可取代一些氨基酰-tRNA 进入核蛋白体的 A 位，当延长中的肽转入此异常 A 位时，容易脱落下来，使肽链合成提前终止。此种抗生素对原核及真核生物都有相同作用，难用作抗菌药，有人试用于抗肿瘤。

由于真核生物和原核生物蛋白质生物合成相类似，但又有差别使得抗生素对细菌和哺乳动物蛋白质的生物合成的影响也有不同。如红霉素、链霉素、氯霉素、螺旋霉素等与细菌的核蛋白体有特异的结合力，而与哺乳动物细胞的核蛋白体不易结合，因而有抗菌作用但不影响哺乳动物的蛋白质合成。

13.4.2　干扰素对蛋白质合成的影响

干扰素是宿主受病毒感染后，由细胞合成并分泌的一类小分子糖蛋白。干扰素可阻断病毒蛋白质的合成，而抑制病毒的繁殖，保护宿主。其作用机制包括两个方面：一是干扰素在双链 RNA（如 RNA 病毒）存在下，诱导一种蛋白激酶，该蛋白激酶使 eIF2 磷酸化而失去起始作用，由此阻断病毒蛋白质合成；二是干扰素诱导活化称为 RNaseL 的核酸内切酶，该内切酶降解病毒 mRNA，从而抑制病毒蛋白质合成。除了抗病毒作用外，干扰素还可以调节细胞生长分化，激活免疫系统，所以干扰素在临床上应用广泛。现在已能用基因工程技术生产各种干扰素。

【小　结】

蛋白质分子是由一个个氨基酸通过肽键连接起来的，在细胞内这种连接必须依靠核蛋白体循环来完成。mRNA 携带合成蛋白质分子中氨基酸排列顺序的遗传信息。这是由 mRNA 每 3 个相邻碱基组成一个遗传密码来体现的，遗传密码共有 64 个。其中 UAA、UAG、UGA 代表终止信号；AUG 不仅代表起始信号，还代表甲硫氨酸；其余的密码均代表氨基酸的信息。tRNA 携带特异的氨基酸，同时它的反密码子可识别 mRNA 上的密码子，核蛋白体 A 位上的氨基酰基和 P 位上的肽酰基在转肽酶的作用下形成肽键。

氨基酸在合成蛋白质前要经活化形成氨基酰-tRNA，这就是氨基酸的活化。肽链合成分为起始、延长、终止三个阶段。原核生物起始阶段由甲酰甲硫氨酰-tRNA、mRNA 和核蛋白体大、小亚基构成翻译起始复合体。延长阶段包括进位、成肽和转位三个步骤，重复这三个步骤使肽链不断延长。终止阶段，在终止因子参与下，转肽酶将合成的肽链水解离开核蛋白体，核蛋白体也从 mRNA 脱落，重新进入又一个循环，蛋白质合成时，在一条 mRNA 链上，可同时结合着多个核蛋白体，同时合成相同的多条肽链。

合成的多肽链，需经加工修饰后，才能成为具有生物学活性的蛋白质。加工修饰过程包括水解、加入辅基、进行羟化、形成二硫键等等。多聚体构成的蛋白质还要经过聚合过程。

蛋白质合成的阻断剂很多，作用部位也各不相同，利用这些理论，对于研制各种抗生素有重要意义。

【思考题】

13-1　参与蛋白质生物合成体系的组分有哪些，它们具有什么功能？

13-2　遗传密码有什么特点？

13-3　简述三种 RNA 在蛋白质合成中的作用。

13-4　简述蛋白质生物合成过程。

【拓展训练】

单项选择题

（1）关于密码子的描述正确的是（　　　）。

    A. 遗传密码的阅读方向为 N-端→C-端

    B. 密码子与反密码子遵守严格的碱基配对原则

    C. 密码子的第 3 位碱基决定编码氨基酸的特异性

    D. 密码子的简并性降低了基因突变的效应

    E. 亮氨酸有 5 个密码子

（2）核蛋白体小亚基的主要功能是（　　　）。

    A. 结合模板 mRNA　　　　　　　　　B. 具有转位酶活性

    C. 提供结合氨基酰-tRNA 的部位　　　D. 提供结合肽酰-tRNA 的部位

    E. 具有酯酶活性

（3）翻译的起始密码子是（　　　）。
　　A. UAA　　　　　B. UAG　　　　　C. UGA　　　　　D. ATG
　　E. AUG

（4）蛋白质生物合成过程中氨基酸活化的专一性取决于（　　　）。
　　A. 密码子　　　　B. mRNA　　　　C. 核蛋白体
　　D. 氨基酰-tRNA 合成酶　　　　　E. 转肽酶

（5）氨基酰-tRNA 的合成需要（　　　）。
　　A. ATP　　　　　B. UTP　　　　　C. GTP　　　　　D. CTP
　　E. TTP

（6）关于氨基酰-tRNA 合成酶的描述，错误的是（　　　）。
　　A. 特异性高　　　　　　　　　B. 能催化氨基酸的 α 羧基活化
　　C. 需要 ATP 供能　　　　　　D. 存在于胞液
　　E. 是核蛋白体大亚基的组分之一

（7）蛋白质生物合成的直接模板是（　　　）。
　　A. DNA 编码链　　　　　　　B. DNA 有意义链
　　C. mRNA　　　　　　　　　　D. rRNA
　　E. tRNA

（8）关于原核生物 mRNA 的描述，正确的是（　　　）。
　　A. 带有一种蛋白质的编码信息　　B. 必须经过剪接才能起模板作用
　　C. 可编码多种蛋白质　　　　　　D. PolyA 尾巴较短
　　E. 包含有内含子和外显子

（9）遗传密码的简并性是指（　　　）。
　　A. 1 种氨基酸可能有 2 个以上的密码子
　　B. 2 个密码子可以缩合形成 1 个密码子
　　C. 所有的氨基酸均有多个密码子
　　D. 同一密码子可以代表不同的氨基酸
　　E. 1 种氨基酸只有 1 个密码子

（10）对应于 mRNA 密码子 5′CGA3′ 的 tRNA 反密码子是（　　　）。
　　A. 5′GCU3′　　　B. 5′UCG3′　　　　C. 5′CCA3′　　　D. 5′UCU3′
　　E. 5′ACU3′

【技能训练】

Western 印迹杂交

〔实验目的〕
　　通过本实验了解掌握 Western 印迹的原理以及操作过程。

〔实验原理〕
　　Western Blot 与 Southern 印迹杂交或 Northern 杂交方法类似，但 Western Blot 采用的是

聚丙烯酰胺凝胶电泳，被检测物是蛋白质，"探针"是抗体，"显色"用标记的二抗。经过 PAGE 分离的蛋白质样品，转移到固相载体（例如硝酸纤维素膜 NC 膜）上，固相载体以非共价键形式吸附蛋白质，且能保持电泳分离的多肽类型及其生物学活性不变。以固相载体上的蛋白质或多肽作为抗原，与对应的抗体起免疫反应，再与酶或同位素标记的第二抗体起反应，经过底物显色或放射自显影以检测电泳分离的特异性目的基因表达的蛋白成分。

〔实验对象〕

　　样品蛋白质。

〔实验用品〕

　　（1）器材。DYY-Ⅲ7B 型转移电泳仪、DYY-Ⅲ40B 型转移电泳槽、作酶染的有机条槽、硝酸纤维素薄膜（NC 膜）、搪瓷盘（平底）、滤纸、铅笔、米尺、刀片。

　　（2）试剂。

　　1）电极缓冲液（pH8.3）。Tris（25mmol/L）3.03g、甘氨酸（192mmol/L）14.4g、甲醇（20%）200mL、加 dH$_2$O 至 1000mL，用 1mol/L HCl 调 pH 至 8.3。

　　2）TBS（pH7.4）。Tris 1.2g、NaCl 8.0g、加 dH$_2$O 至 1000mL，用 1mol/L HCl 调 pH 至 7.4。

　　3）洗涤液 TBS-T。TBS 100mL；吐温-20（T）0.05mL。

　　4）封闭液及样品稀释液。洗涤液 10mL；牛血清清蛋白 0.1g。

　　5）底物溶液（新鲜配制）。四氯-1-萘酚 30mg、甲醇 10mL、先将四氯-1-萘酚溶解在甲醇中，待其充分溶解后，再加入 TBS 液 50mL。临用前加 30% 过氧化氢 30μL。

　　6）氨基黑染色液。0.1% 氨基黑 10B 0.2g、45% 甲醇 90mL、10% 冰醋酸 20mL、加 dH$_2$O 至 200mL。

〔实验步骤〕

　　（1）将醋酸纤维素膜加样梳，铅笔标记，与 SDS-PAGE 凝胶的大小一样；再将大小相同的 6 张滤纸和海绵一同浸泡在电极缓冲液中 30～60min。

　　（2）将电泳完毕后的 SDS-PAGE 凝胶取下，放入缓冲液内平衡 10min，在缓冲液中按以下顺序从正极到负极铺于凝胶夹上：凝胶夹板→海绵→三层滤纸→NC 膜→PAGE 凝胶块→三层滤纸→海绵→凝胶夹板（此过程应避免气泡产生），夹紧"凝胶三明治"插入电泳槽，灌满缓冲液。

　　（3）电转移将 NC 膜端接正极，凝胶面接负极，打开电源，预置电压 70V，电流 135mA，转移 1.5h 左右。

　　（4）电转移结束后，凝胶块可用考马斯亮蓝 R-250 染色（同 SDS-PAGE），观察转移效果。NC 膜则用洗涤液洗后低温干燥保存，或立即进行蛋白质检测。

　　（5）蛋白质测定。

　　1）直接染色法。为了更快地了解蛋白带是否已移到 NC 膜上，可切下一条已知蛋白带（如蛋白质分子量标准、人血清、BSA 等），用氨基黑 10B 直接染色，以观察蛋白质是否已完全转移和凝胶与 NC 膜的位置。

　　2）间接酶免疫染色法。

　　①将其余的 NC 膜按标记切成数条，使每一条 NC 膜上含有一份样本，将 NC 膜用

dH$_2$O 洗 5min，加入封闭液封闭 NC 膜，37℃ 水浴 1h 后，倒掉封闭液。用 dH$_2$O 洗 5min。

② 将 NC 膜与合适浓度的第一抗体 37℃ 孵育 1h。

③ 将 NC 膜与合适浓度的第二抗体（酶标记过的）37℃ 孵育 1h。洗涤：用 dH$_2$O 洗 5min；2 × TBS-T 10min。

④ 加入底物溶液，37℃ 15～30min 显色。

⑤ 蛋白带清晰后，用自来水冲洗 NC 膜，夹于双层滤纸中风干保存。

〔结果观察〕

（1）聚丙烯酰胺凝胶电泳后，观察电泳条带情况，并解释之。

（2）观察底物显色或放射自显影条带，并和电泳结果比较，加以解释。

14 微生物主要类群及其形态结构

【学习目标】

☆ 掌握微生物的分类。

☆ 熟悉细菌的形态和大小。

☆ 熟悉酵母菌的形态和大小。

☆ 熟悉霉菌的形态和构造。

☆ 了解发酵工业中常用的细菌、酵母和霉菌。

【引导案例】

中国是世界上最早的酿酒国家之一，对世界酿酒业的发展做出了杰出的贡献。特别是人民发明的制曲技术和"复试发酵法"，被西方学者认为可以与指南针、活字印刷、造纸术和火药等四大发明相提并论，现已被世界科技发展史所记载。制曲技术和"复试发酵法"是中国劳动人民集体智慧的结晶，体现了中国人民的聪明才华，是中华民族的骄傲。

14.1 微生物的分类

微生物根据其不同的进化水平和性状上的明显差别可分为原核微生物、真核微生物和非细胞微生物三大类群。

原核微生物指一大类细胞核无核膜包裹，只存在称作核区的裸 DNA 的原始单细胞生物。原核微生物主要有六类，即细菌、放线菌、蓝细菌、支原体、衣原体和立克次氏体。

真核微生物有发育完好的细胞核，核内有核仁和染色质。有核膜将细胞核和细胞质分开，使两者有明显的界线。有高度分化的细胞器，如染色体、中心体、高尔基体、内质网、溶酶体和叶绿体等。进行有丝分裂。真核微生物包括除蓝藻以外的藻类、酵母菌、霉菌、原生动物、微型后生动物等。

非细胞型微生物仅有一种核酸类型，即由 DNA 或 RNA 构成核心，外披蛋白质衣壳，有的甚至仅有一种核酸不含蛋白质，或仅含蛋白质而没有核酸。非细胞型微生物包括病毒和亚病毒，后者又包括类病毒、拟病毒和朊病毒。

14.2 细 菌

细菌是一类细胞细短（细胞直径约 $0.5\mu m$，长度约 $0.5\sim5\mu m$）、结构简单、胞壁坚韧、多以二分裂方式繁殖和水生性较强的原核生物。

14.2.1　细菌的形态和大小

14.2.1.1　形态和染色

细菌的形态十分简单，基本上只有球状、杆状和螺旋状球状、杆状和螺旋状三大类。

球菌（coccus）根据其相互联结的形式又可分单球菌、双球菌、四联球菌、八叠球菌、链球菌和葡萄球菌等。球菌的大小以直径表示。

杆菌（bacillus）呈杆状或圆柱形，径长比不同，短粗或细长。是细菌中种类最多的。杆菌的大小以宽×长表示。

螺旋菌（spirilla）若螺旋不满一环则称为弧菌（vibrio），满 2 ~ 6 环的小型、坚硬环的螺旋状细菌可称为螺菌（spirillum），而旋转周数在 6 环以上、体大而柔软的螺旋状细菌则称螺旋体（spirochaeta）。

在自然界所存在的细菌中，杆菌最为常见，球菌次之，而螺旋状的最少。细菌形态不是一成不变的，受环境条件影响（如温度、培养基浓度及组成、菌龄等），一般幼龄、生长条件适宜，形状正常、整齐。老龄则不正常呈异常形态。畸形主要由于理化因素刺激，阻碍细胞发育引起。衰颓形则由于培养时间长，细胞衰老，营养缺乏，或排泄物积累过由于培养时间长，细胞衰老，营养缺乏，或排泄物积累过多引起。

由于细菌的细胞极其微小又十分透明，因此用水浸片或悬滴观察法在光学显微镜下进行观察时，只能看到其大体形态和运动情况。若要在光学显微镜下观察其细致形态和主要构造，一般都要对它们进行染色。主要有以下三种染色方法：

（1）单染法：用一种染料进行染色，与未染微生物相区分。

（2）复染法：用两种或两种以上染料进行染色。

（3）负染法：背景染色的方法，一般用于荚膜的观察。

在各种染色法中，以革兰氏染色法最为重要。该染色法由丹麦医生 C. Gram 于 1884 年创立，故名。其简要操作分初染、媒染、脱色和复染四步。通过革兰氏染色，可把几乎所有的细菌都分成革兰氏阳性菌与革兰氏阴性菌两个大类，因此它是分类鉴定菌种时的重要指标。又由于这两大类细菌在细胞结构、成分、形态、生理、生化、遗传、免疫、生态和药物敏感性等方面都呈现出明显的差异，因此任何细菌只要先通过很简单的革兰氏染色，即可提供不少其他重要的生物学特性方面的信息。革兰氏染色反应的机制与细菌细胞壁的成分和构造密切相关。

14.2.1.2　细菌大小

量度细菌大小的单位是 μm（微米，即 $10^{-6}m$），量度其亚细胞构造则要用 nm（纳米，即 $10^{-9}m$）作单位。常用显微测微尺进行测量。球菌直径多介于 $0.5 ~ 1\mu m$；杆菌直径 $0.5 ~ 1\mu m$，长为直径的 1 至几倍；螺旋菌直径 $0.3 ~ 1\mu m$，长 $1 ~ 50\mu m$。细菌大小也不是一成不变的。细胞重量则介于 $10^{-13} ~ 10^{-12}g/$个。

14.2.2　发酵工业中常用的细菌

（1）枯草芽孢杆菌（Bacillus subtilis）。生产蛋白酶、淀粉酶、5′-核苷酸酶、氨基酸、抗生素（对革兰氏阳性的杆菌有效）。例如，枯草杆菌 BF7658 是生产淀粉酶的主要菌株，而枯草杆菌 AS1398 是生产中性蛋白酶的主要菌株。

（2）丙酮丁醇梭状芽孢杆菌（Clostridium acetobutylicum）。一般以玉米粉为原料生产丙酮、丁醇，还可生产乙醇、丁酸、乙酸等有机溶剂。

（3）德式乳酸杆菌（Lactobacillus debruckii）。用于乳酸、乳酸钙生产。

（4）乳链球菌（Streptococcus lactis）。可使葡萄糖发酵产生右旋乳糖，常用于乳制品工业及传统食品工业。

（5）肠膜状明串珠菌（Leucanostoc mesenteroides）。制糖工业的有害菌，常使糖汁发黏稠而无法加工；但却是制药工业生产右旋糖酐的重要菌种。

（6）醋酸杆菌（Acetobacter）。醋化醋酸杆菌（Acetobacter aceti）、巴氏醋酸杆菌（Acetobacter pasteurianus）、许氏醋酸杆菌（Acetobacter schutzenbachii）用于氧化法制醋；胶醋酸杆菌（Acetobacter xylinum）用于厌氧发酵生产醋酸。弱氧化醋酸菌（Acetobacter suboxydans）；氧化葡萄糖为葡萄糖酸，氧化山梨醇为山梨酸，还可生产酒石酸。

（7）大肠杆菌（Escherichia coli）。可以利用大肠杆菌的谷氨酸脱羧酶进行谷氨酸定量分析；生产天冬氨酸、苏氨酸、缬氨酸；医药工业中生产天冬酰胺酶（治疗白血病）；同时是食品微生物检验指标之一。

（8）北京棒状杆菌（Crynebacterium pekinese）。是谷氨酸产生菌；北京棒状杆菌 T6-13 及其变种 415 均为我国生产谷氨酸的高产菌株。

（9）产氨短杆菌（Brevibacterium ammoniagenes）。产生谷氨酸、缬氨酸、肌氨酸，常用于氨基酸和核苷酸的生产，也是酶法生产辅酶 A 的菌株。

其他的还有保加利亚乳杆菌（Lactobacillus）、嗜热链球菌（Streptoccus thermophilus）、双叉双歧杆菌（Bifidobacterium bifidum）、嗜酸乳杆菌（Lactobacillus acidophilus）等。

14.3　酵　　母

酵母是一些单细胞真菌，并非系统演化分类的单元。一种肉眼看不见的微小单细胞微生物，能将糖发酵成酒精和二氧化碳，分布于整个自然界，是一种典型的兼性厌氧微生物，在有氧和无氧条件下都能够存活，是一种天然发酵剂。

14.3.1　酵母的形态和大小

（1）酵母形态。酵母是一群单细胞的真核微生物其形态因种而异，通常为圆形、卵圆形或椭圆形。也有特殊形态，如柠檬形、三角形、藕节状、腊肠形，假菌丝等。假菌丝为酵母菌在一定条件下培养，产生的芽体与母细胞不分离形成的特殊形态。

（2）酵母菌大小。酵母菌比细菌粗约 10 倍，其直径一般为 $2 \sim 5 \mu m$，长度为 $5 \sim 30 \mu m$，最长可达 $100 \mu m$。例如：酿酒酵母（S. cerevisiae）宽度 $2.5 \sim 10 \mu m$，长度 $4.5 \sim 21 \mu m$。酵母的大小、形态与菌龄、环境有关。一般成熟的细胞大于幼龄的细胞，液体培养的细胞大于固体培养的细胞。有些种的细胞大小、形态极不均匀，而有些种的酵母则较为均匀。

14.3.2　发酵工业中常用的酵母

（1）啤酒酵母（Saccharomyces cerevisiae）。用于酿酒工业，其中包括啤酒、葡萄酒、白酒和黄酒等饮料酒，还用于酒精制造工业，面包制造工业，其菌体的蛋白质和维生素含量高，可作为食用、药用和饲料用；又可作为提取核酸、麦角固醇、谷胱甘肽、细胞色素C、凝血质、辅酶A、三磷酸腺苷等的原料；除此之外，还用于维生素的微生物测定中，如泛酸、硫胺素、肌醇等。

 **科学典故**

啤　酒

啤酒，是人类最古老的酒精饮料之一，是水和茶之后世界上消耗量排名第三的饮料。啤酒于二十世纪初传入中国，属外来酒种。啤酒是根据英语 beer 译成中文"啤"，称其为"啤酒"，沿用至今。

啤酒以大麦芽、酒花、水为主要原料，经酵母发酵作用酿制而成的饱含二氧化碳的低酒精度酒，被称为"液体面包"，是一种低浓度酒精饮料。啤酒乙醇含量最少、故喝啤酒不但不易醉人伤身、少量饮用反而对身体健康有益处。现在国际上的啤酒大部分均添加辅助原料。有的国家规定辅助原料的用量总计不超过麦芽用量的50%。在德国，除出口啤酒外、德国国内销售啤酒一概不使用辅助原料。在2009年，亚洲的啤酒产量约5867万千升，首次超越欧洲，成为全球最大的啤酒生产地。

在中国北方米家崖考古遗址发现的陶器中保存着大约5000年前的啤酒成分考古学家在陶制漏斗和广口陶罐中发现的黄色残留物表明，在一起发酵的多种成分包括，黍米、大麦、薏米和块茎作物。

（2）卡尔斯伯酵母（Saccharomyces arlsbergensis）。典型的底面发酵啤酒酵母，可食用、药用、饲料用，也可作为维生素的测定菌，用于测定如泛酸、硫胺素、吡哆醇、肌醇等。

（3）异常汉逊酵母（Hansenula anomala）。能产生乙酸乙酯，在食品的风味中起一定的作用，如无盐发酵酱油的增香，薯干原料酿造白酒的浸香和串香，使白酒的风味醇厚。另外还可以在发酵液中积累游离的L-色氨酸。

（4）汉逊德巴利酵母（Debaryomyces hansenii）。在含糖的培养基中能产生核黄素，能分解杨梅苷。

（5）红酵母（Rhodotorula glutinis）。菌种能氧化烷烃，有较好的产脂肪能力。在一定的条件下，可产生L-丙氨酸、L-谷氨酸，也有很强的产甲硫氨酸的能力。

（6）热带假丝酵母（Candida utilis）。石油蛋白生产的重要菌种，也可以用农副产品和工业肥料培养热带假丝酵母做饲料。

（7）产朊假丝酵母（Candida tropicalis）。能利用造纸工业的亚硫酸废液生产食用的蛋白质，也能利用糖蜜、土豆淀粉废料、木材水解液等生产人畜食用的蛋白质。

（8）解脂假丝酵母（Candida lipolytica）。能分解脂肪，利用煤油等正构烷烃，是石油发酵脱蜡和制取蛋白质的优良菌种。另外该菌的柠檬酸产量也很高；能产生脂肪酸。

（9）白地霉（Geotrichum candidum）。营养价值较高，可用于生产食用或饲料蛋白，其菌体也可以用于提取核酸，对于工厂的废水、废料的综合利用是个很有前途的菌种。

14.4　霉　　菌

霉菌为丝状真菌的统称。凡是在营养基质上能形成绒毛状、网状或絮状菌丝体的真菌（除少数外），统称为霉菌。按 Smith 分类系统，霉菌分属于真菌界的藻状菌纲、子囊菌纲和半知菌类。霉菌在自然界分布相当广泛，无所不在，而且种类和数量惊人。在自然界中，霉菌是各种复杂有机物，尤其是数量最大的纤维素、半纤维素和木质素的主要分解菌。一般情况下，霉菌在潮湿的环境下易于生长，特别是偏酸性的基质当中。

霉菌可以应用在生产各种传统食品，如酿制酱、酱油、干酪等。在工业上可以生产有机酸（如柠檬酸、葡萄糖酸）、酶制剂（如淀粉酶、蛋白酶和纤维素酶）、抗生素（如青霉素、头孢霉素）、维生素、生物碱、真菌多糖、植物生长刺激素（如赤霉素）、生产甾体激素类药物和酿造食品等，另外在生物防治、污水处理和生物测定等方面都有应用。

霉菌是引起霉变的主要原因，可造成食品、生活用品以及一些工具、仪器和工业原料等的霉变。还可以引起植物病害，真菌大约可引起 3 万种植物病害。如水果、蔬菜、粮食等植物的病害。例如马铃薯晚疫病、小麦的麦锈病和水稻的稻瘟病等等。霉菌还一引起动物疾病，不少致病真菌可引起人体和动物病变。浅部病变如皮肤癣菌引的各种癣症，深部病变如既可侵害皮肤、黏膜，又可侵犯肌肉、骨骼和内脏的各种致病真菌，在当前已知道的约 5 万种真菌中，被国际确认的人、畜致病菌或条件致病菌已有 200 余种（包括酵母菌在内）。霉菌能产生多种毒素，目前已知有 100 种以上。例如：黄曲霉毒素，毒性极强，可引起食物中毒及癌症。

14.4.1　霉菌的形态和构造

（1）菌丝和菌丝体。营养体由菌丝（hyphae）构成，直径 3 ~ 10μm，菌丝再形成菌丝体（mycelium）。根据菌丝中是否存在隔膜可把霉菌菌丝分成两种类型：无隔膜菌丝和有隔膜菌丝。无隔膜菌丝中无隔膜，整团菌丝体就是一个单细胞，其中含有多个细胞核。这是低等真菌所具有的菌丝类型。有隔膜菌丝中有隔膜，被隔膜隔开的一段菌丝就是一个细胞，菌丝体由很多个细胞组成，每个细胞内有 1 个或多个细胞核。在隔膜上有 1 至多个小孔，使细胞之间的细胞质和营养物质可以相互沟通。这是高等真菌所具有的菌丝类型。

（2）菌丝的特化。密布在营养基质内部和表面，主要执行吸收营养物质功能的菌丝体称营养菌丝体，伸展到空间的菌丝体称气生菌丝体。

1）营养菌丝的特化结构：

① 假根（rhizoid）：根霉属（Rhizopus）等低等真菌的匍匐菌丝与固体基质接触处分化出来的根状结构，具有固着和吸收营养等功能。

② 匍匐菌丝（stolon）：又称匍匐枝。毛霉目（Mucorales）真菌在固体基质上常形成与表面平行，具有延伸功能的菌丝。

③ 吸器（haustorium）：某些专性寄生性真菌侵入寄主后，菌丝在寄主细胞间隙蔓延，

并侧生出短枝侵入细胞内形成指状、球状或丝状的构造，用以吸收细胞内的养料。

④ 附着胞（adhesive cell）：许多植物寄生菌在其芽管或老菌丝顶端发生膨大，并分泌出粘状物，借以牢固地黏附到宿主表面的结构。

⑤ 附着枝（adhesive branch）：某些寄生真菌由菌丝细胞生出 1~2 个细胞的短枝，将菌丝附着于宿主体上的结构。

⑥ 菌核（sclerotium）：由菌丝集聚并分化成的形状、大小不一的团块状结构，是一种休眠的菌丝组织。

⑦ 菌索（rhizomorph，funiculus）：由大量菌丝平行聚集成的白色根状组织，具有促进菌体蔓延和抵御不良环境的功能。

⑧ 菌丝陷阱（hyphal trap）——菌环（ring）和菌网（net）：一些具有捕食能力的真菌菌丝分化成的环状或网状的菌丝特化结构，用以捕捉线虫等微小动物。

2）气生菌丝的特化结构：子实体（fruiting body，sporocarp），气生菌丝特化的，在其内或外可产生无性或有性孢子的，有一定形状和构造的菌丝体组织。

① 结构简单的子实体。

产无性孢子的：分生孢子头（穗）（conidial head），如曲霉属（Aspergillus）、青霉属（Penicillium）；孢子囊（sporangium），如根霉属（Rhizopus）、毛霉属（Mucor）。

产有性孢子的：担子菌的担子（basidium）。

② 结构复杂的子实体。

产无性孢子的：分生孢子器、分生孢子座、分生孢子盘。

产有性孢子的：子囊果（ascocarp），主要分为闭囊壳、子囊壳和子囊盘。

14.4.2 发酵工业中常用的霉菌

14.4.2.1 根霉菌

根霉用途很广，其淀粉酶活力强，酿造工业上多用来作糖化菌，我国最早用根霉创立了淀粉生产酒精的方法（即阿明诺法）。根霉能产有机酸，如反丁烯二酸、乳酸、琥珀酸等。还能产生芳香的酯类物质，根霉也是转化甾族化合物的重要菌种。

常用的主要有黑根霉（Rhizopus nigricans）、米根霉（Rhizopus oryzae）、华根霉（Rhizopus chinensis）、少根根霉（Rhizopus arrhizus）、少孢根霉（Rhizopus oligosporus）等。

14.4.2.2 毛霉属

毛霉的用途也很广，能糖化淀粉并能产生少量的酒精，能产生蛋白酶，有分解大豆的能力。我国多用来作豆腐乳、豆豉。许多毛霉能产草酸，有些毛霉还能产乳酸、琥珀酸及甘油、3-羟基丁酮、脂肪酶、果胶酶、凝乳酶等，对甾类化合物有转化作用。

常用的主要有微小毛霉（Mucor pusillus）、鲁氏毛霉（Mucor rouxianus）、总状毛霉（Mucor racemosus）、高大毛霉（Mucor mucedo）等。

14.4.2.3 曲霉属

（1）黑曲霉（Aspergillus niger）。产淀粉酶、糖化酶，在酿造及葡萄糖的生产中用作糖化剂；产酸性蛋白酶，用于食品或饮料中的蛋白质消化剂及毛皮软化；产果胶酶，用于分解纤维素；产多种有机酸，能将羟基孕酮转化为雄烯。

（2）黄曲霉（Aspergillus flavus）。能分解 DNA 产生 5-脱氧肌苷酸、5-脱氧核苷酸；产淀粉酶、糖化酶、蛋白酶和果胶酶，用于饮料及酿造工业中；还可以产柠檬酸、苹果酸、延胡索酸、曲酸等，用于有机酸工业生产中。

 **科学典故**

黄曲霉毒素

黄曲霉毒素（AFT）是一类化学结构类似的化合物，均为二氢呋喃香豆素的衍生物。黄曲霉毒素是主要由黄曲霉（aspergillus flavus）寄生曲霉（a. parasiticus）产生的次生代谢产物，在湿热地区食品和饲料中出现黄曲霉毒素的几率最高。它们存在于土壤、动植物、各种坚果中，特别是容易污染花生、玉米、稻米、大豆、小麦等粮油产品，是霉菌毒素中毒性最大、对人类健康危害极为突出的一类霉菌毒素。

（3）米曲霉（Aspergillus oryzae）。可产淀粉酶、糖化酶、蛋白酶和果胶酶，用于酿造及调味品工业中。

（4）栖土曲霉（Aspergillus terricola）。主要产蛋白酶，用于酶制剂工业生产中。

14.4.2.4　青霉属

青霉属的菌能产葡萄糖氧化酶；生产葡萄糖醛酸；还可产葡萄糖酸、柠檬酸、抗坏血酸等；但主要用于生产青霉素的医药工业中。

常用的有桔青霉（Penicillum citrinum）、产黄青霉（Penicillum chrysogenum）、展开青霉（Penicillum patulum）等。

14.4.2.5　木霉属

主要有康氏木霉（Yrichoderma koningii）、绿色木霉（Yrichoderma viride）等。

【小　结】

微生物根据其不同的进化水平和性状上的明显差别可分为原核微生物、真核微生物和非细胞微生物三大类群。原核微生物主要有六类，即细菌、放线菌、蓝细菌、支原体、衣原体和立克次氏体。真核微生物包括除蓝藻以外的藻类、酵母菌、霉菌、原生动物、微型后生动物等。非细胞型微生物包括病毒和亚病毒，后者又包括类病毒、拟病毒和朊病毒。

细菌是一类细胞细短（细胞直径约 0.5 μm，长度约 0.5～5 μm）、结构简单、胞壁坚韧、多以二分裂方式繁殖和水生性较强的原核生物。发酵工业中常用的细菌有枯草芽孢杆菌、丙酮丁醇梭状芽孢杆菌、德式乳酸杆菌、乳链球菌、肠膜状明串珠菌、醋酸杆菌、大肠杆菌、北京棒状杆菌、产氨短杆菌等。

酵母是一些单细胞真菌，并非系统演化分类的单元。一种肉眼看不见的微小单细胞微生物，能将糖发酵成酒精和二氧化碳，分布于整个自然界，是一种典型的兼性厌氧微生物，在有氧和无氧条件下都能够存活，是一种天然发酵剂。发酵工业中常用的酵母有啤酒酵母、卡尔斯伯酵母、异常汉逊酵母、汉逊德巴利酵母、红酵母、热带假丝酵母、产朊假丝酵母、解脂假丝酵母、白地霉等。

霉菌为丝状真菌的统称。凡是在营养基质上能形成绒毛状、网状或絮状菌丝体的真菌（除少数外），统称为霉菌。按 Smith 分类系统，霉菌分属于真菌界的藻状菌纲、子囊菌纲和半知菌类。在自然界中，霉菌是各种复杂有机物，尤其是数量最大的纤维素、半纤维素和木质素的主要分解菌。一般情况下，霉菌在潮湿的环境下易于生长，特别是偏酸性的基质当中。发酵工业中常用的霉菌有根霉菌中的黑根霉、毛霉属、曲霉属、青霉属、木霉属等。

【思考题】

14-1 微生物的主要分类有哪些？

14-2 简述细菌的形态和大小。

14-3 发酵工业中常用的细菌有哪些？

14-4 简述酵母菌的形态和大小。

14-5 发酵工业中常用的酵母菌有哪些？

14-6 简述霉菌的形态和构造。

14-7 发酵工业中常用的霉菌有哪些？

【拓展训练】

单项选择题

（1）G-细菌细胞壁的最内层成分是（   ）。

    A. 磷脂   B. 肽聚糖   C. 脂蛋白   D. LPS

（2）G + 细菌细胞壁中不含有的成分是 （   ）

    A. 类脂   B. 磷壁酸   C. 肽聚糖   D. 蛋白蛋

（3）肽聚糖种类的多样性主要反映在（   ）结构的多样性上。

    A. 肽桥   B. 黏肽   C. 双糖单位   D. 四肽尾

（4）磷壁酸是（   ）细菌细胞壁上的主要成分。

    A. 分枝杆菌   B. 古生菌   C. G +   D. G-

（5）在 G-细菌肽聚糖的四肽尾上，有一个与 G + 细菌不同的称作 （   ） 的氨基酸。

    A. 赖氨酸   B. 苏氨酸   C. 二氨基庚二酸   D. 丝氨酸

（6）脂多糖（LPS）是 G-细菌的内毒素，其毒性来自分子中的（   ）。

    A. 阿比可糖   B. 核心多糖   C. O 特异侧链   D. 类脂 A

（7）用人为的方法处理 G-细菌的细胞壁后，可获得仍残留有部分细胞壁的称为（   ）的缺壁细菌。

    A. 原生质体   B. 支原体   C. 球状体   D. L 型细菌

（8）异染粒是属于细菌的（   ）类贮藏物。

    A. 磷源类   B. 碳源类   C. 能源类   D. 氮源类

（9）最常见的产芽孢的厌氧菌是（   ）。

    A. 芽孢杆菌属   B. 梭菌属   C. 孢螺菌属   D. 芽孢八叠球菌属

（10）在芽孢的各层结构中，含 DPA-Ca 量最高的层次是（   ）。

　　A. 孢外壁　　　　B. 芽孢衣　　　　　　C. 皮层　　　　　　D. 芽孢核心
（11）在真核微生物，例如（　　）中常常找不到细胞核。
　　A. 真菌菌丝的顶端细胞　　　　　　　B. 酵母菌的芽体
　　C. 曲霉菌的足细胞　　　　　　　　　D. 青霉菌的孢子梗细胞
（12）在酵母菌细胞壁的 4 种成分中，赋予其机械强度的主要成分是（　　）。
　　A. 几丁质　　　B. 蛋白质　　　　C. 葡聚糖　　　D. 甘露聚糖
（13）构成真核微生物染色质的最基本单位是（　　）。
　　A. 螺线管　　　B. 核小体　　　　C. 超螺线管　　D. 染色体
（14）在叶绿体的各结构中，进行光合作用的实际部位是（　　）。
　　A. 基粒　　　　B. 基质　　　　C. 类囊体　　　D. 基质类囊体
（15）（　　）是藻类和真菌的共生体。
　　A. Mycorrhiza　　　　　　　　　　B. Agar
　　C. Lichen　　　　　　　　　　　　D. Heterocyst
（16）适合所有微生物的特殊特征是（　　）。
　　A. 它们是多细胞的　　　　　　　　　B. 细胞有明显的核
　　C. 只有用显微镜才能观察到　　　　　D. 可进行光合作用
（17）预计在（　　）的土壤中能发现真菌。
　　A. 富含氮化合物　　　　　　　　　　B. 酸性
　　C. 中性　　　　　　　　　　　　　　D. 还有细菌和原生动物

【技能训练】

微生物染色

〔实验目的〕

　　学习微生物的涂片染色的操作技术，掌握微生物的简单染色，革兰氏染色的基本原理和方法。

〔实验原理〕

　　染色是细菌学中一个重要而且很基本的技术，由于微生物与各种不同性质的染料具有一定的亲和力，从而使微生物着色，着色后的菌体折光性弱，色差明显。在显微镜下容易观察细胞的内部结构及其内含物，因此，微生物染色是进行微生物形态观察的重要方法之一。染色分为单染（简单染色），复染（革兰氏染色，抗酸染色），单染较简单，以同一种染料使菌体着色，以显示微生物的形态；复染中的革兰氏染色是一种重要的鉴别染色，利用两种不同性质的染料，即草酸铵结晶紫和沙黄染液先后染色菌体，当用酒精脱色后，如果细菌能保持草酸铵结晶紫与碘的复合物的颜色，即呈紫色的细菌叫革兰氏阳性菌；如果草酸铵结晶紫与碘的复合物被酒精脱掉，菌体染上沙黄的颜色，呈红色称为革兰氏阴性菌。

〔材料与用具〕

　　（1）微生物材料。大肠杆菌（Escherichia coli），金黄色葡萄球菌（Staphylococcus aureus），枯草芽孢杆菌（Bacillus subtilis），普通变形杆菌（Proteus vulgaris）。

（2）染色材料。

1）简单染液。齐氏石碳酸复红染液，吕氏美兰染液。

2）革兰氏染液。草酸铵结晶紫染液（染液），路哥氏碘液（媒染剂），95%乙醇溶液（脱色剂），沙黄（蕃红）酒精溶液（复染剂）。

（3）用具。显微镜、酒精灯、接种环、无菌水、香柏油、二甲苯、牙签、载玻片、纱布、滤纸、镜头纸、镊子、染色缸、火架、玻片架、烧杯等。

〔实验方法〕

（1）制片。

1）涂片。取保存在酒精溶液中的干净玻片，在酒精灯上烧去残存酒精、待凉，用特种铅笔在玻片的右侧，注明菌名，染色类型，在玻片中央滴加一小滴无菌水，以无菌操作取少许菌苔，在玻片的水滴中涂布均匀，成一薄层。

2）风干。在空气中自然干燥，切勿在火焰上烘烤。

3）固定。将已干燥的涂片向上，在微火上迅速通过2~3次杀死细菌，凝固菌体蛋白，使得菌体与玻片结合牢固。

（2）染色。

1）简单染色。在已制好的涂片菌膜处，滴加吕氏美兰染液染色3~5min。或滴加齐氏碳酸复红染液染色1~2min，以流水冲洗涂片，至水无色为止，后用滤纸吸干涂片的水滴，干后，待镜检。

2）革兰氏染色。

① 在已制好的涂片菌膜处滴加草酸铵结晶紫染液，染色1min，水洗。

② 滴加路哥氏碘液媒染1min、水洗，用滤纸吸干残存水滴。

③ 斜置玻片于烧杯上端，滴加95%酒精脱色，并轻轻摇动载玻片，直洗至流出酒精刚刚不出现紫色时即停止，（约半分钟至1min），脱色完毕后，水洗，滤纸吸干。

④ 滴加沙黄染液复染1min，水洗，滤纸吸干后，备镜检。

3）螺旋体染色。

① 取清洁载玻片一张，在玻片中央滴加无菌水一滴。

② 用无菌牙签取牙垢少许，涂于玻片水滴中，摊匀，风干，在火焰上通过2~3次来固定。

③ 滴石碳酸复红染液，染色3min，水洗，用滤纸吸干后，备镜检。

〔实验内容〕

（1）用金黄色葡萄球菌，枯草芽孢杆菌制简单染色片，在油浸物镜下观察。

（2）用金黄色葡萄球菌，大肠杆菌，普通变形杆菌，枯草芽孢杆菌制革兰氏染色片，在油浸物镜下观察，区别革兰氏阳性菌和阴性菌。

（3）用牙垢制螺旋体染色片，在油浸物镜下观察，注意螺旋体的形态。

参 考 文 献

［1］查锡良，药立波. 生物化学与分子生物学［M］. 8 版. 北京：人民卫生出版社，2013.

［2］贾弘禔，冯作化. 生物化学与分子生物学［M］. 2 版. 北京：人民卫生出版社，2010.

［3］全国科学技术名词审定委员会. 生物化学与分子生物学名词［M］. 北京：科学出版社，2008.

［4］药立波. 医学分子生物学［M］. 3 版. 北京：人民卫生出版社，2008.

［5］药立波. 医学分子生物学技术［M］. 2 版. 北京：人民卫生出版社，2011.

［6］焦炳华. 现代生命科学概论［M］. 北京：科学出版社，2009.

［7］赵宝昌. 生物化学［M］. 2 版. 北京：高等教育出版社，2009.

［8］Berg J M. Tymoczko J L, Stryer L. Biochemistry［M］. 7th ed. New York：W. H. Freeman and Company，2010.

［9］Devlin T M. Textbook of Biochemistry with Clinical Correlations［M］. 6th ed. Hoboken：John Wiley & Sons，Inc. ，2006.

［10］Krebs J，Goldstein E，Kilpatrick S，Levin's Genes X. Boston：Jones & Bartlett Publishers，2011.